U0805933

科技政策研究方法丛书

丛书主编：方新

本丛书得到 科技部创新方法工作专项项目“科技政策研究的关键方法、工具集成与示范推广”（2013IM010100）国家自然科学基金面上项目“关于科技政策学的方法论研究”（71373253） 资助

Case Methods of Science and Technology Policies Research

科技政策研究之案例方法

宋 伟 高筱培 任端阳◎著

科学出版社

北 京

图书在版编目（CIP）数据

科技政策研究之案例方法 / 宋伟，高筱培，任端阳著. —北京：科学出版社，2018.7
（科技政策研究方法丛书）
ISBN 978-7-03-051909-2

Ⅰ. ①科… Ⅱ. ①宋… ②高… ③任… Ⅲ. ①科技政策-案例 Ⅳ. ①G649.2

中国版本图书馆 CIP 数据核字（2017）第 038352 号

丛书策划：侯俊琳
责任编辑：牛　玲　刘巧巧 / 责任校对：邹慧卿
责任印制：吴兆东 / 封面设计：有道文化
编辑部电话：010-64035853
E-mail：houjunlin@mail.sciencep.com

科学出版社出版
北京东黄城根北街 16 号
邮政编码：100717
http://www.sciencep.com
北京厚诚则铭印刷科技有限公司印刷
科学出版社发行　各地新华书店经销
*
2018 年 7 月第　一　版　开本：720×1000　B5
2025 年 2 月第四次印刷　印张：18 1/2
字数：311 000
定价：98.00 元
（如有印装质量问题，我社负责调换）

科技政策研究方法丛书

编　委　会

主　编：方　新

编　委（以姓氏笔画为序）：

王海燕　刘细文　李晓轩　宋　伟

陈　光　尚智丛　周华东　赵延东

龚　旭　温　珂　樊春良　穆荣平

从书序

第二次世界大战以后，科技政策逐渐成为国家公共政策的重要组成部分，针对科技政策的学术研究也开始走上一条寄望成为一门学科的探索之路。成为一门学科的外部条件是要有本领域科学共同体的社会建制，内部条件是要对本领域的研究对象、研究方法有一定的共识。其中最为核心的就是能够共识性地选择研究问题，形成自身科学、合理、规范的研究方法体系。科技政策研究的学科探索之路，相比于经济、管理类其他子学科要更为曲折、艰辛。它的特殊之处在于，其科技维度追求客观和真实，其政策维度体现民主和价值。但是，客观真理并不一定能为人类社会提供及时、大众可接受的解决方案，对的也不一定就是好的。如同人们对于世界的认识曾不断徘徊于可知论与不可知论之间，科技政策研究也曾在事实与建构之间游弋。但毫无疑问，对这个领域来说，60多年的发展历史是它进一步成长的最大资本和机遇所在。2005年，美国总统科技政策办公室（OSTP）提出倡导和支持对科技政策学（science of science policy，SoSP）的研究，将科技政策研究作为一门新兴交叉学科发展，致力于为政府科技政策提供定量化的数据基础、方法和工具，帮助政策制定者更好地理解科技创新活动的规律。最近10多年，发达国家的政府及学界对科技政策研究的科学化与规范化异常重视，相关探索方兴未艾。在这一探索中，研究方法的规范化是一个无可逃避的关键问题。

当前，我国科技事业的发展中有很多内在的矛盾需要解决，科技政策在解决这些矛盾方面被寄予厚望。伴随改革开放，中国30多年科技体制改革的历程，也是科技政策研究者不懈探索的过程。2016年，中共中央、国务院印发了《国家创新驱动发展战略纲要》，召开了全国科技创新大会，吹响建设世界科技强国的号角。在这样的国家战略需求面前，科技界、科技工作者能不能给国家和人民交出满意的答卷，真正支撑国家发展，科技政策的研究能不能为决策提供科学的依据，已成为我们科技政策研究者面临的最大挑战。可以说，我国科技体制改革的深化迫切需要规范的科技政策研究给予支撑。从科技体制改革30多年的发展历程来看，以往改革的主要任务是突破在长期的计划体制下形成的科技体制，解放科技人员，解放科技生产力，促进科技与经济的紧密结合；而当前阶段改革的主要任务是建设国家创新体系。以往改革的最重要任务是"破"，而当前的主要任务则是"立"。对于前者而言，每走一步，需要"摸着石头过河"；而对于后者，则更需要顶层设计，需要统筹协调，就如同盖房子打地基一样，科学性和可靠性显然更为重要。从科技政策的研究实践来看，在"破"的阶段，政策制定者和研究者更多关注的是"为什么"的问题，如"为什么要增加科技预算?""为什么要以企业作为创新主体?"等等；而在"立"的阶段，政策制定者和研究者则更多关注"怎样做"的问题，如"怎样提高科技经费的使用效率?""怎样实现企业成为创新主体?"等等。从政策研究的角度来看，"为什么"的问题更多是靠理论推演或国际经验借鉴来回答，而"怎样做"的问题具有更高的系统性和复杂性，要科学而可靠地回答这类问题必须具有更坚实的实证基础以及更规范的研究来支撑。

30多年来，我国学者在科技政策研究领域已取得不少成就，但仍有一些不尽如人意之处。以问题为导向、一事一议的模板式解读多，以理论方法和经验数据为基准的实证性分析少，本领域研究方法的体系性和基本共识不足，研究成果的系统化和累积性差，研究的规范性还有待提高。最终我们看到的结果就是一些科技政策领域的重要问题，甚至是古老的主题，不断在较低水平上重复研究，真正可以累积的成果和研究突破寥寥可数。这显然会严重影响我国的科技政策研究能力，不利于科技政策的高效制定和实施。近年来，随着大量留学人员回国从事科研工作，与国际接轨的研究方法和研究规范问题得到一定程度的改善，但科技政策的特点和中国特色的问题还没有得到应有的关注。

由此，我们发起了一个科技政策学方法论研究的议程，尝试做了一点系统性的工作，希望借此引起学术界对科技政策学方法论研究的关注，共同开展更多基础性工作，弥补当前科技政策研究存在的不足，摆脱以完全应对现实问题为导向的被动式研究困境，以科学的方法和问题为指引，提升科技政策研究的水平和质量。这套丛书就是阶段性的研究成果，包括：《科技政策研究方法论》《科技政策研究之技术预见方法》《科技政策研究之评价方法》《科技政策研究之科学计量学方法》《科技政策研究之案例方法》《科技政策研究之社会调查方法》。其中，《科技政策研究方法论》是我们对科技政策研究方法体系建设的尝试，技术预见、科技评价、科学计量学、案例研究、社会调查等五个方法（群）则是科技政策研究中比较常用而又具有特色的方法。全套丛书从各种方法的发展历史、使用条件、实践展示等基础性内容入手，试图给读者描绘出工具性、系统性并存的科技政策研究方法体系。但限于作者学术水平和写作能力，书中如有不当之处，敬请指正。

最后还要感谢科技部创新方法工作专项项目“科技政策研究的关键方法、工具集成与示范推广”（2013IM010100）和国家自然科学基金面上项目“关于科技政策学的方法论研究”（71373253）的大力支持，感谢编委会各位同仁的辛勤工作，感谢科学出版社各位编辑的认真负责。

2017年2月

目 录

第一章 导　论

“科技政策”是中国研究者语境下的概念，而在西方研究者语境下这方面的研究通常被称为“科学政策”（science policy）。科学、技术、创新本身是高度交叉的概念，所以在实际应用中，“科学政策”“技术政策”“科技政策”和“创新政策”常常混用[1]。国内外关于科技政策的教科书中也通常将科技政策划分为科学政策、技术政策和创新政策三个部分[2~4]，因此科技政策概念同样包含这三方面含义。

科技政策虽然已经被视为一个具有独立性的研究领域，但是对科技政策的研究一直以来仍处于较为分散的状态，被认为缺乏系统的理论框架和研究方法，难以被称为是一门“学科”[1]。不仅是科技政策研究存在这样的问题，科技政策的上级类属——公共政策研究作为一门学科的合法性也在一定程度上受到质疑。陈振明曾指出政策科学的总体研究水平不高，学科的基础不牢，成熟的研究范式尚未形成[5]。而我国的科技政策研究一直以来也存在理论研究滞后、研究创新性不高、人才队伍欠缺等问题[6]。由于公共政策研究与科技政策研究都是属于交叉学科，其在发展过程中吸收了政治学、经济学、管理学、运筹学、社会学、心理学等多个学科的研究范式，因此在研究过程中会涉及多种学科、多种研究方法。多学科交叉的研究视野本身能够为科技政策研究带来更多的新思想、新角度，但是由于研究者自身对于政策问题的理解存在差异，在科技政策研究中经常出现研究主题散乱、研究方法杂驳、方法与问题不相匹配等问题。陈光、方新曾指出，当前我国科技政策研究的规范性不足，导致学者在研究方法层面缺少共识；研究成果的系统性、累积性差，导致研究成果长期低水平重复[7]。这些方面的缺陷已经在一定程度上限制了我国科技政策研究的发展，因此，科技政策研究的方法工具的规范化是学术界急需解决的问题。

第一节　案例研究在科技政策研究中的应用

案例研究在科技政策的研究中已经得到了一定程度的使用，在科技政策评价、企业技术创新及知识产权管理等领域，有学者发表了一些具有重要意义的案例研究成果。为了能够对我国科技政策案例研究进行系统的梳理，本书参考陈光和方新对于科技政策研究领域的划分[7]，从科技政策领域中具有较大影响力的十个学术期刊——《中国科技论坛》《科技管理研究》《科学学与科学技术管理》《科技进步与对策》《科学学研究》《中国软科学》《科学管理研究》《研究与发展管理》《科研管理》《管理世界》中选取了103篇使用案例研究这一方法的期刊论文[7]。

本书依据陈光、方新对于科技政策研究主题的划分，将103篇文献①划分为以下一级、二级、三级主题（表1-1～表1-3）[7]。在一级主题中，科技评价、技术创新主题中使用案例研究的文献较多，而科技投入主题中使用案例研究的文献较少；在二级主题中，政策评价、创新能力或竞争力评价、技术创新的基本理论与概念、企业技术创新、专利与创新、知识转移等主题内有一定数量的案例研究文献，其他二级主题中的案例研究则较少。

表1-1　科技评价主题相关研究方法与工具

一级主题	二级主题	三级主题	使用案例研究的文章数量/篇
科技评价	创新能力或竞争力评价	针对各类主体，如企业、高校、行业、地区、国家	7
	绩效评价	R&D绩效	1
		国家自然科学基金绩效评估	
		国家创新系统运行绩效	
		科技投入产出绩效	
		高校教师科研绩效	
		公共科研机构绩效评价	
		科学基金项目的绩效评价	
		日本学术振兴会绩效评估	

① 因其中一些文章同时涉及多个主题，故表1-1、表1-2、表1-3中文章总数大于103篇。

续表

一级主题	二级主题	三级主题	使用案例研究的文章数量/篇
科技评价	科学研究评价	国家	4
		高校	
		科研机构	
	政策评价	科技政策评估	14
	其他评价	R&D 项目评价	6
		技术能力评价	
		R&D 评估	
		区域科技进步综合评价	
		学科评估	
		科技成果创新度评价	
		科技项目评估	
		科技成果转化评价	
	测度	基础研究的经济回报率	—
		区域研发资源配置效率测度	
		创新型城市发展状况	
		科研项目管理成熟度	
		海洋科技实力测度	

表 1-2 科技投入主题相关研究方法与工具

一级主题	二级主题	三级主题	使用案例研究的文章数量/篇
科技投入	科技投入的效率	科技投入与经济增长的关系	—
		技术进步对经济增长的关系	—
		与产业 R&D 的关系、对企业研发行为影响	1
		科技投入效率	—
	科技投入的项目选择	科研选题、识别研究前沿	1
		对科研项目进行合理排序	—
		重大科技专项选择	—
		技术预见	—
	科技计划项目管理		2
	科技资源空间分布特征		—
	科技投入-产出计量		—
	科技资助与被资助主体间关系		1

表 1-3 技术创新主题相关研究方法与工具

一级主题	二级主题	三级主题	使用案例研究的文章数量/篇
技术创新	技术创新的基本理论与概念	技术创新类型	5
		技术创新风险	1
		技术创新的测度	3
		技术创新审计	—
		区域技术创新体系	4
	企业技术创新	产业联盟	6
		创新网络	6
		成长环境 发展模式	15
		提高创新能力	5
		质量管理	—
	专利与创新	专利价值	1
		政府管制	5
		对产业发展的作用	10
		动态联盟中的知识产权风险	2
		与创新的关系	1
		发展的区域差异	1
	风险与创新	研发项目的风险	—
		风险投资	—
	知识转移		7
	创新型科技人才的典型特质		2

第二节 案例研究在科技政策研究中存在的问题

通过对我国已有科技政策案例研究的梳理，可以发现在科技政策研究中使用案例研究的成果的相对数量非常少。例如，陈光和方新从以上十个期刊中共梳理出有关科技政策研究的成果共 68 573 篇，而使用案例研究的成果共 103 篇，仅占科技政策研究文献的 0.15%，这在一定程度上说明了案例研究在科技政策研究领域中的使用仍然处于边缘化的地位[7]。除了科技政策研究领域以外，案例研究方法在其他管理学、经济学研究中的应用比例也相当低。案例研究的“冷门”在一定程度上与其固有的缺陷相关，案例研究在研究实践中存在以下问题。

1. 研究过程缺乏统一规范性

案例研究虽然经历了 100 多年的发展，但时至今日，学术界关于案例研究仍然没有形成统一的研究范式，这也是案例研究的科学性一直经受各方面质疑的重要原因。虽然近年来有些学者如罗伯特 • 殷（Yin）和 Eisenhardt 对规范案例研究的方法、过程做出了贡献，但是对于案例研究仍没有形成如调查法一般的、得到业内认可的、较为统一的研究范式。

通过对 103 篇科技政策案例研究成果的梳理，我们可以发现，每项成果所阐述的具体研究过程几乎是完全不同的。一些研究将案例作为故事进行描述，在描述的过程中提炼与主题相关的观点；而另一些研究则是将案例故事作为简单背景介绍，首先提出理论和观点，并使用案例中的资料作为证据对理论和观点进行支撑。除了研究过程的不统一以外，诸多案例研究成果对于研究工具的使用也不尽相同，一些研究使用了访谈法对案例资料进行了收集，而还有一些研究主要使用公开资料和档案资料进行论述。在许多研究者看来，案例研究就像一个黑箱，能够看到进去的东西和出来的东西，但是完全无法得知黑箱中发生的故事。

2. 研究过程存在主观性

正是由于案例研究过程缺乏统一规范性，许多学者在进行案例研究时加入过多的主观性、随意性因素，导致案例研究成果的可靠性较差。近年来，有学者提出了案例研究的规范性过程。例如，Yin 提出的 5 个步骤，即案例研究方案的设计、收集案例研究资料前的准备、收集案例研究资料、案例研究的证据分析、撰写案例研究报告[8]；Eisenhardt 提出的 8 个步骤，即启动、案例选择、研究工具和程序设计、进入现场、数据分析、形成假设、文献对比、结束研究[9]。即便如此，在实际研究中，许多使用案例研究的研究在步骤方面仍然存在巨大差异。由于案例研究在方法上缺乏统一规范，所以研究者难免会为了获得自己期望的研究结果而做出有倾向性的选择。这种研究中的主观性选择会导致案例研究的可靠性大打折扣，这一点也是案例研究为批评者诟病的重要原因。

案例研究中的一个重要步骤是从资料、证据中提炼观点，因此研究者对于所收集资料呈现方式的不同、隐瞒或故意夸大其中某些资料的重要性，会造成所提炼的观点完全不同。不同的研究者即使面对相同的资料，往往也会得出差异较大的观点。因此，解决研究者主观性的影响一直以来都是案例研究发展和完善需要面对的问题。

3. 对研究者能力要求较强

与其他方法相比，案例研究对研究者自身能力的要求非常高，是最难实施的研究方法之一[8]。案例研究往往需要研究者做出极大的付出，如投入大量的时间、精力深入实地中。例如，著名的社会学案例研究著作《街角社会》的作者威廉·怀特（William F. Whyte）在三年半的时间中完全融入波士顿的一个意大利人聚集的贫民窟中，并以被研究群体——帮派分子的身份参与到其生活中。案例研究所需要的对现象、问题的深入观察和理解往往需要研究者付出巨大的代价，但也正是由于这个原因，许多社会学的案例研究最后都被奉为经典之作。

案例研究实施难度较高也与研究方法流程不规范有很大关联，学术界并不存在一套统一的规范指导研究者如何一步一步地进行研究。由于案例研究往往需要深入实地，而实地中的情况和突发事件往往难以预料，案例研究者要能够接受案例研究过程中始终存在的不确定性。

另外，在案例研究过程中，经常会出现某些步骤不断反复的现象。例如，资料收集与资料分析的不断反复就是一个经常发生的现象。研究者不仅需要具备较强的资料处理能力，还需要拥有强大的心理素质，来面对数据繁杂的案例。对研究者素质的较高要求限制了这一方法的成功实施，也正因为这个原因，成功使用案例研究这一方法研究科技政策问题的科研成果相对于使用其他研究方法的科研成果数量较少。

4. 研究结论概推性不足

概推性概念是与外部效度概念密切相关的，任何研究手段都必须保证研究结论具有一定的外部效度，否则研究就没有实际意义。案例研究的批评者认为，案例研究的对象是特定性的事件，其研究结果不具有普遍意义，难以把研究结论进行普遍化推广，因而案例研究的实际效用有限。确实，案例研究由于关注现实事件，其结论也深深扎根于实际资料，因此所得到的理论通常属于“微观理论”，即仅关注特定事件的理论，而不是学术研究通常所需要的“中观理论”或“宏大理论”。

但是，研究者可以通过案例的选择来避免这一问题。如果研究者能够选择具有代表性的样本进行研究，那么就可以在很大程度上提升研究结论的概推性。然而，在科技政策研究实践中，许多成果并没有对所选案例对象的代表性进行论述，研究者对于案例对象的选择随意性较大，在一定程度上导致研究结果很难得到同业人员的认同。

5. 学术界的认可程度仍然不高

当前，无论是在政策研究领域还是在管理研究领域，量化研究的被认可程度往往高于质性研究，在顶级期刊所发表的成果中，量化研究仍然占据主流。案例研究虽然既会使用量化资料也会使用质性资料，但其研究范式仍然属于质性研究。

然而，近年来随着量化研究所带来的问题越来越突出，质性研究的重要性和其前景渐渐得到了更多学者的认同。组织管理领域的顶级期刊 *Academy of Management Journal*（*AMJ*）曾陆续在“主编的话”栏目刊登了关于案例研究的讨论，包括质性研究[10]、扎根理论（grounded theory）的建立[11]、研究丰富性的探讨[12]、提升单案例研究的说服力[13]、采用多案例研究来建立理论[14]。案例研究方法已经得到越来越多的研究学者的认可。在讨论中，研究学者们虽然鼓励更多地在管理科学领域进行案例研究，但也指出了案例研究由于自身规范化、程序化较低的原因，很多“所谓的”使用案例研究这一方法的文章自身存在很多问题，导致研究的信度或效度较低，最终无法通过评审。更有许多学者对于案例研究方法的科学性仍持怀疑态度，这也是 *AMJ* 期刊当初设立关于案例研究的栏目的主要原因，希望学术界能够正视这种研究方法。

值得注意的是，虽然以案例研究为代表的质性研究方法在学术界存在一定的质疑，但是近年来在被评为具有影响力的研究中，质性研究成果已占有一定的比例。因此，只要研究者能够严谨、正确地使用案例研究方法，就能够创造出具有深度和影响力的研究成果。

第三节 建立科技政策研究的案例研究方法体系

正是由于案例研究在方法上存在诸多问题和不足，因此科技政策研究中的案例研究成果数量非常少，具有较大影响力的成果更少。然而，案例研究本身是非常重要的研究方法，案例在学术研究、教学培训等领域发挥了重要的作用。科技政策研究是一门交叉学科，是一门紧随时代前沿发展的学科，案例研究方法是科技政策研究方法的重要组成部分。

科学技术的快速发展对于科技政策研究方法多元化的要求日益增进。自工业革命以来，人类科学技术水平飞速发展，科学领域不断取得重大突破，几十年前的科学认知被逐渐推翻；产业技术更新换代提速，人类从 1990 年到 2005 年才完成的人类基因图谱绘制工作，到了 2014 年仅用一天时间便可完成；科学技术已经成为经济社会发展的重要推动力。科学技术的快速发展为科技政策的研究带来了新的研究内容，同时也为科技政策研究带来了新的思想和方法工具。科技政策在研究内容上包含两层含义——为了科学（发展）的政策（policy for science）和为了政策的科学（science for policy）[2, 3, 15]。前者是指为了促进科学技术发展而制定的公共政策，后者是指利用科学技术来促进政策发展、完善的手段和方法，是对政策研究科学性的进一步发展。

纵观国内外科技政策研究成果可以发现，科技政策研究中所使用的工具和手段是在动态地发展着的，是对人类科技成果中的新知识、新工具的创新实践。陈光和方新对科技政策研究的方法进行了细致的梳理工作，对国内 10 个在科技政策领域具有代表性的期刊中的科技政策研究文献进行了分析，并总结了各研究主题所使用的研究方法[7]。其中许多研究方法都是人类在其他学科领域所取得的科研进展的应用。例如，数据包络分析方法、线性规划方法是运筹学的研究进展；文献计量法、科学计量学方法是信息计量学领域的进展，本身意在加强对信息的分析、解构；平衡记分卡是从战略管理实践中引入的新工具；BP 神经网络发展则来自计算机科学。这些方法在科技政策研究中得到了广泛的应用。

科技政策是一门交叉学科，虽然案例研究在当前存在诸多缺陷和不足，但是科技政策研究从不排斥任何研究方法。只要一个工具或方法能够促进对政策问题的发现和理解、改进和提升科技政策的各项议程的效率和效果，就应当被研究者接受和采纳，使这个工具或方法能够更好地服务于科技政策实践。

为了弥补和改善案例研究在方法上存在的缺点和不足，本书致力于建立一套适用于科技政策研究的案例研究范式。第一章是导论，主要介绍了案例研究在科技政策研究中的重要意义，以及其所存在的缺陷和不足。第二章对案例研究的起源、发展、内涵、特点等进行了梳理，并将案例研究与其他主流研究方法进行了简要比较，使研究者能够更加准确地把握案例研究的内在本质。第三章和第四章是从案例研究过程的角度进行的梳理，将案例研究过程划分为研究启动、案例选择、资料收集、资料处理、提炼结论、研究报告 6 个步骤。学术界对于案例研究步骤的划分一直存在较大争议，本书在归纳、总结前人研究的基础上提出了 6 个步骤的划分方法，希望日后能够通过研究实践对研究步骤不断进行改进。第五章、第六章是从案例研究工具的角度进行的梳理，将案例研究中可能用到的工具划分为访谈、观察、实物分析、文档分析、扎根理论、计算机辅助工具共 6 种工具。这 6 种工具是国内外案例研究中最经常使用的案例资料收集和分析的工具。如果说 6 个步骤是将案例研究依据时间维度进行的纵向分解，那么 6 种工具则是从功能的角度跨越时间维度进行的横向分解。6 种工具中的许多工具会同时涉及资料收集、资料处理等步骤，而研究者在同一步骤中也可以使用多种类型的分析工具。第七章是对案例方法的评价，展望了案例方法在科技政策研究中的潜力。

本书的撰写参考了国内外诸多关于案例研究、质性研究方法和工具的教材，通过构建“6 个步骤+6 种辅助工具”的案例研究体系，为科技政策的研究者提供了一种可行的案例研究框架，这种框架具有较强的操作性，尤其适合质性研究的初学者作为入门教材使用。

第二章 案例研究概述

第一节 案例研究简介

一、案例研究的起源

案例，通常也被称为个例、实例、个案，是一种对典型事件的陈述，人们可以通过对具有典型意义的事件的探讨来获得新的知识和启发。虽然案例研究作为一种较为严谨的理论研究方法出现是最近一两百年的事情，并且主要来源于西方文化，但是以案例获取知识的思维模式已经贯穿于人类社会发展的方方面面。

中国传统的科学思想体系是以儒家文化的伦理道德为主要内容的，中国的思想家又大都是伦理道德家和政治家，因此他们对自然的研究带有浓重的伦理道德色彩。他们没有将自然界当成一个独立的研究客体，相反却用自然现象为自己的道德伦理服务。各种自然、社会现象都在阴阳五行、天人感应、天人合一的形式框架下附会类比，因此我国古代的科学家们往往忽视对自然规律的实证分析，只注重对个体表象的描述和比附。

实际上，我国古代科学在研究方法上大多是运用案例法的思维方式，即特别注重对个别现象的详尽描述。这种思维方式曾一度让我国古代的科学技术在当时世界上遥遥领先。例如，我国在春秋时便留下世界公认的关于哈雷彗星的最早记录，比欧洲早 670 多年；“勾三股四弦五”这一勾股定理特例载于《周髀算经》，比古希腊的毕达哥拉斯早 500 多年；公元前 28 年西汉关于太阳黑子的记录是世界上最早的太阳黑子记录；北宋的沈括发现地磁偏南，比欧洲早400多年；等等。这些科技成果往往都是在经验的“个案”中获得，在实际应用中得到逐步发展的，但在理论提升上鲜有突破。比如，农学著作主要是记述生产经验，很少提出规律性的认识；天文学主要是记载观测数据和观测现象，对隐藏在现象背后的因果关系很少深究；医药学也基本上是经验的汇编；四大发明之一的火药就是炼丹家在炼丹过程中偶然发现的，到宋代发展成许多实用的火器，但硝石、硫黄、碳粉依比例混合后为什么能有那么大的爆炸力，却没有理论上的分析。过分强调“个案分析”，致使我国古代科学发展了数千年，仍停留在直观观察、经验判断的水平上而未能完成理论的抽象和概括，这也是我国近代科学落后于西方的重要原因之一。

与其他任何方法相似，案例方法也存在自身的优势和缺陷，但案例本身所蕴含的巨大潜能使其在众多学科领域都发挥积极的作用，最典型的领域包括医学、军事学、法学、管理学、教育学等（表2-1）。

表2-1　不同学科领域中的案例实例

学科	案例的表现形式	实例
医学	医案、病例	《伤寒九十论》等
军事学	战例	《莫斯科保卫战》《渡江战役》等
法学	判例	《加利福尼亚人民诉辛普森案》（*People v. Simpson*）等
管理学	商业案例	《美国安然公司破产案例》等
教育学	教学案例	《乔布斯的十大失策之事》等

在医学领域，案例包括医案和病例，以案例的方式详细记录病情、诊断、处理方法，以便有据可查。我国中医学的发展在很大程度上体现为医案的形式，最初表现为散见于文史书中的疾病及治疗结果的记载。例如，《周礼》《左传》中都有关于诊断疾病的记载，而司马迁所著的《史记·扁鹊仓公列传》记载的淳于意《诊籍》25则，被认为是医案最早、最明确的直接源头[16]，其中详细记载了淳于意所诊断患者的姓名、里居（地址）、职业、病史、诊断、治疗、疗效（具体预后好坏），这时的医案已经初步具备了案例的形式，即对发生的事件的重要信息进行了详细记载。在这之后，也有许多著名的医书典籍对一些病例进行了记载，这些案例往往以零散的医籍附案的形式出现，用以对医书中的理论、观点进行证

明，如《千金要方》中所记载的孙思邈所医治的案例，即是用以证明其中药方的疗效。这一时期的医案虽然仅仅是作为医书的补充部分，但是已经起到了证明、解释的作用，初步具备了以案例进行理论研究的特点。而真正意义上的医案专著是宋代名医许叔微所著的《伤寒九十论》，其中记载了许叔微治疗伤寒病的众多医案[16]。到了明清时期，医案的书写格式和程序得到了进一步规范，形式上的规范促进了医案的撰写，也使得医案作为一种特殊的案例形式得以广泛流传和保存下来。而现代西方医学研究中也囊括对疾病及治疗结果的记载，当前各大医院所保存的每位患者的诊断记录也是一种非常典型的案例，可以说案例方法已经遍布于现代医学发展中。

军事领域所采用的案例多为战例，一般指某一战争、某次战役或战斗的成功或失败的典型事例。通过对过去战例的记载和分析，人们可以总结经验，吸取教训，形成一定的军事理论，以指导未来的战争，如围魏救赵、背水一战、诺曼底登陆、偷袭珍珠港等都是很有名的战例。战例研究是军事院校常用的教学方式，已经成为一门独立的课程。战例研究是汲取战争经验教训的重要途径，也是总结、提升战争理论的重要方法[17]。许多国家已经建立了战例数据库，并实时更新最新的战斗情况和案例，作为军队指挥官训练的重要内容，以解决新时代、新技术背景下可能发生的新情况、新问题。在军事领域，战例除了作为战争内容、细节记录的载体，还起到了发现问题、研究理论的作用，案例本身已经成为一种进行科学研究的方法。

案例应用于法律领域的表现形式为判例。判例一般指的是对案件的判决。在英美法系国家，判例可以作为法律的渊源，相似案件的审理都应当以先前的判例为依据。而在大陆法系国家（包括我国），虽然判例不被作为法律的渊源，对之后的案件审理没有约束力，但是我国司法工作系统仍然会通过对先前判例的研究指导审判工作。例如，我国最高人民法院每年都会发布《中国审判案例要览》《人民法院案例选》等案例集，为司法工作、立法工作、教学和科研提供参考资料[18]。除了司法实践领域，案例方法也是法学教学方面的重要工具。1870 年，时任哈佛大学法学院院长兰德尔（C. C. Langdell）指出：法律是一门以案例为资料的科学。法律教育中的课程应由案例来组成，构成这些学习资料的案例应来源于法律实践，来源于各级法庭的判决[19]。当然，并非所有的判决都能作为案例使用，只有那些典型的有意义的判决才能被当作案例。无论是作为法律渊源的判例，还是仅仅作为参考资料的案例，具有典型意义的事件本身都是关注的焦点，法律工作者期望通过案例方法获得更多的启示与知识。

在管理学中，商业案例通过对企业实际生产、经营、管理情况的描述，总结企业的成败得失、经验教训，并以案例的形式将这些知识进行传播。通常能够成为商业案例的都是具有代表性的企业活动，如特斯拉汽车着火的危机公关案例、苏宁 O2O 商业模式案例等。商业案例侧重于对企业真实情况的记录，强调其真实性，原则上必须有企业的实际原型作为依据，并且案例中所出现的企业名称、人物名称、关系及活动本身的情况应当属实[20]。在管理学研究中，除了商业案例外，还有一种与商业案例类似的案例，甚至多数人并没有将这两种案例进行区分，这种案例被称为“教学案例”。

教学案例本身并不局限于管理学中的教学，上文所论述的医学、军事学、法学领域都会使用案例进行教学工作；但是将教学案例真正发扬光大的是在管理学的教学中，尤其在工商管理硕士（MBA）的教学中。1908 年，哈佛大学商学院率先将案例研究引入企业管理教学。随后的 50 年时间里，哈佛大学商学院充当了在企业管理领域普及、应用案例教学法的旗手的角色，案例教学也在不同程度上被全球绝大多数管理学院、商学院所使用。我国也在 20 世纪 80 年代将案例教学引入管理学科的研究，尤其是在 MBA 教学中[20]。国内部分高校也编制了自己的教学案例库，用以强化学科建设。在管理学领域，教学案例与商业案例略有区别。商业案例侧重于对真实管理活动的记录，而教学案例则侧重于对管理知识的解释与传授。因此，商业案例的撰写往往对其真实性有较高的要求，而教学案例的撰写往往为了更好地解释管理理论而对案例中的细节进行加工和修改，还会为了激发学习兴趣而故意增减一些情节，虚构场景和对话，以达到将管理知识生动展现的目的。

表 2-1 中列出了案例方法较为典型的应用。在这些典型的应用中，案例方法既可以用于记录活动情况，用于发现、探索新的问题，也可以用于进一步提升、总结理论。其中，通过案例寻求理论解释的应用属于案例研究。

二、案例研究的发展

从案例记录到案例研究是将案例从较为肤浅的使用层次提升到较为深入的

使用层次。科学的目标是追求真理，是对现象寻求理解、解释并做出预测[21]。因此，作为科学研究的案例研究与通常情况下的案例记录本身有很大的区别。

案例研究以寻求理解和解释为目的。在先前提到的一些类型的案例中，人们使用案例的目的是进行记录，包括英美法系国家对法院判例的记载、医院对就诊患者情况的病例记录等。而单纯的记录和整理不是科学研究，科学研究需要探寻事实和寻找理论解释。案例记录本身是案例研究的载体，案例研究是将案例记录的内容进一步加工，形成具有解释意义的理论或观点，以求加深对世界、对社会的认知。如果仅仅关注于案例内容本身，则无法达到寻求科学解释的目的。虽然对这些案例的记录可以在一定程度上拓宽人类对事物的了解和认知，尤其是在经验层面上，但是这类记录本身缺乏科学的研究范式，无法到达“科学研究”所要求的高度，因此这类案例记录不被认为是案例研究。在另一些类型的案例中，人们使用案例的目的是进行教学，是将已有知识进行传播和交流，最典型的就是教学案例。教学案例也不属于案例研究，因为教学案例本身并不能发现和探索新的知识。虽然教学案例中也囊括许多重要的理论和实践，但是这些理论和实践往往都是人类已经知晓的内容。教学案例只不过是通过人为的加工，以“讲故事”的形式将已有的知识进行传播，其本身并不能创造新的理解和价值。另外，案例研究对案例自身和细节的真实性有较高要求，研究者应当忠实地呈现所收集到的案例资料，而教学案例通常会根据教学的需要对内容进行修改，夸张甚至故意加入一些剧情，以达到吸引读者注意力的目的，这些手段在案例研究中是被禁止的。

与普通的案例记录相比，案例研究更侧重于对科学理论的贡献，希望通过对现有理论的研究改进或建构新的理论。一般性的案例记录很难对理论知识做出贡献，只有当研究人员以案例为载体，在理论层面上探索和研究理论命题时，才能称为是一项案例研究。另外，由于案例研究致力于进行科学研究，所以对其研究过程的规范性还有较高的要求。虽然案例研究的程序规范没有问卷调查方法等量化研究方法要求严格，但是学者们也都认为案例研究应当遵从相应的原则和程序，这使得案例研究具有更强的效度和信度[8, 9, 22]。因此，一般媒体上常见的企业运营案例、商业并购案例、创业融资案例等都很难被称为案例研究，因为虽然有案例，但缺乏研究。另外一些基于普通案例记录的研究性成果却属于案例研究。例如，医学领域常见的基于罕见病例的案例研究，管理学领域中基于若干企业案例的跨案例研究等。这类成果之所以能被称为案例研究，是因为其本身在最初撰写时就天然地具有科学研究的目的性。这也是区别案例研究与普通案例记录最重要的特点。

Siggelkow 在关于提升单案例研究的有说服力的文章中，就描述了一个使用特殊医学案例进行神经医学研究的故事[13]。

案例：神经医学案例研究

19 世纪后半叶，一个名叫 Phineas Gage 的男子是一个施工队的工头，这个施工队正在进行新建铁路的准备工作。在一次施工作业中，Gage 的头部被铁块击穿，虽然他的头部留下了永久性的孔洞，并且大脑前叶遭受了严重的损伤，但他很幸运地活了下来。在这次意外事故之后，Gage 的生理行为和心理行为都发生了一些变化。例如，在过去，Gage 是一个精明能干、执行力很强的人，能够高效地制订计划并完成。而在事故之后，他变得犹豫不决、有些任性，虽然制订了很多计划，但最终往往没有按照其中任何一个执行。在心理方面，过去的 Gage 性情温和，而在事故之后他变得没有耐心、不听劝告。在这个案例的基础上，神经医学领域的科学家能够通过 Gage 在事故前后行为和性格上的变化，推测大脑前叶所具有的作用。

在社会科学领域，案例研究使用普遍，在心理学、社会学、政治科学、人类学等学科都拥有丰硕的成果，并被广泛用于社会工作、商业与市场营销、公共管理、公共健康、教育、会计、评估等专业研究领域[8]。有研究者认为，案例研究这一方法在社会科学领域的应用可以追溯到 20 世纪初人类学和社会学的研究[23]。也是在 20 世纪，社会学研究领域诞生了众多经典的案例研究成果，包括《决策的本质：古巴导弹危机的解释》[24]《街角社会》[25]《泰利的街角》[26]等。

《决策的本质：古巴导弹危机的解释》使用单案例方法研究了美苏古巴导弹危机事件，其核心问题是人们应该如何理解政府行为？作者 G. Allison 和 P. Zelikow 提出了三种理论用以解释古巴导弹危机事件中美苏政府在不同阶段的行为——理性行为者模型、组织行为模型、政府政治模型，并通过案例中的资料证据对模型进行支撑。《决策的本质：古巴导弹危机的解释》是一本具有重大影响力的政治学著作，其意义不仅在于对古巴导弹危机这一重大事件进行了多方面细节的详尽探索与记录，更在于其在政治学理论上的贡献。

《街角社会》也是一部经典的单案例研究著作。该书作者于1936～1940年对波士顿市的一个意大利人聚集的贫民窟［即作者称为“科纳维尔”（Cornerville）的波士顿北区］进行了实地研究。他以被研究群体——“街角帮”的身份，置身于观察对象的环境和活动中，对闲荡于街头巷尾的意裔青年的生活状况、非正式组织的内部结构及活动方式，以及他们与周围社会（主要是非法团伙成员和政治组织）的关系加以观察，并及时做出记录和分析，最后从中引出关于该社区社会结构及相互作用方式的重要结论[25]。与《决策的本质：古巴导弹危机的解释》相比，《街角社会》是一部更加具有故事性的著作，作者以时间顺序的方式记录了实地中发生的事件。这部著作的理论和结论非常精彩，但是真正引发关注的是作者进行这项研究的过程——走进研究对象的实地研究。作者在进行研究时将自身完全融入研究对象群体中，通过观察、访谈等手段获取一手资料进行分析。这种参与式的研究方法受到了当时学术同行的抨击，被认为会对研究对象产生影响，使得研究失去客观性。但也正是长达三年半的“走进去”的经历，使得作者发现了其他没有深入实地的研究者所没有发现的关系结构和行为过程。

三、案例研究的现状

案例研究作为质性研究方法中的一个重要方法，过去在学术界并没有得到较高的认可。一方面，众多大学在管理学和社会学等学科所开设的课程都以量化方法、统计学课程为主，主流学术期刊也以收录这方面的文章为主。另一方面，质性研究的方法在研究设计和分析中存在较大的主观性，被视为缺乏严谨性[10]。但是质性研究方法仍然有其重要性，其能够提供量化研究无法获得的深入见解。Gephart在其关于质性研究讨论的文章中，简要分析了质性研究和量化研究的区别。一方面，质性研究关注于社会成员对于现实世界的直观感知，研究中构念的建立是基于社会成员所使用的概念，并关注于事实的社会性质；而量化研究作为一种实证研究，是将科学的概念和构念强加于社会成员的行为之上，并用以解释和支撑研究者事先确立的理论假设。另一方面，在质性研究中，使用文字、话语、文本等来表达概念，质性研究从文本中来最终也是回到文本中去；量化研究努力使用数字、编码和可量化的现象来表达概念[10]。可以说，质性研究专注于人文方面，而量化研究扎根于数学和统计学知识。质性研究的一个重要价值在于能够对人类活动、过程和意义进行详细的描述和深入的理解，而这些活动、过程和意义是社会真实情景的写照。这种对社会现象的深挖、深描使得质性研究往往能够得到其他研究方法所无法获得的深层次原因和解释。

案例研究作为一种典型的质性研究方法，也具有非常强大的解释能力，因此在众多社会科学研究中得到推崇。与许多定量研究方法不同，案例研究没有一套公认的、严格的、完整的研究步骤进行指导，导致许多号称使用案例研究这一方法的文章在研究过程中差异巨大，从而使得这种方法在一些学者眼中被认为是缺乏规范性的。所谓规范性，是指研究的过程要遵循一系列严格的研究程序和使用科学化的工具，以确保研究结论的信度和效度[22]。Gerring 曾撰文指出案例研究中存在的一个悖论：虽然政治科学领域有许多成果是通过案例研究得出的，但是学者们往往对成就案例研究的方法关注度较低，甚至常常忽略其存在[27]。为了弥补案例研究在规范性、严谨性方面的缺陷，许多学者提出了一些改进案例研究的方法。

案例研究虽然是质性研究中的一种，但是其所使用的证据资料可以是质性资料，也可以是量化资料。而案例研究被认为缺乏规范性的原因也主要体现在对其中质性资料的处理过程中。许多研究者在分析质性资料时，无论在资料收集、资料分析还是在得出结论的过程中，都存在较大的随意性。在这种情况下，扎根理论方法提供了一种进行质性资料收集、分析的原则和实践指导，研究者只要遵循这些原则和经验就能够获得具有说服力的结论。Glaser 和 Strauss 所提出的扎根理论（grounded theory）[28]是一种从质性资料中建立理论的方法，是一种扎根于资料证据来获得理论启示的研究指南。这种方法论的核心要求研究者在研究开始时不预设假设，在没有思维限制的条件下搜集资料，从原始资料中发现、归纳值得关注的概念及其之间的联系，然后上升为系统的理论。正是由于这种方法所提炼出的理论完全来自数据、资料本身，不受研究者预先设置的影响，因此依靠扎根理论方法所提炼出的理论往往被认为更有依据、更有说服力。扎根理论方法的提出为案例研究中质性资料的分析提供了一套实践指南。

尽管研究者可以使用扎根理论方法对质性资料进行分析，但是不可否认的是在案例研究中对质性资料进行收集和分析仍然不是一件简单的事情。一方面，收集质性资料需要大量的人力劳动，即使对于训练有素的研究人员来说也不轻松。

另一方面，对质性资料进行分析的方法和分析工具仍然欠缺，使得研究者很难在分析过程中避免受到主观因素等影响，无法保证研究结论的质量。Miles 于 1979 年发表的一篇名为"'鸡肋'的质性资料：质性资料分析中的问题"（*Qualitative Data as an Attractive Nuisance：The Problem of Analysis*）的文章，表达了其对案例研究中的质性资料分析的担忧[29]。作为对这篇文章的回应，Yin 于 1981 年在同样的期刊上发表了文章《案例研究的危机：一些探讨》（*The Case Study Crisis：Some Answers*），针对学界对案例研究的几个误解进行了解答[30]。首先，案例研究不会只使用某种特定类型的资料来源。案例研究的资料既可以是质性的数据（包括访谈、口头报告、观察报告等），也可以是定量的数据（如经济统计数据、调查数据等）。其次，案例研究不会只使用某种特定类型的分析方法。许多对案例研究的误解认为案例研究只能使用民族志或观察的方法。然而事实是许多经典的案例研究并没有使用这两者中的任何一种方法（如 G. Allison 和 P. Zelikow 的《决策的本质：古巴导弹危机的解释》），而使用民族志或观察法的研究也有很多并不属于案例研究（在研究设计时就是单纯的民族志研究或观察研究，没有进行案例设计）。最后，案例研究是一种研究策略，与实验法、历史分析法、数值模拟法是相似的，仅仅代表一种可供选择的研究策略，方法本身与其所使用的数据类型没有必然的联系。案例研究所研究的现象深深根植于所处的情境，两者之间界线模糊，较难分离。而实验法可以人为地将现象与情境相分离。因此，案例研究所面对的往往是更为复杂、模糊的社会现象。除了对案例研究的误解进行反驳之外，Yin 自身也对案例研究的规范化做出了贡献，在其著作《案例研究：设计与方法》[8]中对案例研究的适用边界进行了界定，提出了案例研究的四个步骤——研究设计、数据收集、数据分析和撰写研究报告，并重点强调了理论抽样（theoretical sampling）、证据三角形（triangulation）、复制法则等策略在案例研究中的重要性。《案例研究：设计与方法》也作为案例研究的经典教材，指导了一代又一代的案例研究学者。

Eisenhardt 在使用案例研究构建理论方面做出了卓越的贡献。Eisenhardt 指出，在传统情况下，研究者创造新的理论时是将以往文献中出现的现象、自身的经验和直觉相结合，通过复杂的大脑加工进而得出具有创新性的观点[9]。在这种过程中产生的理论往往根基不稳，容易和现实情况相脱节。而从案例研究中构建理论则可避免这一问题，因为理论自身是深深扎根于现实情境中的案例，是符合实际情况的。Eisenhardt 综合了前人对案例研究的改善措施，提出了使用案例研究构建理论的 8 个研究步骤：研究开始、案例选择、制作工具和协议、进入现场、分析数据、形成假设、文献对比、研究结束。Eisenhardt 倡导使用多个案例来进行理论构建，因为对案例的复制可以方便研究者发现每个案例存在的共同之处和差异之处，对案例的延伸可以方便研究者对每个案例的特点进行总结，并在一个更广泛的视角下提炼理论。Eisenhardt 通过案例研究构建理论的方法与传统意义上的案例研究方法有很大的不同，对此 Dyer 等对其所提倡的新的研究策略提出了质疑[33]。Eisenhardt 提倡使用多案例（4～10 个），并认为当案例个数低于 4 个时很难从中提炼令人信服的理论。Dyer 等则更加推崇对单个案例的深入描述和挖掘，从中获得更新的发现和灵感，进而对原有的理论进行质疑和改进[31]。Eisenhardt 提倡从多个案例中发现不相符的现象，由此发现和强调研究的理论构念，其在进行案例研究时关注的是构念，而不是详细、完整的案例情境。Dyer 等认为，Eisenhardt 的方法是对丰富案例内容的简化，只能注意到表面的数据而无法发现深层次的社会动态。Eisenhardt 提倡在研究开始阶段要有明确的研究目标，最好能够确定相关构念和测量工具，其本质是一种基于假设检验的研究范式。Dyer 等指出，传统的案例研究推崇研究者深入实地后，基于实地资料产生见解和理论，这种研究方式下所产生的研究成果更加关注于现象所处的情境，往往能够成为一个“好故事”。因此，Dyer 等认为，Eisenhardt 所提倡的通过（多）案例研究构建理论的方法存在一定的缺陷，而传统的案例研究范式虽然也有需要改进的空间，但是仍有其巨大的优点[31]。尽管 Eisenhardt 的方法会导致一些问题，但是其所提倡的规范的、严格的研究程序确实是案例研究发展所急切需要的。一个规范的、有些缺陷的研究指南远比一个宽泛的、没有依据的灵感式写作对研究者有更大帮助。对此，Eisenhardt 之后也撰文回应了 Dyer 等的误解和质疑[32]。可以说，Eisenhardt 在综合前人研究的基础上，创造性地总结了一套使用多案例构建理论的研究指南，这套研究指南具有较强的操作性，方便研究者尤其是初学者进入案例研究中去，使案例研究不再是“具有随意性的”“轶闻式的”方法。

针对案例研究中的单案例研究（或多案例中的案例内研究），Siggelkow 在 2007 年专门撰文，探讨了如何加强单案例研究的说服力[13]。Siggelkow 指出，当你的案例是“一头会说话的猪”时，那么读者自然会被吸引，也不会有人质疑你的案例有问题。但现实情况是，无论在管理学还是在社会学的研究中，研究对象自身的特点都是异质性的，研究者无法获得像“会说话的猪”这样非常独特的案例。也正因为这个原因，许多单案例研究会被质疑样本太少，或是样本不具有代表性。Siggelkow 认为，通过案例研究所构建的理论应当具有独立性，案例不是用来推倒理论的，研究者不能指望读者接受你的理论，仅仅是因为你能举出一个或多个符合这一理论的案例。因为理论往往是对现实世界的抽象，具有抽象性的理论本身不是一个涵盖方方面面的事物，在任何理论中研究者总能找到与之相矛盾的现实事件。研究者应当让读者从概念、逻辑上接受自己的理论，并使用案例作为额外的（不是唯一的）例证来支持自己的观点。

国内学者对于案例研究的应用和推广也做出了很大的努力。《管理世界》从2006年起每年都会刊登中国管理案例学术研讨会的综述和会议中的优秀案例研究文章。其中，大部分学者都指出了当前国内案例研究中存在的随意性和不规范行为，着重强调了加强案例研究规范性的意义，包括叶康涛的《案例研究：从个案分析到理论创建》[33]，张丽华、刘松博的《案例研究：从跨案例的分析到拓展现有理论的解释力》[34]，毛基业、张霞的《案例研究方法的规范性及现状评估》[22]，潘绵臻、毛基业的《再探案例研究的规范性问题》[35]，毛基业、李晓燕的《理论在案例研究中的作用》[36]，黄江明等的《案例研究：从好的故事到好的理论》[37]，张霞、毛基业的《国内企业管理案例研究的进展回顾与改进步骤》[38]，苏芳、黄江明的《质性研究设计与写作的若干策略》[39]，毛基业、李高勇的《案例研究的“术”与“道”的反思》[40]，等等。同时，张建民、何宾对提升案例研究概推性提出了建议[41]，刘庆贤、肖洪钧针对案例研究方法构建了具有实际操作性的严谨性测度框架，用以强化案例研究的质量[42]。

随着越来越多学者对案例研究的关注，案例研究方法本身在规范性方面也得到了极大的提升。对于案例研究方法规范性的探讨一直在进行中，促进了案例方法在各个社会科学学科中的发展。

第二节　科技政策研究中的案例研究

案例研究是一种重要的社会科学研究方法，在科技政策的研究中也具有广泛的应用。本书之前的章节对案例研究的起源和发展进行了介绍，本节将重点阐述案例研究的主要概念和内容，旨在阐明以下问题：什么是案例研究、案例研究能够做什么、什么情况下应当使用案例研究、案例研究具有哪些优缺点，以及如何使用案例研究。另外，本节将对科技政策研究中所能遇见的问题和情景进行具体论述。

一、案例研究的内涵

“案例研究”（case study research）这个名词起源于西方，但中文名称本身也蕴含了丰富的意义。在中文里，“例”是指真实、客观存在的事实，表明了这种研究方法的对象是具有客观性的事实；“案”本身具有分解的意思，是对问题的结构和分析；“案例”两个字结合在一起即是“对基本事实的分析”；“法”代表了方法、规范的意义，“案例法”即是这种对基本事实进行分析的一种行为规范和准则；而“案例研究”则在“案例法”的基础上更加强调了一种科学研究的逻辑性、客观性，表明其是一种对基本事实进行分析的、具有科学严谨性的规范和准则。案例法也是中国古代的学术传统，在“农医天算”四大学问中的许多成果也是采用案例研究的形式进行研究。案例研究的中文释义可以间接帮助我们了解其内涵。

尽管案例研究在社会科学研究领域被广泛应用，但是如何界定“案例研究”这一概念，学术界并没有形成统一的看法。国外学者关于案例研究有过很多定义，比较有代表性的如下。

Shaw 认为，案例研究强调总的场景或所有因素的组合，描述现象发生的事件过程或事件后果，在大环境下对个体行为进行研究与分析并形成假设[43]；Bernard 认为，案例研究是用来阐明和支持命题及规则的方法，而不是归纳出新的解说[44]；Nisbet 等认为，案例研究是一种对特殊事件进行系统研究的方法[45]；Lim 等认为，案例研究可以看作是一组研究方法的笼统术语，这些方法着眼于对一个事件进行研究[46]。在案例研究理论发展方面有突出影响的学者 Yin 认为，案例研究的主要内涵包括两点：一是“它在不脱离现实生活的情况下研究当前正在进行的现象”；二是“待研究的现象与其所处环境背景之间的界限并不十分明显”[8]。研究利用多案例构建理论的 Eisenhardt 认为，案例研究是一种研究策略，关注于特定背景下事物发展的动态过程[9]。格宁（Gerring）认为，从方法论的角度，应该把案例研究定义为集中研究某一个单元（unit，指相关现象），其目的在于将这一研究推广到其他众多单元中[47]。

可以看出，不同学者对于案例研究所持的视角不同，因此也有不同的理解，而这些界定则分别从不同的角度强调了案例研究的特点。Shaw 的定义强调了案例研究对过程和情境的重视；Bernard 的定义强调了案例研究作为支撑性资料，辅助其他类型研究的作用；Gee 的定义强调了案例研究的描述性作用；Nisbet 强调了案例研究适用于研究特殊的、极端的事件；Adelman 强调了案例研究中的单案例作用；Yin 强调了案例研究中构念与情境的不可分割性，对于这类问题案例研究能够发挥其独特的作用；Eisenhardt 强调了案例研究对事物发展动态变化过程的重视；Gerring 强调了案例的推广性问题。

国内社会科学研究领域案例研究得到越来越广泛的运用，很多社会科学研究者也对案例研究进行了明确的定义，其中比较有代表性的研究如下。张梦中、马克·霍哲认为案例研究是一种运用历史数据、档案材料、访谈、观察等方法收集数据，并运用可靠技术对一个事件进行分析从而得出带有普遍性结论的研究方法[48]。风笑天认为，个案研究即对一个人、一件事件、一个社会集团，或一个社区所进行的深入、全面的研究[49]；王金红认为，案例研究是社会科学及其他科学研究中的一种独立的研究方法，是定性研究的一个重要组成部分，这种研究方法综合运用多种收集数据和资料的技术与手段，通过对特定社会单元（个人、团体组织、社区等）中发生的重要事件或行为的背景、过程的深入挖掘和细致描述，呈现事物的真实面貌和丰富背景，从而在此基础上进行分析、解释、判断、评价或者预测[23]。国内学者对于案例研究方法的界定大多借鉴了国外学者的观点，侧重点各有不同。例如，张梦中和马克·霍哲的界定强调了案例研究中数据收集和分析方法的多样性，风笑天强调了个案研究中的深描特点，而王金红则尝试给出一个更加全面的定义。

综合国内外学者关于案例研究的定义可以发现，案例研究是社会科学研究领域一种全面而完整的研究方法，通过规范的案例研究设计和综合运用多种技术及方法来进行资料收集与分析，以解释（如某一方案实施过程与实施效果之间的联系）、描述（如某一评估活动的主题）或探索（如某些不够明显或比较复杂的因果关系）现实生活中各种因素之间的假定存在的联系，最终尝试从经验事实中提炼出一般理论。

其实，对于案例研究本身的定义并不是一件重要的事情，作为社会科学研究人员，尤其是从事科技政策研究的工作者，最需要把握的是案例研究的内在性质，正是这些内在性质使得案例研究能够发挥其独到之处。结合国内外学者的观点，我们认为案例研究最核心的性质包括以下几个方面。

1. 案例研究是一种研究策略

案例研究是一种研究策略，是科研人员从事研究时可供选择的一种策略，这种策略的使用并不排除其他策略的使用。这种策略本身可以独立进行并得出有力的结论，同时也可以与其他研究策略（包括调查法、实验法、历史分析法、数值模拟法等）合作进行，尤其是全循环研究方法（full-cycle approach）的流行[21]，使得研究者可以在一项研究中同时使用具有归纳性质的案例方法和具有演绎性质的其他量化研究方法，发挥各个方法的长处，透过科学研究循环来讨论一个问题，使所得出的结论更加坚实、有力和具有类推性。

2. 案例研究是一种实地研究

案例研究是一种实地研究（field research）方法。所谓实地研究，要求研究者进入实地现场（field），并通过各种方法来收集资料。在这里需要强调的是，虽然案例研究既可以使用研究者在现场收集的一手资料（包括访谈、观察、实物证据等），也可以使用从其他途径得来的二手资料（如一些文本资料、统计数据、影视资料等），但是研究者应当尝试收集和分析更多的一手资料。因为案例研究的精华就是研究者要对现象和事物进行深入的理解，如果研究者没有亲身感受，只凭借互联网和其他途径获得的二手资料进行分析，很难保证其得出的研究结论具有真实性和可靠性，也就很难得出具有新意和重要意义的结论。风笑天和田凯曾经调查了 20 世纪 90 年代我国社会学领域的实地研究现状，发现收集二手的文献资料在我国实地研究中占有相当大的比例[50]。这种现象不是案例研究所提倡的，案例研究者应当自己亲自深入实地，才能得出令人信服的结论。

3. 案例研究要求对现象和现象所处的情境进行深描深挖

无论在科技政策的研究中还是在其他社会科学的研究中，许多问题中的现象和现象所处的情境之间的界线十分模糊，很难将两者分开。例如，国家科研机构在引进人才方面所存在的问题，其中一个现象是人才引进来后留不住，而这一现象本身与其所处的社会环境、组织环境、政治环境、地理环境等现实情境是很难分开去研究的。对于这一类现象和现象所处的情境较难分离的情况，案例研究能够很好地发挥其研究作用，通过对现象和情境进行深描、深挖来获得其他方法所无法关注到的原因。

深描、深挖是案例研究区别于其他方法，尤其是区别于其他量化研究方法最重要的特点。一般意义上的量化研究方法主要关注于样本的若干性质，这些性质往往是在调查开始之前就已经事先确定好的，并通过问卷等形式获得研究对象的回答。这种方式所获得的资料通常仅能集中于若干较为简单、浅显的层面。而案例研究通过对事件的深描、深挖可以对单一问题进行更为深入的探索，所能获得的信息量密度较大，因此往往能够获得许多具有创造性的新观点。

4. 案例研究关注于动态过程

案例研究对于动态过程的关注和把握使其在研究事物发展过程时具有更大的优势。正如前文所述，一般意义上的统计调查方法通过问卷等形式，所能获得的仅是研究对象在某一时间点的状态。虽然研究者可以通过在多个时间点对同一对象进行调查的方式来获得时间序列的数据，但是这类数据仍然是“点”数据，正如数轴当中的整数一样，永远是孤立存在的，不是一个连续的过程。而案例研究虽然也无法保证对研究对象进行无时无刻的观察和记录，但因为研究者往往需要对事件进行持续追踪，会投入更多的时间和精力用来获得资料，甚至有时自己也会参与到研究对象的活动中去（如参与观察法），其所能获得的资料在时间上的延续性远比让研究对象填写问卷所能获得的时间延续性要长很多。也正是这个原因，许多著名的案例研究所获得的开创性成果也往往是关于事物动态发展过程的结论，例如，《街角社会》所取得的重要结论就是关于社区社会结构及相互作用方式的动态发展情况的。

5. 案例研究的观点和理论扎根于资料和数据中

对于案例研究究竟是属于归纳性质的理论构建型研究还是属于演绎性质的假设检验型研究，国内外学者尚存在分歧。支持传统案例研究（更专注于个案内部研究）的学者将其视为归纳性质的理论构建型研究，认为研究者在进入现场之前应当尽量不带有事前的判断，而是应该随着深入实地的过程从资料中提炼和归纳新的想法和理论，典型的如扎根理论[28]。而当前在案例研究领域最具有权威性的两位学者 Yin 和 Eisenhardt 则认为案例研究既可以作为归纳性质的理论构建型研究，也可以作为演绎性质的假设检验型研究，提倡研究者在进行研究设计时应当对问题有较为深入的了解，形成基本的判断和假设，而这些判断和假设可以随着研究的进行不断更新和发展。但无论是哪种观点，都会强调资料与理论的高度契合性。之所以一些经典案例研究所得到新观点和意想不到的结论能够被广泛承认，并能经受住理论和实践的检验，正是因为案例研究的观点和结论是深深扎根于资料、数据中的，不是研究者凭空想象出来的，案例研究的结论有很丰富的现实证据为支撑，具有较高的质量。因此，在案例研究中很重要的工作就是从证据资料中发展观点和理论，而其中的重要原则就是观点与证据的高度匹配性。

6. 案例研究的终极目标是构建理论

Yin 将案例研究的类型根据其目标划分为探索性案例研究、描述性案例研究和解释性案例研究[8]。探索性案例研究是在问题较为复杂、因果关系不够明显、因果联系复杂多变时进行的探索性质的研究；描述性案例研究即仅仅使用案例研究这一方法描述某一刺激及其所处的现实生活场景；解释性案例研究即使用案例研究这一方法研究因果关系类的问题，用来解释某一方案的实施过程与方案实施效果之间的联系。当研究者所要研究的问题情况不清楚、不明朗时，所进行的较为初级的案例研究为探索性案例研究，这种研究通常是将案例研究作为在其他类型研究之前的先导性研究，以获得对问题的初步了解；当研究者的研究目的仅仅是进行现象和动态过程的描述时，所进行的同样较为初级的案例研究为描述性案例研究，这类研究本质与案例记录类似，并不是典型意义上的研究。实际上，真正符合案例研究要求的是解释性案例研究，这类研究关注的是事件发展的因果关系，其终极目标是从案例现象中发现事物发展的规律，进而形成相应的理论。这类研究的成果可能表现为新理论的提出，也可能表现为对现有理论的修正，但终究是在理论层面对人类认知的扩展做出贡献。虽然现实中许多案例研究的成果还没有达到具有理论贡献的目标，但是研究人员在使用这种方法时应当以做出理论贡献为目的，使案例研究更能发挥其在科学研究方面的作用。

总之，研究者在使用案例研究时应当紧紧把握以上六个方面的特性，最大限度地发挥案例研究的效能。本章之后的部分还将对案例研究在科技政策研究中的功能、适用性、特点及步骤进行论述，以帮助研究者厘清以下问题：①案例研究能干什么？②什么时候能使用案例研究？③使用案例研究的优劣势有哪些？④具体应该如何使用案例研究？

二、案例研究的功能

虽然案例研究在管理学科及科技政策研究领域都有使用，但是案例研究究竟能干什么，在科技政策的研究中案例研究能起什么作用，这些恐怕是所有初学者最迫切想要知道的问题。掌握了案例研究的功能，研究者就可以根据自身做研究的目的来选择是否使用这一方法。

Yin 将案例研究的类型根据其目标划分为探索性案例研究、描述性案例研究和解释性案例研究[8]。这里所谓的研究目标就是研究者所期望实现的研究功能。结合科技政策研究的需要，可以将案例研究的功能仍然划分为探索性功能、描述性功能和解释性功能。其中，探索性功能包含两类——发现研究问题和作为量化研究的补充，描述性功能也可分为两类——现象描述和证伪，而解释性功能即为构建理论（图 2-1）。

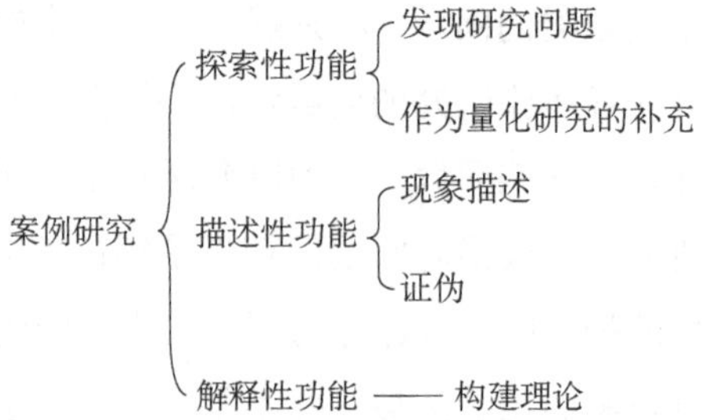

图 2-1　案例研究的功能

1. 发现研究问题

发现研究问题是案例研究最原始的功能之一。当研究人员对所研究的事物不甚了解，而又没有现成的资料可供学习时，深入实地做案例研究获得关于现象的一手数据是一种常见手段，也是人类最初了解世界的方法。在科技政策的研究中，研究者也会时常面对完全新鲜的事物，需要对一些新的现象进行研究，但是由于信息的缺失，在研究开始时甚至连研究问题都搞不清楚。例如，对于一个没有法学、经济学背景的研究人员，尝试研究知识产权质押融资中的政府担保政策问题时，可能连其中所涉及的专业术语都没有概念，更不清楚该从何种角度去研究该政策问题。此时，案例研究就是一个可以帮助研究者发现研究问题的工具。例如，研究者可以针对区域内几个较为典型的知识产权质押融资案例进行跟踪调查，在实地调研中了解到企业、银行、担保机构、政府等多方利益的互动与合作机制，发现某些质押融资案例最后成功了，而某些在进行融资的过程中就搁浅了。这时，研究者可以选取成功案例和失败案例的相同之处或不同之处作为研究问题，再进行进一步的深入研究。总之，案例研究可以帮助研究者对所要研究的对象产生一个基本的了解，并从中发现值得探究的研究问题。

2. 作为量化研究的补充

在实际研究中，经常有研究者将案例研究与其他量化研究方法结合起来使用，这种形式一般被称为混合研究方法。混合研究方法是一种在一项研究中混合或综合运用质性研究和量化研究的研究技巧、方法、方式、概念或语言的研究类型。案例研究作为一种典型的质性研究方法，经常会与调查法等量化研究方法结合起来使用。

在混合研究路径下，案例研究通常会有以下三种使用方式：①以案例研究为先导，引出研究问题，之后再通过统计调查法和其他量化方法进行研究。②前期以量化研究为主并得出基本的研究结论，后期辅助以案例来对结论进行阐述。③量化研究和案例研究分别进行，通过案例研究得出基本结论，再通过量化研究对基本结论进行验证；或是通过量化研究证明现有理论存在问题，再使用案例研究归纳总结新的理论。案例研究作为一种归纳导向的研究范式，可以与演绎导向的量化研究一起，形成全循环研究方法。这种类型的混合研究可以更好地提升研究质量，使成果更让人信服。但是在现有研究中，实现这种全循环研究方法的成果非常少。事实上，在方式①中案例研究所承担的是探索性功能，在方式②中案例研究所承担的是描述性功能，而在方式③中案例研究所承担的是解释性功能。但由于在实际应用中，方式①的使用频率较高，因此这种方式被划分为探索性功能。

3. 现象描述

现象描述也是案例研究最原始的功能之一。从前文所述的案例研究的发展过程可以看出，人类最早使用这一方法的原因就是为了对事物进行了解和记录。在某些情况下，科技政策的研究工作也需要研究者对现象进行详细的描述。例如，对于国家重大战略性工程项目实施过程的经验性研究可以为国家在重大战略性工程方面的政策导向提供支持。而从政策研究的角度来说，所需要了解的是重大工程项目的具体实施过程，从典型案例中得到项目实施的经验教训。这种情况就需要研究者首先对重大工程项目的具体实施过程进行详细的描述和记录，能否高效地将一个复杂工程完整地以案例形式呈现出来是这项研究的重点，因为如果案例本身存在偏差和不真实之处，所得出的经验结论就没有意义。总之，案例研究可以对现象进行详细、深入的描述，可以很好地满足这类研究需求。

4. 证伪

证伪也是案例研究的一个典型应用，正如在日常辩论中，一个辩手想要驳斥另一个辩手的观点时，往往会通过举反例的方式，这里的反例如果扩展为一个较为详细的内容时就是一个案例。在科技政策研究中，如果一个研究者想要对当下流行的观点和见解进行驳斥，尤其是涉及公共舆论场时，往往可以通过案例的方式来达到证伪的目的。例如，目前互联网上充斥着各种对于科学技术的谣言，包括食用转基因食品会致癌、穿秋裤会降低国人抗寒能力等。公共管理部门在面对这类谣言危机时，可以主动出击，一方面理顺其中的科学原理，为民众普及科学知识，另一方面通过列举相矛盾案例的方式对谣言进行反驳，精彩的案例往往会比理论论述产生更好的舆论导向效果。由于研究者在使用案例对观点进行证伪时，往往更侧重于对案例内容的呈现，因此把这类功能划归为描述性功能。

5. 构建理论

构建理论既是案例研究的终极目标，也是案例研究的一项重要功能，Eisenhardt 所发展的多案例研究的功能就是构建理论[9]。这里所述的构建理论，不仅包括创立完全新的观点，还包括对现有理论进行发展和改进。将案例研究成果出版专著或在高水平学术期刊上发表文章通常都属于构建理论。对于科技政策的学术研究，其目的也在于获得新的知识，以提升人类在科技政策理论方面的认知，发展出科技政策制定的议程模型、评价方式等。构建理论属于案例研究的解释性功能，研究者可以使用案例研究获得新的理论认知，为人类对社会的认知提供新的见解。

以上阐述了案例研究的五种主要功能：发现研究问题、作为量化研究的补充、现象描述、证伪及构建理论。五种不同的功能取决于研究者的研究需要。在进行科技政策研究时，研究者应当首先厘清研究的目的是什么，因为不同类型、面向不同主体的研究所要达到的最终目标可能完全不同。例如，当一项政策研究是面向公共管理部门，为其相关政策的制定献计献策时，研究的目的可能更倾向于将现象、情境的基本情况调查清楚，使政府部门能够配套更符合实际情况的政策细则。在这种情形下，所进行的案例研究应当以探索性、描述性功能为主。而当研究是以探索政策实施机制、政策效果原理为目标时，研究者应当更大程度上关注于解释性功能，以得出具有创造性的观点。案例研究是科技政策研究中的一个方法，研究者应当根据自身的需要和研究目的来决定是否采用这一方法。

当研究者的研究目的符合以上五种功能时，研究者还需要明确另一个问题：什么情况下可以使用案例研究这一方法。案例研究与其他任何研究方法一样，都有其适用的情况和不适用的情况，并不是只要研究目的满足以上五种功能，研究者就可以放心、大胆地使用这个方法。因此，接下来的章节将对案例研究的适用边界进行探讨。

三、案例研究的适用性

案例研究与其他任何研究方法一样，都不是万能的。虽然案例研究在管理学、社会科学领域得到了广泛应用，尤其是在公共管理领域，发表在学术期刊上的论文有较大比例的成果使用了案例研究这一方法[51]；但是，这种方法本身是有其适用范围的，只有在这些范围之内案例研究才能更好地发挥效果，而在这些范围之外研究者则更应当考虑其他替代方法。当前，在科技政策学术研究领域，有部分使用案例研究的科研成果缺乏规范性，并且没能很好地发挥这种方法的优势，反而在研究中出现了重大漏洞。之所以会有这种现象也是与研究者所选择的研究方法与研究问题之间存在不匹配性有关。因此，为了能够在正确的情况下选择正确的方法，研究者需要厘清案例研究的适用边界——究竟哪些问题的研究适合使用案例研究这种方法？在总结国内外学者观点的基础上，笔者将案例研究所适用的研究情况分为以下九种。

1. 强烈个性的事件

Siggelkow 在关于提升案例研究说服力的文章中就曾指出，案例研究最常被人诟病的两个问题是样本太小和样本不具有代表性[13]。然而，当研究者所研究的问题具有强烈个性，以至于这类事件基本无法重复发生时，案例研究（尤其是单案例研究）能够具有很强的说服力。Siggelkow 在文章中列举了“会说话的猪”和一个脑袋被枪弹射穿还活着的患者的例子，如果研究者所呈现出的案例是这样极端、个性、无法重复发生的事件，那么所谓的样本太小和样本不具有代表性（即样本反映的是特例，不是通常情况）就不再是问题，也没有人会质疑这类研究没有说服力。同样地，在科技政策研究中，如果研究者所研究的对象、事件具有很强烈的个性，那么在这种情况下使用案例研究也会有较强的说服力。在科技政策的研究中，有些事件和研究对象在不同的时间、空间条件下是无法等价的，因此无法重复相同的事件。例如，设立在欧洲的大型强子对撞机实验平台就是世界上独一无二的，与其他粒子加速器存在质的区别，因此对于欧洲的大型强子对撞机实验平台的研究就完全可以使用案例研究这种方法，即使这个实验平台在众多实验室中是个“另类”，是不具有代表性的。

2. 有代表性的事件

案例研究除了可以用于研究没有个性的事件以外，也可以研究具有代表性的事件。为了能够让决策者了解到最广泛的群体的状态和需求，在科技政策研究中经常需要对具有代表性的对象进行研究。例如，对中小企业知识产权创造的政策补贴效果的研究，所关注的是政策在中小企业群体中的基本实施效果，有些企业在研发方面投入了大量的人力、物力，即使政府不提供支持，企业本身也会去申请技术专利，而有些企业根本就没有研发，只是单纯地生产制造，因此不会对这类政策产生反应。政策制定者关心的是政策是否对最广泛的中小企业群体——那些有一定技术研发但是在研发方面没有办法投入较多资源的企业——产生了激励作用。这时，研究者在使用案例方法时就应当聚焦于最具有代表性的这类企业，通过实地调查收集一手数据来完成对政策实施效果的评估。聚焦于最具有代表性事件的案例研究拥有较高的外推性，所得出的结论能够较好地应用于相似的情况。

3. 解释因果关系的问题

Yin 在其著作中对实验法、调查法、档案分析法、历史分析法、案例研究法所适宜解决问题的类型进行了描述，认为案例研究最适合解答“怎么样”和“为什么”这类问题，即因果关系问题。对于“怎么样”和“为什么”这类问题的解答需要按时间顺序追溯相互关联的各种事件，并找出它们之间的联系，而不仅仅是研究它们出现的频率和范围，案例研究最适宜对事件进行长时间的追踪；而对于“什么事”之类的探索性问题，可能是关于范围、程度、频率之类的问题，更适宜适用统计调查等[8]。在这里，所谓的因果关系问题即是解释性问题，是案例研究最经典的功能之一，针对这类问题的研究往往会表现为理论构建型研究。科技政策研究中的理论性问题一般都属于因果关系问题，因此可以使用案例研究这一方法来解决。

4. 正在发生的事件

由于案例研究可以持续地对问题进行追踪，因此可以用于研究当下正在发生的事件。在这种类型的研究中，资料收集与资料分析往往是同步进行的，研究者的研究思路会伴随着案例的进行而扩展或变化，而资料收集和资料分析也是一个循环往复的过程，使研究者在实地中不断地丰富自身的认识。研究者可以使用观察法对正在发生的事件进行记录和分析，收集实时的文本资料和物证。这类研究往往具有较强的时效性，使得研究成果受关注程度较高。因此，案例研究适合研究正在发生的科技政策问题。例如，对南水北调工程（尚在进行中）的单案例研究，就是一个具有较强时效性的研究。对于正在发生事件的研究也可以为政府决策提供更及时的资料。

5. 量化资料较少的研究

案例研究作为质性研究方法的代表，其在研究中所收集的资料主要以质性资料为主，包括文件、档案、访谈、观察记录、实物证据等。虽然案例研究也可以完全使用量化资料，但是其在质性资料分析方面具有更大的优势。当需要研究的科技政策问题本身涉及的量化资料较少时，可以使用案例研究对质性资料进行收集和分析。例如，在为什么严格的考勤制度对研究型高校的科研人员的科研积极性有消极的影响这类问题的研究中，很难获得具体量化的资料，因此可以使用访谈法、直接观察法获得更多的质性资料。在强调多元研究方法的时代，案例研究本身对质性资料的重视可以弥补以往统计分析中对量化资料的过于依赖，在研究中加入案例研究是强化研究质量的重要手段。

6. 新兴的问题

传统的案例研究倾向于将其视为一种归纳导向的建立理论研究，不需要有事前的理论假设，因此更适用于探索未知的、新兴的科研问题。相对于使用演绎导向的假设检验研究的统计调查方法，案例研究本身更适合研究这类问题：当现有知识对某现象知之甚少时，现有观点、理论不适合解释这些现象。科学技术的发展涉及许多新兴领域，这些领域甚至是因为一些微小的技术变革而产生的全新领域，对这些领域的认知非常有限，缺乏相关资料。案例研究非常适合用于研究这类新兴问题，因为其自身的特点决定了其能够成功胜任对新兴领域的探知。对新兴生殖技术的市场化与其对现有政策、法规的冲击的问题，就很适合使用案例研究这种方法对其分析，例如对国际上现有的若干胎儿手术案例进行调查和分析，探究这些案例本身对社会的冲击及其原因。

案例：胎儿手术

胎儿手术是指胎儿在未出世之前就接受手术，以矫正一些先天的缺陷。胎儿手术在手术对象、设备要求与精细程度方面都超越了一般性外科手术，该技术提高了新生命的成活率，提高了生育质量，实现了人类自身繁衍的健康与可持续发展。

但该技术在发展成熟过程中会出现诸多现实风险和不可预知的情况，法律问题也随之产生。当前核心技术的不成熟会导致医疗风险与相应的医疗责任；父母、代孕母亲、医疗机构或是主治医师甚至政府，谁有权力、有多大权力决定进行胎儿手术将变得模糊；若胎儿手术通过改变胎儿大脑结构提高其智力发育，或刺激其肌肉组织与骨骼增生改进形体特征，未来将出现“超级神通”与“超级战士”，生命将变得更加脆弱，人被选择的情况将会发生。

目前，发达国家的胎儿手术技术无论在实验阶段还是在临床阶段都发展迅速，并有了相应的控制。我国胎儿手术技术尚且落后，评估方法缺失，也缺乏相应的对该技术进行鼓励与约束的机制。现存的法律法规是普通立法，在规制这一最新科技发展时刚掠皮毛或是捉襟见肘，亟须创新或完善。

7. 高度复杂的问题

对于一些高度复杂的问题，传统的统计学方法已经无法胜任，而案例研究具有内嵌式和内在透视的特点，通过逐项复制、差别复制、证据三角形等手段能够对复杂的问题本质进行透彻分析。与其他公共政策类似，科技政策研究中也存在一些涉及范围较广、复杂度较高的问题，并且这些问题本身所能提供的数据量较少。例如，影响一个政策实施效果的因素可能非常多，涉及的维度也非常广，若使用定量化研究，所涉及的变量的数量甚至会超过数据的总量，并且很难厘清脉络、分清主次。此时，案例研究可以通过对典型案例的深描深挖，探寻到导致问题差异的核心原因。

8. 事物发展的动态

一个好的案例研究本身往往是一个好的故事。案例研究的过程会伴随着大量的描述性活动，这些描述本身能够促进对事情有更加清楚、系统的理解。时间线往往是案例研究中的描述线索，因此通过对事物本身在时间线上的发展的描述和分析，可以对动态的互动历程加以掌握，获得较为全面、整体的观点。而调查法等研究方法捕捉到的往往是事物在个别时间点上的状态，对于其动态发展的过程无法获得。科技政策研究中涉及许多对于事物发展动态过程的研究，例如，对于一套新的科研经费管理制度在不同类型科研机构中的落实和发展情况。这类问题需要对事物的发展有较为深入、细致的描述和分析，需要考虑政策实施在一个时间区间内的详细情况，并从中提炼出相关理论。案例研究对于动态过程的极大关注正好可以满足针对这一类型问题的研究需求。

9. 提出新理论的研究

案例研究本质上属于归纳式的研究范式，因此更适宜进行理论构建型的研究。Eisenhardt 所提倡的案例研究就是属于理论构建型的[9, 14, 32]。案例研究在进行理论假设检验式的研究时，与其他实证研究方法相比并没有突出性，甚至存在一些固有的缺陷。因此，在构建理论型的研究时，案例研究能够最大限度地发挥自身的特色。科技政策研究中也需要对理论进行构建，尤其考虑到我国实际发展中所面临的各种问题和环境都与西方国家大为不同，社会处于转型期，各种情况变化快、样本少。而以往的公共政策理论往往以西方国家的实际政策活动为蓝本，这些理论在我国存在着较多的不适用性问题。因此，无论在管理科学领域还是在公共政策领域，包括科技政策的研究，研究者应当在研究中尝试建立以我国的生产实践为基础的“中国式理论”，以解决我国在科技政策中面临的实际问题。

以上阐述了案例研究所适用的九种情形。当研究者所要研究的科技政策问题符合其中的一种情形时，就可以考虑选择案例方法。符合的情形越多，案例方法所能发挥的效用越大，可能表现出的缺陷就越少。当研究者确定选择案例研究这种方法研究问题时，就需要对方法本身的特点、优点和缺点有所了解，以便在研究中发挥长处，弥补短处。

四、案例研究的特点

第一章介绍了案例研究存在的诸多缺陷和不足。虽然案例研究在方法上还需要不断地改进和完善，但是其同时具有较多优势和长处。也正是这个原因，许多学者选择使用案例研究进行科技政策及其他社会科学的研究。

（一）案例研究的优越性

Eisenhardt 从使用案例研究构建理论的角度，阐述了案例研究与其他类型的研究方法相比，在构建理论方面存在如下三个方面的优点。一是有助于创建新理论。在案例研究过程中，研究者可能会以更开放的心态看待研究中获得的大量材料与数据，以及案例材料与现有文献的矛盾等，从而更有可能产生新理论。二是通过案例研究产生的理论具有可检验性。这是因为在案例研究过程中，所产生的构念会被不断地与证据相关联，是不断被验证的，理论创建过程也是对有关假说进行反复检验的过程。三是有助于获得现实性结论。这是由于案例结论直接来自经验证据，因此，更有可能是对现实的客观反映[9]。

考虑到案例研究在科技政策研究中的应用，其还存在以下方面的优势。

1. 研究视角的独特性

案例研究专注于现象和过程，研究者可以采用完全不同的视角来探索相同的问题，并且每种视角下都能产生新的见解。与其他量化研究方法相比，案例研究更关注于现象中的细节，研究者在进行案例研究时往往能够从细节中发现新的有趣的问题，并随时转变自己的关注点。案例研究所具有的灵活性可以为研究者提供独具特色的观察和分析视角，帮助研究者打开发现问题的通道，为研究者提升洞察力并提出合理的研究假设。在科技政策研究中，针对同一政策问题研究者也可以采用不同的研究视角，而案例研究能够为研究者探索研究关注点提供帮助。

2. 对问题探索的深入性

案例研究需要研究者深入实地去收集和分析资料，所获得的观点和结论必须深深扎根于证据资料中，因此案例研究者往往能够对问题进行更加深入的调查，获得对问题更深层次的认识。科技政策的研究关系到我国科学技术、国民经济的未来发展，具有重要的战略意义。案例研究方法可以帮助研究者对政策问题进行深入的探索，发现问题的真正症结并探寻可行的解决方案，以保证科技政策研究结论的真实性、可靠性。

3. 对事物发展过程把握的精准性

案例研究方法的最基础研究对象是现象，对现象进行客观、精确的描述和把握是进行案例研究的要求。案例研究能够对具体对象进行详细、全面的描述和分析，尤其对于事物发展的动态性过程能够有较深入的探索。科技政策的研究中经常需要对事物在一个时间区间内的发展状况进行研究，而案例研究能够对事物发展过程进行更加精准的把握，所得到的结果相对于截取时间点的调查统计研究来说更具有说服力。

4. 研究过程的启发性

案例研究首先关注于对具体事物的认识和描述，描述本身是客观的、精准的，但是由描述本身所引发出来的思考却是多样性的、启发性的。案例研究本身强调了方法的规范性，同时也强调了在研究中引入多元调查主体、多元信息来源的重要性。对于同样一个客观描述，不同的调查主体既会产生一致的观点，也会产生不同的思考。对于一致的观点则符合证据三角形的要求，可以作为案例研究中的有效证据；对于不一致的观点则会引导研究团队对研究问题的重新思考，启发更广阔的思路。

5. 研究结论的扎根性

案例研究可以综合运用多种辅助工具，如文献法、观察法、统计法、访谈法等。同时，案例研究可以有多种资料收集渠道，如文件档案、物证、访谈、观察等。案例研究强调对多重资料的使用，针对同一个观点、问题应当使用不同类型的资料同时进行验证，形成证据三角形。多样性的资料来源有助于研究者做出更加全面的判断和结论。案例研究的观点和结论必须深深扎根于证据资料中。

6. 研究结果的开放性

正如前文所述，针对同一个问题、同一个案例，不同的研究者可以采用完全不同的视角，得出完全不同的结论。尤其是在企业管理研究中，针对同一个具有代表性的企业所做案例研究所得出的结论可能完全不同。另外，案例研究也会受到研究者知识背景、社会经验等因素的影响，使得不同研究者即使采用相同的研究视角研究同一个案例，也可能得出完全不同的结论。在案例研究中之所以会出现这种现象，正是因为案例研究的结论具有开放性。案例研究不排斥任何结论，只要结论是扎根于实地资料中的，就能够成为有力的结论。因此，研究者可以放心、大胆地使用案例研究这种方法进行自己的研究。

（二）案例研究的优势在科技政策问题中的体现

Yin 认为，当研究的问题类型是“怎么样”和“为什么”等解释性的问题，研究对象是目前正在发生的事件，研究者对于当前正在发生的事件不能控制或只能极少控制时，最适宜采用案例研究这种研究方法[8]。结合案例研究的优点，如下类型的科技政策问题特别适合采用案例研究方案进行研究。

1. 科技政策的空间属性问题

科技政策本身具有一定的空间属性，具体说来，就是同一科技政策在不同空间层面上的作用效果有所差异。关于科技政策作用效果的研究是对目前正在执行的科技政策的考量，是“目前正在发生的事件”。描述性案例研究适用于研究“什么人”“在哪里”的问题，通过对一个人物、团体组织、社区的生命历程、焦点事件以及过程进行深度描述，以坚实的经验事实为支撑，形成主要的理论观点或者检验理论假设。因此，利用描述性案例分析法来研究科技政策，可以从空间的角度对某一政策进行全方位评估，研究“谁在何地执行这一政策”。

2. 科技政策的时滞效应问题

与大多数公共政策一样，科技政策也具有难以克服的时滞效应问题，而科学技术领域发展日新月异，基于前期实证研究结果制定的政策措施往往不能具备良好的指导性和前瞻性。有些科技政策是在科技发展过程中出现问题后匆忙制定的，政策的科学性和有效性很难保证。探索型案例研究是在未确定研究问题和研究假设之前，研究者凭借直接观察和其他渠道获取各种资料，形成案例并依据案例确定研究问题和研究假设，这类研究以为新理论的形成作铺垫为己任，适用于研究“是什么”之类的问题，在研究科技政策时回答“该政策的结果是什么”，从而为科技政策的作用效果做出预测，这有利于克服科技政策的时滞效应问题。

3. 科技政策的执行力度问题

科技政策是通过行政措施来贯彻执行的，只具有行政效力而不具有法律效力，没有法律的强制性特征。加上政策宣传经常不到位，缺乏相应的监督，导致科技政策的执行力度大打折扣。解释性案例研究旨在通过特定的案例，对事物背后的因果关系进行分析和解释，适用于阐明“为什么”“怎么样”之类有关因果关系的问题。案例中所包含的一些事实被作为自变量，另外一些事实被作为因变量，通过对案例背景的研究，寻找不同变量之间的相关性或因果关系。在研究科技政策时回答“为什么要执行该政策，怎么样保证科技政策发挥效力？”的问题，理清科技政策执行的缘由，这对加强科技政策的执行力度具有非常重要的意义。

4. 科技政策的效果评价问题

任何科技政策的实施都是为了达到一定的政策目标，科技政策评价是对科技政策目标实现程度的综合考量。科技政策评价的标准包括效益标准（社会效益和经济效益）、效率标准和效能标准。对科技政策的社会效益标准而言，由于难以取得足够的量化资料，以工具理性为导向的计量学评价方法难以进行全面的评价，而探索型案例研究可以回答“是什么”的问题，从价值理性的角度对科技政策进行全方位评价，综合政策目标、政策主体、政策客体、政策环境等不同要素，回答“科技政策的社会效益是什么”“如何进行政策反馈与完善，提升科技政策效果”。

五、案例研究的步骤

研究者在开始一项研究之前，应当对使用的研究方法进行明确。本节之前的内容介绍了案例研究是什么（内涵）、案例研究能干什么（功能）、什么时候应当使用案例研究（适用性），以及使用案例的优势（特点）。经过这一过程，研究者应当已经对案例研究这一方法有了较为全面的了解，能够明确自己目前正在进行的研究问题是否应当使用案例研究。如果研究者确定使用案例进行研究，那么研究者急需要了解的是如何进行案例研究，即案例研究的步骤。

（一）案例研究的规范化

传统意义上，案例研究的方法是一套指导原则，没有一个清晰明确的实施步骤，因此对于初学者来说较难把握，不知道应该从何处下手。在许多研究者眼中，案例研究就像一个黑箱，能够看到进去的东西和出来的东西，但是完全无法得知黑箱中发生的故事。案例研究的这一特点在一定意义上限制了这种方法的推广，也使得部分研究者在使用案例研究时缺乏严谨性，因为没有人知道黑箱中发生的事情，自然也没有人能检验研究者在黑箱中的过程是否具有规范性。

为了能够让案例研究这一研究方法得到更广泛的应用，让研究者尤其是初学者能够尽快掌握这种方法，众多研究者对于案例研究步骤的规范化做出了努力，其中具有代表性的是 Yin 和 Eisenhardt。以下将对这两位学者所规范的案例研究步骤进行说明。

1. Yin 的案例研究步骤

Yin 在案例研究步骤的规范化方面做出了极大的贡献，其所撰写的著作《案例研究：设计与方法》《案例研究方法的应用》在国内外案例研究教学中得到了广泛的应用。Yin 在其著作中介绍了案例研究的设计，提出了进行案例研究的 5 个步骤，包括案例研究方案的设计、收集案例研究资料的准备、收集案例研究资料、案例研究的证据分析、撰写案例研究报告[8]，具体在每一个步骤下研究者需要进行相应的工作。Yin 对案例研究所划分的 5 个步骤，在本质上与其他研究方法的步骤划分是相似的。几乎任何研究方法都可以将其划分为方案设计、收集资料的准备、收集资料、证据（数据）分析、撰写研究报告等步骤。但是 Yin 对案例研究方法的界定为初次接触这种方法的研究者提供了一个很好的学习框架，有助于研究者依据学习其他研究方法的思路来学习案例研究方法（图 2-2）。

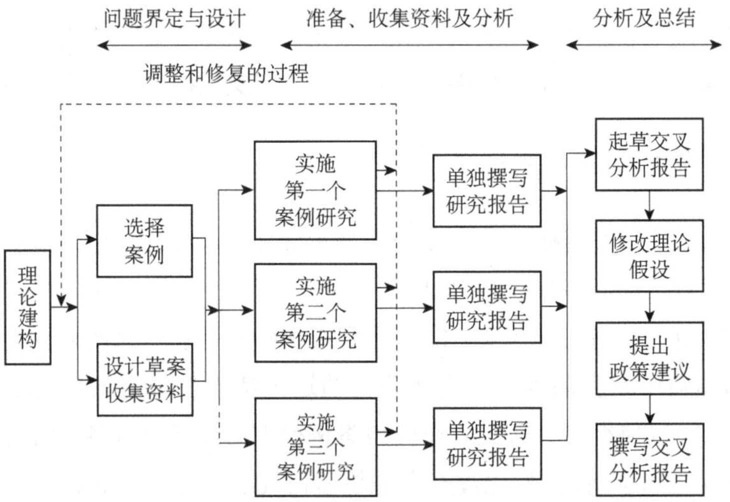

图 2-2 Yin 的案例研究步骤[8]

2. Eisenhardt 的案例研究步骤

Eisenhardt 是当代管理学领域中的案例研究大师，在 *Administrative Science Quarterly*、*Strategic Management Journal*、*Academy of Management Review*、*Academy of Management Journal*、*Organization Science* 等国际顶尖学术期刊发表案例研究论文十余篇，是目前全球在顶尖学术期刊发表案例研究论文最多的学者[52]。Eisenhardt 在总结前人研究的基础上（包括 Yin）提出了一套案例研究的框架，如表 2-2 所示，包括 8 个步骤：启动、案例选择、研究工具和程序设计、进入现场、数据分析、形成假设、文献对比、研究结束[9]。

值得注意的是，Eisenhardt 所提出的研究步骤侧重于利用案例方法构建理论的研究，而 Yin 的步骤对于构建理论研究和理论假设研究没有进行区分。因此，Eisenhardt 的界定更侧重于研究对理论的贡献，在多个步骤中强调了对理论的发展。

表 2-2 Eisenhardt 的案例研究步骤[52]

步骤	工作内容	理由
启动	定义研究问题；尝试使用事前推测的相关构念	将工作聚焦起来；为构念测量提供更好的基础
案例选择	不预设理论或假设；确定特定总体；理论抽样，而非随机抽样（random sampling）	保留理论构建的灵活性；控制外部变化，强化外部效度；聚焦有理论意义的案例，如通过补充概念类别来复制或扩展理论的案例

续表

步骤	工作内容	理由
研究工具和程序设计	采用多种数据收集方法；组合使用定性和定量数据；多位研究者参与	通过三角证据来强化理论基础；运用综合性视角审视证据；采纳多元观点，集思广益
进入现场	数据收集和分析重叠进行，包括整理现场笔记；采用灵活、随机应变的数据收集方法	加速分析过程，并发现对数据收集有益的调整；帮助研究者抓住涌现的主题和案例的独有特征
数据分析	案例内分析；运用多种不同方法，寻找跨案例的模式	熟悉资料，并初步构建理论；促使研究者摆脱最初印象，透过多种视角来查看证据
形成假设	运用证据迭代方式构建每一构念；跨案例的复制逻辑，而非抽样逻辑；寻找变量关系背后的“why”证据	精炼构念定义、效度及可测量性；证实、拓展和精炼理论；建立内部效度
文献对比	与矛盾的文献互相比较；与类似的文献互相比较	建立内部效度，提升理论层次并精炼构念定义；提升普适性，改善构念定义及提高理论层次
研究结束	尽可能达到理论饱和（theoretical saturation）	当边际改善变得很小时，则结束研究

3. 科技政策的案例研究步骤

由于科技政策研究具有一定的特殊性，为了强化科技政策研究者对案例研究方法的掌握，本书结合前人对于案例研究方法的发展和改进，将案例研究方法体系划分为“6个步骤+6种辅助工具”。

其中，6个步骤包括研究启动、案例选择、资料收集、资料处理、提炼结论、研究报告。

（1）研究启动介绍了研究者如何发现研究问题，以及研究问题与研究方法的匹配性问题，经历这一步骤之后研究者应当已经获得一个可供研究的问题；

（2）案例选择步骤可以指导研究者根据研究问题选择案例及案例分析的模式，研究者应当明确自己的研究是描述性、探索性还是解释性研究，使用单案例还是多案例，构建的是整体性案例结构还是嵌入性案例结构；

（3）资料收集步骤是对研究者的资料收集工作提供建议，研究者在收集证据资料时应当遵从相应的原则和方法，并尽量避免经常出现的错误；

（4）资料处理步骤指导研究者将收集到的资料转化为可供研究的内容，分为案例内资料分析和跨案例资料分析分别阐述，提出了一些分析策略供研究者使用；

（5）提炼结论步骤是将资料处理得出的结果发展、总结为具有研究价值的结论，进行新理论构建或对现有的理论进一步发展，通过这一步骤案例研究的价值得以体现；

（6）研究报告步骤是指导研究者将案例研究的结果总结为研究报告的形式进行呈现，需要注意的是研究报告不是学术论文，研究报告根据研究者的目的有不同的要求。

6 种辅助工具包括访谈、观察、实物分析、文档分析、扎根理论、计算机辅助工具。这 6 种辅助工具是案例研究中经常使用的工具。在 Yin 和 Eisenhardt 的体系中也对部分辅助工具有所介绍，在某些步骤中有所涉及。然而在实际科研工作中，这些辅助工具具有较高的使用频率，例如，很大比例的案例研究中都使用了访谈、观察工具，而一些经典的案例研究也曾使用过扎根理论方法。这些工具有其自身的要求和规则，研究者需要对这些辅助工具有一定的认识才能在研究中合理地使用。因此，在这里我们将较为典型的 6 种辅助工具单列出来，期望通过对这些辅助工具的介绍能够使研究者更加准确地把握案例研究步骤。在这 6 种辅助工具中，访谈、观察、实物分析、文档分析主要穿插于案例研究的资料收集和资料分析步骤，而扎根理论、计算机辅助工具主要涉及资料处理和提炼结论的步骤，各种辅助工具之间有重叠和交叉，但很大程度上也是互为补充。研究者可以通过对辅助工具的学习进一步加深对研究步骤的理解。

总之，结合前人研究的结果，我们将案例研究方法体系划分为“6 个步骤+6 种辅助工具”。通过对这个体系的介绍，研究者既可以从纵向上掌握案例研究的过程，也可以从横向上对每一个步骤的具体实施方法有所了解，进一步加深对案例研究在实际科研工作中的应用的理解（图 2-3）。

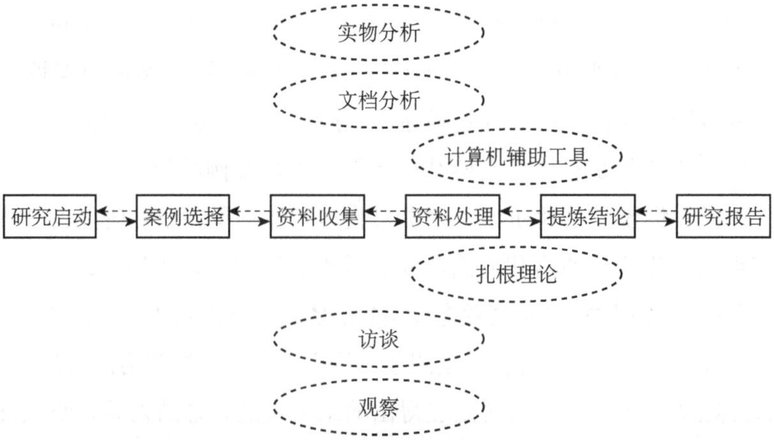

图 2-3 案例研究步骤和辅助工具

（二）案例研究实施的原则

研究者在进行案例研究时除了遵循以上研究步骤之外，还需要把握案例研究的原则。这些原则通常是案例研究所特有的，与其他研究方法的要求有所区别。研究者在实施案例研究步骤时应当谨记这些原则，以使自己的研究更加严谨、规范。

1. 理论抽样，而非随机抽样

这一原则主要适用于案例选择阶段。理论抽样是一种区别于随机抽样的抽样方法，其核心思想是选取最能表达、解释现象的样本（甚至是极端样本）。通常在调查研究方法中，研究者为了最大限度地获取总体的准确特征，往往要求在样本选择中尽量做到随机抽样，使得样本的结果能够更加接近总体的特征。随机抽样的核心思想是要获得最普遍存在的特征，而这一原则是与案例研究的样本选择原则相违背的。

在案例研究中，研究者并不需要了解“存在的大多数”的状态，如果研究问题是这一类型的问题，研究者就应当选择调查法等其他量化方法。案例研究要求研究者选择的案例对象是具有典型性的，这里的典型性既可以是最具有代表性的，也可以是极端的、小概率事件。案例研究由于研究的样本数量较少（几个案例），因此不可能像调查法一样全面。案例研究的特点就是典型，通过对典型的研究更深入地发现其中的问题。案例研究中的案例选择需要采用理论抽样的方法，而不需要考虑样本的普遍性问题。这也是案例研究区别于其他方法的重要特征。在关于科研经费配置政策的研究中，案例研究者需要在科研经费分配中选取具有典型性的事件进行研究。例如，选取滥用科研经费的科研单位作为研究对象，虽然在现实中全国大多数的科研机构的经费分配和使用还是合理、合法的。如果依据随机抽样的原则，研究者就要选取一个仅有一些经费使用瑕疵的科研机构作为研究对象，对这类较为“普通”的对象的研究肯定不如对较为“典型”的对象的研究所能获得的信息量大，因为在这里研究者最关心的不是全国大多数科研机构是如何使用经费的，而是科研机构滥用科研经费的方法和手段。

2. 证据三角形

这一原则主要适用于资料处理和提炼结论阶段。证据三角形是案例研究中通常使用的一种论证模式。由于案例研究仅选择较少数量的案例进行研究，因此对每个案例结论的准确性就有更高的要求。案例研究要求研究者使用多种资料来源，如访谈、观察、文本、档案、实物等，而案例研究者在实地中经常会遇见类似的这样一种情况：针对同一个事件，不同来源的资料显示的结果相互矛盾。例如，对于某高新技术开发区的创新扶持政策的研究，统计报告里显示该开发区孵化培育了上百家中小规模的科技企业，但是研究者在实地观察中发现该开发区地理范围内工业园、写字楼内入驻的企业远远达不到一百家。这种相互矛盾的情境进一步说明了在资料收集中获取多元化资料的重要性。如果研究者仅仅收集到一个类型的资料，就使用该资料所呈现的结果得出结论，其结论的信度显然是不够的。

因此，为了避免这一问题，研究者在案例研究中需要选取多种证据来源的资料，使不同途径的资料相互印证同一个问题，才能得出结论，这一过程被称为三角论证，所形成的相互印证的证据链被称为证据三角形。通过进行三角论证，研究者可以提升自身结论的可靠性，使研究结果更能够被承认。证据三角形还可以分为多种类型，其中资料三角形要求研究者使用不同来源的证据资料，研究者三角形要求在研究过程中让不同的研究人员来审视同一份资料，理论三角形要求研究者使用不同的思维角度来看待同一证据，方法论三角形要求研究者能够使用不同的方法来论证同一个问题。总之，证据三角形是提升质性资料信度的重要手段，案例研究者在研究中使用的三角形越多，其研究结论的可信度越高。

3. 研究步骤的回溯性

这一原则适用于案例研究的所有步骤。在传统的案例研究中，尤其是基于扎根理论的案例研究会要求研究者在进入研究现场前不要有预设的问题，通过在现场的资料收集和分析来逐步厘清思路，发现自己的兴趣点。即使研究者在最开始前发现了兴趣点，也可能随着对问题的深入了解，转移自己的研究视角。例如，研究者最初感兴趣的可能是高校专利成果的转化问题，进入实地采访后发现这个问题在一定程度上是高校对教职员工的激励机制问题。研究者的关注点可能随着研究的进行不断发生改变，直到最终找到研究者所认定的关键。除了研究者的关注点以外，对案例的选择、资料收集、资料分析及提炼结论等活动也会随着研究者观念的转变而需要改变或进一步地发展。研究者有时需要重新收集一些新的资料，或者是对收集的资料从另一个视角进行分析。研究者的想法每发生一次改变都意味着研究者需要返回到之前的步骤，重新获得新的信息。

因此，在进行案例研究时研究者很难从头到尾顺着一个思路走下去，研究者会在研究过程中对自己的研究不断进行修正，而这一过程往往伴随着对前一步骤的回溯。图中每一个步骤与上一步骤之间都有一条反向的虚线相连，表示研究者随时可能根据研究的需要回到之前的步骤重新进行研究。

第三节　案例研究与其他研究方法的比较

在关于科技政策的研究中，现有研究多集中在科技政策的发展与评估、科技创新与成果转化、科技政策与产业政策等方面上。换言之，现有的研究多是对科技政策的形成、制定过程及实施效果的研究。在进行研究时，不可避免地会遇到方法选择的问题。目前有关科技政策研究方法和研究工具方面的成果非常零散，缺乏系统的梳理和分析，科技政策研究中使用的方法和工具非常多样化。针对不同议题选择合适的方法才能更有效地解决问题，如果只关注政策问题本身而忽略研究方法的选择，则容易做无用功。

1964 年，哈维・布鲁克斯（Harvey Brooks）提出“关于科学的政策”（policy for science）和“政策中的科学”（science in policy）这一区分，成为后人分析科技政策的出发点[53]。在现有的研究中，许多专家学者对科技政策的内涵界定给出了自己的见解。Jean-Jacques Salomon 认为，科技政策是政府为了促进科技发展，为了实现其政治目标而集中采取的一些措施[54]。盛建新、成良斌认为，科技政策是一种具有目的性的关于科学技术生产、应用和传播的政治措施[55]。赵筱媛、苏竣认为，公共科技政策是一个综合体系，是政府为了弥补市场失灵，促进公共部门和私人部门的技术创新而制定的一系列干预、规制和引导科学研究、公共技术开发，以及促进科学技术成果产业化的政策的总称[56]。

在科技政策研究领域，研究方法和工具众多。2012 年创新方法高层论坛中的统计研究显示，国内以科技评价为主题的相关论文中使用的方法和工具超过了 30 种，以科技投入为主题的相关论文使用的方法和工具超过了 15 种，以科技创新为主题的相关论文中使用的方法和工具超过了 15 种。方法虽多，但针对某种特定的研究问题必须选择合适的研究方法。A. Lijphart 将社会学领域中常用的比较研究、案例研究、实验研究、统计研究等方法进行了优劣评估[57]。他设定了两个评估标准：一是获取样本相关数据的难易程度，二是对样本控制的难易程度。在科技政策领域，选择哪种分析方法开展对科技政策的研究需要进行多方面的考量：第一要确定所要研究问题的类型；第二要确定研究者对研究对象的控制能力；第三要区分所研究的问题是着眼于当下的还是关注历史现象。

本书在科技政策权威杂志 *Research Policy* 和国内代表性杂志《中国科技论坛》《科技管理研究》《科学学与科学技术管理》《科技进步与对策》《科学学研究》《中国软科学》《科学管理研究》《研究与发展管理》《科研管理》等中选取若干篇使用不同研究方法的典型文章进行分析。这些研究方法主要包括比较分析方法、案例方法、统计分析方法和调查方法。而依据研究问题的不同特点，将科技政策的研究议题划分为科技政策回顾与发展研究、科技创新与成果转化研究、国际科技合作研究、科技政策与产业政策绩效评估研究、科技人才问题研究、突发性科技政策危机研究。

根据对文献的梳理结果，我们把不同科技政策议题主要使用的不同研究方法做了划分，如表 2-3 所示。在以往的研究中，L. P. Jones、I. Sakong、Tarmo Lemola、杜宝贵、李春景等都分别使用过比较研究方法研究科技政策发展的问题；Jürgen Häusler、Alfonso Gambardella、Patarapong Intarakumnerd、李明、沈群红等将案例研究方法使用在科技政策研究中；R. Beason、彭纪生、吕明洁、刘丙泉等使用统计分析方法针对不同科技问题对科技政策指标和绩效进行了测算评估；王大洲、李晓轩、李志、王海芸等使用调查研究方法对有关科技人才的问题进行了研究。在下文中，我们将对不同研究方法的适用性进行分析。除表 2-3 中所提到的研究方法之外，使用在科技政策研究中的方法还包括历史分析法、实验法、同行评议法等，这些方法在现有的文献中使用得并不多，因此不一一进行分析，只在下文混合研究方法中作为补充提到。

表 2-3 常用研究方法与相应科技政策议题

方法	科技政策回顾与发展	科技创新与成果转化	国际科技合作	科技政策与产业政策绩效评估	科技人才问题	突发性科技政策危机
比较研究	√					
统计分析		√		√		
调查研究		√			√	
案例研究			√		√	√

一、比较研究

David Collier 等认为标准的比较研究适用于小规模或者少量案例[58]。在对一个国家的科技政策进行评估，期望找到政策发展的一般规律从而对未来政策的制定发展提供借鉴的情况下往往会用到比较研究。杜宝贵认为，科学技术的发展有其自身的发展规律。比较研究可以从客观上对不同国家、地区进行横向和纵向的比较，从不同地区或同一地区的不同历史发展时期找出科技政策发展的一般规律。在剖析了“单一科技政策描述式”“跨国科技政策比较式”“地区间科技政策比较式”“科技政策过程比较式”这四种研究范式后，杜宝贵提出基于“学科”视角的比较研究新范式[59]。L. P. Jones、I. Sakong 比较研究了韩国的国家产业政策，研究结果发现，韩国的产业政策对其经济、科技的发展产生了重要的推动作用[60]。Tarmo Lemola 使用比较分析，以芬兰的科技政策发展过程为例，纵向比较芬兰从 20 世纪 60 年代至 21 世纪初的科技政策发展过程，分析其政策是如何同其他国家的科技政策进行集合的。文章首先提出政策趋同的假设，然后通过历史比较分析一步步验证其假设，最后得出合理的解释[61]。李春景、杜祖基、曾国屏从历史角度出发，考察并分析香港 1997 年以来的科技政策新趋向，由此分析出香港科技政策的发展特征和面临的挑战[62]。

适用比较研究的科技政策问题主要有：①以探索政策自身发展的内在规律为目的的科技政策问题；②忽略时间因素的地域间政策的比较分析；③某个国家或地区的政策发展研究。比较研究是最基本的研究方法，在运用比较研究时，我们会更加关注被选取样本之间的异同，这不仅有助于验证假设，而且有助于发现和归纳新的命题。在科技政策的各种定义当中，学者们普遍认为科技政策是政府管理科学技术的政策措施，对科学技术的管理措施受到科技自身发展规律的制约。

从历史的角度看，科技政策也有其自身的发展规律，这种一般性的规律不受客观条件的制约。运用比较研究这种方法比较不同历史时期、不同国家科技政策的异同，我们可以见微知著地寻找到隐含在科技政策中的一般性规律。在各种科技政策命题中，只要政策内容具有可比性，那么该种政策命题就具备了使用比较研究方法的客观条件，如科技投入与产出、政策绩效等指标本身就具备可比性。当我们进行国家或区域间科技政策的横向比较时，我们会选取具有相似性的样本进行比较而不是选取大量的样本进行一一比较，而比较研究方法正如 David Collier 和 James E. Mahom 认为的那样，是一种小规模的案例研究，这种精炼的比较分析比起大规模的案例研究更加适合[58]。

二、统计分析

统计分析是一种定量分析方法，通过对数据的收集、处理、分析，发现数据之间的内在联系和内在规律。统计分析是一种从定性分析到定量分析，最后再到定性分析的方法。在科技政策领域，在涉及科技政策评价，如绩效评估、创新能力竞争力测度评价等领域时，往往会用到统计分析。统计分析的具体工具有很多，常用的有 DEA 模型、CCR 模型。R. Beason 和 D. E. Weinstein 统计了日本 1955～1990 年 13 个产业部门的数据，测算出日本不同的国家产业政策对部门全要素生产率（TFP）的不同效应[63]。彭纪生、仲为国等对科技政策进行量化分析，描绘出政策协同演变的路径以及对经济绩效的影响，认为科技政策协同对经济绩效具有显著性的影响[64]。吕明洁、陈松测算了我国各个省份高新技术产业的政策绩效，并对其进行了收敛性分析[65]。刘丙泉等应用改进的 TOPSIS 方法，选取科技活动人员等 13 项指标，测度了 2003～2007 年我国 29 个省市技术创新能力的发展水平，分析了区域技术创新能力发展差距的变化趋势[66]。

应用统计分析主要用于解决以下类型的科技政策问题：①对一些科技指标进行检测和测度；②对一个国家或地区的科技进步、科技政策绩效评估问题。科技政策的制定、实施、评估是一个复杂的系统，科技创新与政策绩效都无法通过观察直接得出精确的结论。研究者只能通过科技指标的可测量性进行分析。统计分析方法则为测量指标与结论之间搭建了桥梁，研究者试图通过数学的方式，建立一种表示各种指标中隐含规律的模型。关于科技指标体系的内容和发展变化不在本书的讨论范围，但目前科技指标体系主要包括 R&D、科技创新力和竞争力、信息化水平等指标，这些指标主要还都是定量指标，在处理这些定量指标的时候，显然不能使用单一的定性分析方法。

三、调查研究

调查研究在科学研究领域和社会学研究领域都有广泛的应用。调查研究是收集第一手数据用以描述一个难以直接观察的大总体的最佳方法。抽样是调查研究方法的一个基本步骤。调查研究一般有“概述、程序、选题、抽样、测量、问卷、访谈、资料处理、统计分析、调查报告”等步骤[67]。调查研究不同于实验方法，它不需要对研究对象进行精确的控制，而实验研究方法最大的特点就是要对研究对象进行控制。调查研究同历史分析方法的区别则在于研究的焦点是集中在“当前”还是“过去”。著名社会学家巴比曾经指出“在描述性、解释性和探索性的研究中都可以运用调查研究的方法”[68]。在科技政策领域，调查研究使用得也非常广泛。王大洲、关士续为研究我国国有大中型企业技术与制度创新，采用实地调研和问卷调查的方法考察了我国国有大中型企业，为国有企业改革提供了事实依据[69]。李晓轩等为研究科研组织工作满意度及其对工作绩效的影响，采用问卷调查的方法，以中国科学院研究所的科研人员为样本进行了调研[70]。李志等为研究企业科技人员创新能力的发挥，采取问卷调查方法，以企业科技人员、管理人员为样本进行了调查，得出影响企业科技人员创新能力发挥的主要因素[71]。李晓轩等还运用问卷调查法研究了中国青年科技将帅人才团队建设及学术交流的现状[72]。王海芸、宋镇结合问卷运用统计方法实证分析了企业高层次科技人才吸引力的影响因素[73]。

综合文献分析可以看出，适合采用调查研究方法的科技政策问题具有以下方面的特征：①科研机构改革或者企业科技创新的问题；②高科技人才问题研究。科研机构改革和企业科技创新两者都是涉及面比较广的问题，每个机构和企业之间都具有很大的差异性，如果要对这些机构或企业做出准确的、宏观的判断，实地走访和问卷调查是必不可少的。涉及高端科技人才的问题时，研究的对象是人本身，每一个个体之间差异比较大，涉及的问题交互性和互动性也比较强，很难通过现有的资料得出结论，为了得到更真实准确的资料数据，观察、访谈、问卷都是必不可少的。

四、案例研究

Eisenhardt 认为案例研究是一种策略研究，其焦点在于理解某种单一情境下的动态过程[9]。Yin 认为案例研究适用于特定的情况：一是在需要回答“为什么”“怎么样”的问题时，二是在研究对象不容易控制时，三是在关注重心是当下的实际情况时[22]。Eisenhardt 关注的是如何使用案例研究构建理论，Yin 关注的则是如何设计案例研究。在科技政策领域，Jürgen Häusler 等通过一个成功的企业间协作案例研究了创新网络的突发事件[74]。Alfonso Gambardella 以美国几个大型制药公司为例，认为那些有着良好“内部科学”项目的公司能更有效利用外部科学信息，随后选取 20 世纪 80 年代 14 个大型制药公司的数据实证分析出这一论断[75]。Intarakumnerd P.以泰国为例，研究了技术追赶不太成功的欠发达国家的国家创新系统[76]。李明通过具体数据和案例对欧盟的区域科技政策进行了详细分析，并论述其对我国经济结构转型地区（主要是我国东北和中部地区）的借鉴意义[77]。沈群红通过对 AB 集团抗菌技术发展的过程性案例研究，阐明企业制导式技术转移模式的含义及其作用机理[78]。孙中峰等通过对生物技术案例的研究，试图阐述社会技术预见的特点和内涵及其对我国科技政策的重要意义[79]。闫宏等对英国移动通信行业的此类合作研究网络（Mobile VCE）进行了案例研究，论述了 Mobile VCE 的创建过程与管理模式，在此基础上，从技术创新的视角分析了其成功的原因及对我国科技政策的启示[80]。

适用案例方法研究的科技政策问题存在以下几个方面的特征：①突发性事件，案例独特；②案例的发展周期较长，需要从动态的角度进行考量；③涉及的问题小众，不具普遍性，仍处于探索阶段；④政策主体存在较大的个体差异。存在以上特征的科技政策问题往往倾向于使用案例研究方法。Yin 提到，案例研究是离不开情境的，当所研究的政策命题是一种突发性的问题或者该命题比较小众时，研究者会面临相关资料获取困难的问题。命题的“独特性”使得我们难以使用其他研究方法，例如，需要参照物的比较研究方法或者是需要大量统计数据的统计分析方法。如果要研究的命题需要从动态的角度进行考量，研究者无法精准地控制整个过程，这就无法使用实验方法[65]。又如，类似新兴科技问题、科技人才队伍建设、国际科技合作等问题，由于这类问题涉及的主体具有强烈的个性化差异，需要辅助以更多质性资料的支持，小范围的比较不能涵盖所有主体，研究者也无法对每一个个体进行精准的控制，这时使用案例研究就是比较合适的。

第三章 案例研究的前期准备

第三章和第四章将逐步为读者介绍案例研究的 6 个步骤，包括研究启动、案例选择、资料收集、资料处理、提炼结论、研究报告。这 6 个步骤贯穿于案例研究中间，是研究者首先需要掌握的知识。由于案例研究的步骤具有很强的实践性，为了让研究者能够更加形象、深刻地理解每一个步骤的内涵，第三章和第四章将以若干个典型案例作为研究实例，对每一项步骤中涉及的具体内容进行解释和说明，使得每一项原则、方法都能够以更加生动的形式呈现出来。

为了尽可能全面地展现案例研究的过程，本章选取了 A、B、C 三个案例实例作为示例进行展示。这三个案例关注的都是与科技活动、科技政策相关的议题。案例 A 为"知识产权质押融资政策绩效研究——基于合芜蚌自主创新区专利权质押融资的实践"，案例 B 为"高校科技成果转化平台建设中的人才流动问题"，案例 C 为"科研机构后勤支撑体系建设研究"。在以上案例研究中，案例 A 关注于科技政策中具有前沿探索意义的知识产权质押融资政策，案例 B 关注于科技政策中最为经典的科技人才流动问题，案例 C 所关注的后勤问题代表了对科研机构外围环境的研究。在不同的阶段，本书将会选择其中一个案例进行详细解读，以帮助读者更好地理解案例研究过程。本章对于三个案例问题的背景进行简要介绍。

案例 A：知识产权质押融资政策绩效研究

——基于合芜蚌自主创新区专利权质押融资的实践

知识产权质押融资是一种中小科技企业以专利权等知识产权作为无形资产

抵押，从商业银行手中获得企业发展急需的经营性贷款的融资方式。知识产权质押融资作为科技创新与金融创新结合的新路径，自2009年开始在我国正式试点。知识产权质押融资弥补了以往商业银行以有形资产作为抵押的商业模式，为技术密集型的中小型创业企业提供了一条融资渠道。

知识产权质押融资发展历程短、政策实践少、理论积淀弱，缺乏成熟认知和历史借鉴，尤其对于知识产权质押融资政策绩效评价方面的研究屈指可数，更缺乏完整、系统的量化资料，属于新兴问题，而学者的关注点大多落在知识产权质押融资的开展模式、实施障碍、风险防范、政策保障等方面，对知识产权质押融资政策的分析盘点以及运行效果研究甚少，而这个问题恰是连接政策实践与政策改进的关键中介问题。因此，该案例研究者希望通过案例研究系统分析政策效果影响机制和关键因素，进而为政策创新提供客观借鉴，丰富该研究领域。

案例B：高校科技成果转化平台建设中的人才流动问题研究

2012年以来，国家着力进一步深化科技体制改革，实施创新驱动发展战略。2015年，国家层面发布《中共中央　国务院关于深化体制机制改革加快实施创新驱动发展战略的若干意见》，修订《促进科技成果转化法》；同时，各省市也纷纷出台相关政策促进本区域的科技成果转化。其中，重要的一条就是“坚持人才为先”，要把人才作为创新的第一资源，更加注重培养、用好、吸引各类人才，促进人才合理流动、优化配置，创新人才培养模式；更加注重强化激励机制，给予科技人员更多的利益回报和精神鼓励；更加注重发挥企业家和技术技能人才队伍创新作用，充分激发全社会的创新活力。

而目前高校促进科技成果转化主要是通过设立专门的科技成果转化机构，通过与市场对接促进本校优势的发挥、成熟技术的转化。高校自建科技成果转化平台是继高新技术产业开发区、科技企业孵化器、大学科技园等组织形式后又一组织创新的新模式，该平台的投融资、研发转化、管理、教育培训、产学研合作等机制的设计值得去研究探讨。而且，面对新平台的建设，多数高校尚处在探索、试验阶段，量化资料较少，还存在着许多未知的、新兴的科研问题等待着去探索研究。相较于其他主体，高校更具人才优势。对高校在科技成果转化平台建设过程中会遇到科技人才流动的问题，从现实情况来说，该研究可以帮助我们了解高校科技成果转化平台建设中的人才流动到底是怎样的、为什么会出现此种状况等问题。

案例C：科研机构后勤支撑体系建设研究

当今世界，科学技术日益成为经济社会发展的主要驱动力，科学技术迅猛发展，新的科技革命正在孕育和兴起，科技创新和产业发展的相互结合，经济全球化和信息化的交叉发展，为我们带来了必须抓住和用好的机遇。党的十八大提出实施创新驱动发展战略，明确提出进一步提高自主创新能力、进一步深化科技体制改革、进一步优化创新环境、进一步扩大科技开放合作，这其中科技体制改革不仅包括科技活动组织体系和管理制度的改革，也包括服务和支撑科学研究活动的后勤管理制度的改革，同时，创新环境的优化不仅包括外部环境优化，也包括科研机构系统内部的环境优化。中国科学院根据新形势下的科技创新发展需求提出构建人才支撑体系、技术支撑体系和后勤支撑体系，并制定了《中国科学院后勤支撑体系规划》，其中后勤支撑体系的构建必须充分联系"创新2020"、"一三五"规划以及"三位一体"战略，紧密跟上新形势下中国科学院实施"四个率先"行动的步伐。

后勤是科研机构的重要组成部分，科研机构要实现其科学研究和服务社会的目标，离不开强有力的后勤保障与支撑。后勤工作直接关系到科研机构的稳定和发展，并在很大程度上影响着科研成果的产出，是科技创新的重要保障。随着科研机构后勤社会化改革进程的加快，一方面，科研人员对后勤服务和管理水平的要求越来越高，这就要求科研机构后勤要不断完善和发展，以满足科研人员尽心科学研究的服务要求；另一方面，科研机构后勤作为一个经营实体，本身也需要不断调整，不断引进和借鉴先进的管理思想和实践经验，引入绩效管理等方式方法，通过转型、创新，将我国科研机构后勤打造成一流的服务实体。

中国科学院目前拥有直属科研机构一百余家，其中近半数坐落在北京地区，目前来看，各单位的科研行政后勤工作主要是"小而全"的管理模式，在资源约束的条件下，后勤活动的行政成本有待进一步降低，运行效率有待进一步提高。搭建后勤资源共享平台，本着节约成本、提高效率的原则，在目前中国科学院后勤协会的基础上思考向后勤集团的发展，逐步实现后勤工作管理科学化、服务社会化、保障多元化和支撑一体化的“大后勤”管理模式。这是新形势下科技体制改革和推进自主创新的重要举措，也是更好实现后勤集团管理、服务和支撑职能的根本要求。

第一节　研究启动

研究启动是案例研究的第一个步骤。研究者起初打算进行一项研究时也许并没有十分明确的问题，也许仅仅是对社会中的某个现象感兴趣，也许是从阅读文献中获得了些许灵感，又或者是为了完成老师布置的课程作业。研究者需要做的第一件事情就是将自己的兴趣、灵感转化为可供研究的科学问题。当研究者有了明确的研究问题后，还需要判断自己的研究问题是否适合使用案例研究。正如第一章内容所描述的，案例研究与其他任何方法一样都不是万能的，都有其适用性，只要在其适用边界范围内，案例研究才能最大限度地发挥其长处。经过研究启动步骤后，研究者应当已经获得一个清晰、明确的研究问题，并且这个研究问题符合案例研究的适用范围。

一、发现问题

（一）发现问题的路径

研究问题的发现既可以来自对日常生活的观察，对工作中出现问题的思考，对自身经历的反思，对社会现象的探究，也可以来自对文献的阅读，对新闻报道的反应，对传奇故事的追问，甚至可能来自与同事的闲聊，与学生的对话。陈晓萍等将发现问题的路径归纳为四种：现象驱动型、方法驱动型、灵感驱动型、文献驱动型[21]。现象驱动型与灵感驱动型有一定的相似性，都是来源于研究者对某一现象或问题的深入观察和思考，并由此引发深层次的兴趣和激情，因此本书将现象驱动型和灵感驱动型统一为现象驱动型。

1. 现象驱动型

现象驱动是发现研究问题最普遍的路径。许多研究兴趣是来自人们对日常生活、工作中一些矛盾、争端、焦点问题和信念的好奇。在科技政策的研究领域，也有许多研究是源于对现象的好奇心，例如："为什么美国国家实验室的技术成果转化水平高于我国的国家实验室？""国家自然科学基金对某些学科领域过多的资助是否导致了资金使用效率的降低？""是什么因素导致了引进人才回国后科研产出水平的下降？"

现象驱动的问题发现路径首先需要选择一个日常生活中的问题、兴趣或关注点，这种选择往往需要细心和预见性，而且主要来源于研究者的个人经历。各种工作和公共环境给研究者提供了经历的背景及充足的机会，研究者可以通过内心反思来发现工作经历中的个人问题。对于在政府管理部门工作的研究者，其工作经历和环境可以为其提供许多关注点，例如，一位在国家知识产权局工作的公务员，可能会在工作过程中，发现区域内某些实力较强的企业所申请的发明专利数量下降，而一些实力一般的企业申请的发明专利数量增长较快，对这一与以往常规思路不一致的现象产生兴趣，并由此展开研究。对于在高校、研究院中工作的科研、行政人员，也可以在日常生活中发现有趣的现象。例如，一位在某高校科技处工作的行政人员，发现在每年的毕业生中，有许多人都申请了外观设计专利，但是在之后并未将其产业化，甚至连年费也不再缴纳。对于这一现象，该工作人员认为可能和毕业生毕业工作在一线城市落户时的户口加分政策有关系，于是对这一现象展开了详细的调查。

如果自己不能想起什么的话，也可以通过其他途径来寻求对思维的刺激。研究者可以向博学的学科专家或者该领域有实践经验的人员请教，从媒体或专业团队对某个领域问题的报道也可以得到可供选择的研究兴趣，与研究领域相关的国家、地区甚至当地的民众争论也可以引发研究兴趣。

现象驱动型是最原始的发现问题的路径。一个苹果砸在了牛顿的头上，对于这一问题的好奇由此奠定了近代力学的基础；儿时的瓦特呆呆地看着炉子上烧水的水壶，引发了对蒸汽力量的兴趣，并由此推动了工业革命的发展。在科技政策的研究中，现象也是引发研究兴趣的重要动因，生产实践中呈现出的纷繁复杂的现象、政策在执行过程中遭遇的瓶颈和阻碍、政策的实施效果与预期目标的偏差等都可以为研究者带来可供思考的问题（图 3-1）。

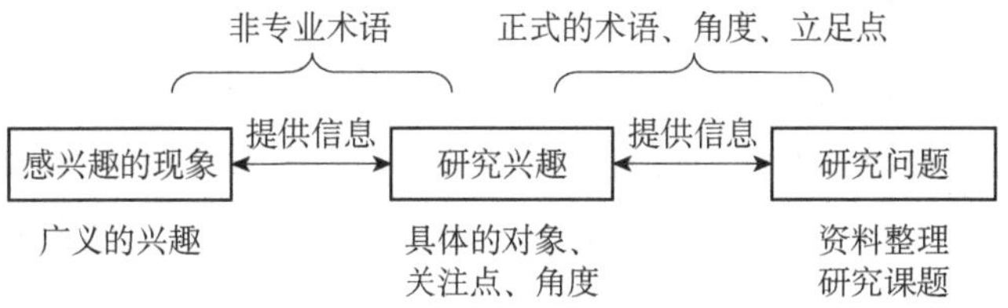

图 3-1　现象驱动型案例研究路径

2. 方法驱动型

方法驱动是另一种常用的发现问题的路径，在科研实践中被广泛使用。由方法驱动的研究问题主要涉及两种形式。一种是对研究方法本身的兴趣所引申出来的研究问题，另一种是由研究方法驱动而形成研究问题的方式。

第一种方式是基于对方法本身的兴趣产生的，研究者在科研实践中不断思考现有的研究方法（包括方法实施的步骤、资料收集方式和分析方法等）存在的缺陷，然后提出更好、更能降低缺陷的方法来弥补目前方法的不足。从这个角度看，之前 *AMJ* 期刊陆续在“主编的话”栏目刊登的关于案例研究和质性研究探讨的文章，正是属于这一类型。这些文章主题包括质性研究[10]、扎根理论的建立[11]、研究丰富性的探讨[12]、提升单案例研究的说服力[13]、采用多案例研究来建立理论[14]。

第二种方式的重点在于应用目前最新提出来的研究方法去研究科学现象。这种方式不同于现象驱动型，因为对一个现象穷追不舍的学者关心的是如何能够最准确地理解和解释现象，任何方法，无论是“新”还是“旧”，无论是“初级”还是“高级”，只要对理解这个现象有帮助，就都可以使用。用研究方法构思研究问题的特点是研究者首先对某一方法感兴趣，然后从该方法的特点出发，去挑选合适的研究问题。例如，在科技政策的研究中，如果研究者对于案例研究本身有很强的兴趣，那么在选择研究问题时就应当以“案例研究的问题特点”为标准，选取最适合方法本身的问题进行研究。例如，一位研究者想要使用案例研究，同时也对应急技术的科技政策感兴趣，那么一个以 MH370 的搜救工作为单案例、研究所涉及各国政府对应急搜集领域的技术发展的政策导向问题即是一个通过方法驱动的研究问题。

陈晓萍等曾指出，采用方法驱动的方式寻找研究问题有以下优点：①在方法上该研究的新颖性和严谨性可以得到保证；②在一个新方法刚被提出来时，大家对该方法还不太熟悉，因此都特别期待能够看见应用该方法发表的研究论文，所以相对来说被发布的可能性会得到增加。同时，采用方法驱动的方式寻找研究问题还有以下几个坏处：①使得研究者的专题研究领域模糊、难以确认；②需要不断地关注和学习研究方法最前沿的进展，以便自己使用的方法永远保持在最前沿，这样的一个可能性是在方法中迷失自己，走到极端成为为方法而方法，忘记研究的初衷和本质[21]。

3. 文献驱动型

除了从个人观察和思考中获取灵感、发现研究问题以外，也有许多人通过阅读以往的文献来发现某领域近期的研究热点，或挖掘值得研究的题目。这种方法在国内学术领域非常常见，尤其对于处于研究初期阶段的研究生，这种文献驱动型的发现问题的路径是一种非常现实、有效的方法。

从阅读文献中得到启示并发现值得研究的问题有以下优点。①研究风险相对降低。这里的研究风险指的是课题是否被其他研究同行认可，以及论文被发表的可能性。如果研究课题纯粹来自自己的个人兴趣，而诸如此类的问题从来不被以往的学者研究，一个可能性是别人不认为该课题有研究价值，因此即使个人兴趣再浓厚，论文发表的可能性也不大；另一个可能性是该问题非常有价值，但是处于以往学者的视区盲点，在这种情况下，研究者还要承担扭转他人视角的工作，要发表论文也会比较困难。而从目前正在热烈讨论的问题中选择一个来进行研究的话，这个课题自然而然就有了“合法性”。②通过阅读文献来寻找课题能为研究找到扎实的理论基础及研究工具，而不需要一切从头做起。已经在杂志上反复出现的研究课题一般都已经奠定了一定的理论基础，这样就能避免论文缺乏理论指导的缺陷。③通过阅读文献可以了解做该类研究使用的一般方法，从而使自己的研究有路可循。通过阅读文献，可以了解他人做某一类问题时的思路和方法，吸取他人的经验，提升自己对资料、数据的收集和分析水平。

从阅读文献中得到启示并发现值得研究的问题也存在一定的缺陷，即可能会导致研究题目新意不足。这一点也是在使用文献驱动路径时需要注意之处。

以下以案例 A 为例进行分析。

案例A“知识产权质押融资政策绩效研究——基于合芜蚌自主创新区专利权质押融资的实践”的发现就是典型的现象驱动属型。

一方面，科技型中小企业由于不动产规模微弱，面临的融资渠道非常狭窄，知识产权质押融资创新试点及相关政策环境完善，为科技型中小企业开辟了一条新的用“知本”获得“资本”的融资途径，成为备受关注的焦点问题；另一方面，知识产权质押融资虽然对企业加快创新发展和积累金融资本有重要促进作用，但也有一些人认为知识产权质押融资“外热内冷”，质疑这种融资方式的可行性和实用性，属于争论问题。

因此，这个问题引起研究团队的关注和兴趣，希望探讨“中国知识产权质押融资路在何方？”但这仅是一个研究主题（research subject），需要从中提炼出可以聚焦深入的具体化研究问题（research problem），如“中国知识产权质押融资的政策支持问题”，将宽泛的研究主题缩小为更加集中的研究问题，从而明确了研究对象。

进一步分析发现，上述问题还可以从不同决策层面（如国家或部委或地方）、不同空间层面（如哪些区域或省市）进行政策研究，这就需要问题聚焦，例如，“在合芜蚌自主创新区，如何制定优化相关政策以促进知识产权质押融资业务发展？”将问题锁定在一个区域边界内探讨。

另外，研究者所具有的学科背景，以及不同学科领域的研究需要也会影响到研究视角和规范，例如，在政策科学领域，可以提炼中国知识产权质押融资政策“在不同区域间的传播效应”或“政策范式与完善”作为研究问题；在法学领域，可以提炼中国知识产权质押融资中的“法律制度约束问题”；在管理学领域，可以提炼知识产权质押融资“政策绩效评估问题”。

（二）从日常问题到研究问题

前述发现问题的路径中，现象驱动型路径所探寻到的问题本身往往并非真正意义上的研究问题，而是尚处于初级阶段的感兴趣的现象；将感兴趣的现象进行具体化，具体到特定的对象、概念之上，从而产生研究兴趣；而只有经过深层加工的研究兴趣才能成为一个真正意义上的研究问题。因此，发现感兴趣的现象仅仅是确定研究问题的第一步，需要通过以下手段将“现象”升华为“问题”。

1. 具体化

对于刚开始从事科研工作的研究生，其研究兴趣往往会非常宏大，比如“中国的科研实力该如何赶超美国？”“中国科技政策研究的出路在哪里？”而现实中的研究从来都不是奔向这类宏大的题材而去的。对感兴趣的现象进行具体化是一件非常重要的工作，需要对现象进行更为细节、具体而准确的描述。例如，“国内外民众对转基因食品心存恐惧”是一个日常生活中的现象，而“网络条件下食品安全领域的科技知识传播问题”则是一个可供研究的问题。

2. 问题聚焦

在对现象进行具体化描述过后，还会存在研究兴趣太过复杂或包含了过多研究对象的问题。因此，需要对这些兴趣和对象进行选择，集中关注一个研究兴趣。必须设定一个可以明确解析的对象进行研究，必须设定一个清晰的界限进行研究。例如，“加大研发投入能否促进成果产出”是一个问题，而只有当把这个问题转化为类似于“对国家实验室来说，财政拨款的变化是否与产出成果中的专利、文献、项目完成情况呈现显著的正相关关系”才是一个可被研究的问题。

3. 视角与规范

从日常生活中产生的想法一般是从个人的角度或立场出发的，往往出于研究者对某一主题想要了解更多的个人需要。然而，一个可供研究的问题要从学科的角度或立场出发，应该根据学术领域的研究需求而产生。研究方向必须出自某一学术领域的研究需要，在科学研究的视角下，使用规范的学术性语言对问题进行界定，才能形成真正意义上的学术研究中的问题。例如，“科学家如何造福于社会”这个问题可以从这个视角进行展开：“科学家推动自有成果市场化的机制”。而许多概念性的理解也需要上升为具体的学术语言，如“团队绩效”“科学家活跃度”“创新产出”等即为转化为学术语言的词语。

二、问题和方法的匹配性

（一）衡量问题质量的标准

从普遍意义上来讲，衡量一个研究问题好坏的标准包括问题的重要性、新颖性、与理论和实践的相关性。在科技政策研究领域，一个研究问题的重要性体现在它对加深理解科技政策中的重要现象的意义上，而其新颖性体现在看待问题的视角与众不同上。理论相关性是指研究问题在某种程度上可以用现有的某些理论加以阐释，因此可以与现有理论挂钩，能够帮助研究者扩展前人理论，填补过去理论中的漏洞；实践相关性指的是对问题的研究可以对政策实践进行指导或产生启发，这也是政策科学本身对研究的要求。

而案例研究由于自身的特点，对研究问题的质量还有更高的要求，集中体现于以下两个特点。

1. 问题的独特性

独特性的意义很宽广，既包括一些不常见的、发生概率极小的、不可重复的性质，也包括代表性和典型性的意义。区别于其他研究方法，案例研究要求所研究的问题需要具有独特性，尤其是案例研究中的单案例研究，对问题和现象的独特性有着更高的要求。案例研究本身属于以点概面、以偏概全的一种科研方式，将研究精力集中于非常特殊的典型事件中，从特殊情况中归纳总结出一般性的规律。这样的研究方式得出的结论也许并不具有太大的普适性，但往往深刻、精辟、一针见血。案例研究自身的特点要求所研究的问题具有独特性，独特性越高的问题往往越适用于案例研究，其研究质量也会越高。

2. 问题的开放性

问题的开放性是案例研究区别于其他方法的另一个重要方面。开放性主要是指问题的可探讨性和问题结论的多样性。案例研究本身需要一套严格的程序，界定研究问题，并制订一系列的具体研究计划。经过这些程序之后，研究的问题本身应当已被界定清晰，具有客观性和无争议性。在此基础上，针对同一个研究问题，不同的案例研究或不同的其他方法对于该问题的研究可以产生完全不同的结论。这样问题本身是清晰的，但是对问题的解读应当是开放性和多样性的。在案例研究中，问题的开放性越强，所能探讨的角度就越多，也越适宜使用案例研究，研究质量也会越高。

（二）问题与方法的匹配性

这一节本身是对案例研究中问题界定方法的描述，但是研究者在形成一段针对研究问题的描述性文字后，还需要经历一个步骤——判断研究问题本身是否适用于案例研究。

在对研究问题进行界定时，尤其是使用方法驱动型路径时，研究者本身的初衷是想使用案例研究进行研究。但是经过研究问题界定环节后，所总结出的研究问题本身不一定符合案例研究的特点。研究者需要将问题本身的特点与案例研究的特点进行比较，符合度较高的可以进行下一个步骤，而符合度较低的则考虑使用其他方法进行研究，或是重新对研究问题进行界定（图 3-2）。

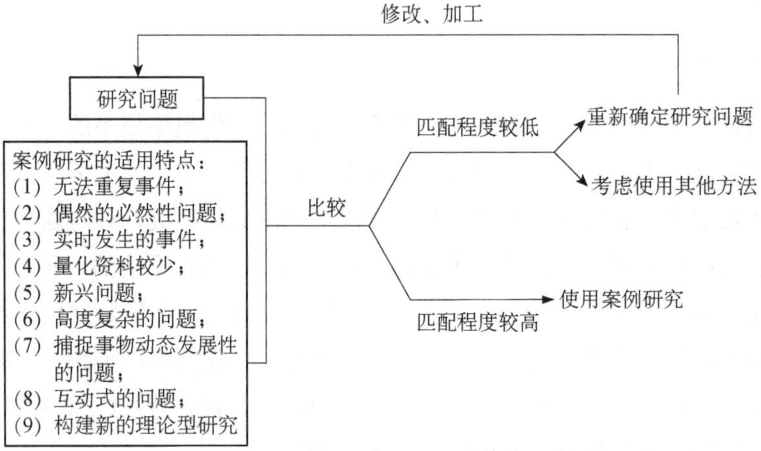

图 3-2　案例研究与研究主体匹配路径

以案例 A“知识产权质押融资政策绩效研究——基于合芜蚌自主创新区专利权质押融资的实践”为例，来看怎样确定此研究主题适合使用案例研究。

首先，知识产权质押融资作为科技创新与金融创新结合的新路径，自 2009 年开始在我国正式试点，其发展历程短、政策实践少、理论积淀弱，缺乏成熟认知和历史借鉴，尤其对于知识产权质押融资政策绩效评价方面的研究屈指可数，更缺乏完整、系统的量化资料，属于新兴问题，适用于案例研究，借助质性资料判断政策实验阶段的效果表现和关键问题。

其次，知识产权质押融资政策绩效是一个高度复杂的研究问题。政策绩效不仅受到政策自身核心条款、中介条款与操作细则的影响，更涉及政府部门、知识产权拥有人、金融机构、中介结构四类主体间的利益博弈，另外还受到知识产权发展基础、金融市场环境、创新创业气候等外部因素影响，通过定量化研究很难得出有说服力的结论。

再次，知识产权质押融资政策在我国尚未形成成熟范式，近年来国家层面、部委层面、地方层面持续出台新政策，模式不断更新、内容不断拓展、条款不断演变，政策效果也在变化之中，具有显著的动态性特征，选择合芜蚌自主创新区开展案例研究，以大量调研数据为支撑，分析知识产权质押融资政策效果在时间数轴上的变化情况，有利于在一定空间范围内探寻政策的结果表现及背后动因。

最后，知识产权质押融资政策效果评价是对政策目标实施程度的综合考量，包括直接效果（包括质押数量、质押金额等）、间接效果（对出质人带来的影响）、外部效果（对知识产权事业的影响）等多个层面，其中直接效果可以借助计量方法进行测量，但间接效果和外部效果很难获得完整的支撑数据，只有通过案例研究以价值理性视角开展定性评价，获得政策效果事实反馈，进而研究政策改进路径。

三、研究路径

（一）两种典型的研究路径

研究路径是研究的角度，常用的研究路径有实证研究和规范研究。

（1）实证研究常采用标准的度量方法，来解决“是什么”的问题。通常会先提出假设，然后通过实际证据来证明假设是否成立。实证研究的两个最大的特点在于科学性和务实性。对假设进行检验的过程是可以重复的。在研究过程中，定量分析和定性分析相结合。实证研究的研究路径的核心价值规范是价值中立。这种价值规范有两层含义：首先是在研究的整个过程中，不能受某种先入为主的价值观的影响；其次是在研究成果的表述过程中，价值陈述和事实陈述应该清楚分明，不能混为一谈。

（2）规范研究则不同，它主要解决的是“应该是什么”的问题。通常通过概念模型或定量模型来推论事物的发展规律，或者建立理论规范。它主要采用演绎和归纳的逻辑方法，涉及的是伦理标准和价值判断的问题。通常，在研究问题开始之前，会确定一定的准则，然后依据这些准则，对研究问题进行判断，看其是否符合这些准则。如果不符合，那么偏离准则多少，应该如何调整等。这类案例研究常常用于建立理论。在规范研究中，研究者不需要保持价值中立，相反，从一开始就确定自己所秉持的价值原则，并以此为基础，进行整项研究。

（二）实证研究与规范研究的区别

实证研究和规范研究有三点基本的不同之处。

（1）是否在研究之前有价值判断。价值判断是对某一事物好坏的判断，是社会伦理学范畴，具有主观性和阶级性。在这方面，实证研究注重研究的科学性和客观性，尤其注重避开主观的价值判断；规范研究则刚好相反，其以价值判断为基础，来判断某事物的好坏。

（2）研究的主题不同。实证研究研究的是“是什么”的问题，明确事物本身的内在逻辑和联系，分析各种变量之间的客观关系；规范研究研究的是“应该是什么”的问题，以某种价值标准为前提，分析事物的好坏。

（3）实证研究的内容客观性较强，可以重复检验，不以研究者的主观意志为转移。规范研究受研究者事先设定的主观意志影响很大，不同的研究者可能会得出完全相反的结论，因此主观性很强，难以重复验证。实证性的案例研究通常用于检验理论。

（三）实证研究与规范研究的优缺点

1. 实证研究

实证研究的优点首先在于其相对精确性。它将定性研究与定量研究相结合，理论到假设，假设到操作化，依靠的是定性的、概念化的逻辑分析。再往下对假设的检验，依靠的是定量的方法和技术。这种结合提高了实证研究的准确性和科学性，也与当代大科学发展的方向是趋同的。另外，实证研究跟实际的结合更加紧密，因此也具备更强的实践意义。

实证研究的缺点在于试图用有限的证据去证明普遍的结论，因此，不可避免地，结论具有一定的概率性和偶然性。实证研究过分看重模型和定量化，因此有时候免不了会忽略某些次要因素，导致研究过于简化和产生系统性偏差。实证研究虽然避免了主观因素的干扰，但在实践中，研究者很难完全避免自己的主观因素的影响。

2. 规范研究

规范研究所演化的演绎法和规范法已经历史悠久、发展完善，也相对更成熟。演绎法注重逻辑上的严谨，形成的理论的内容之间的逻辑性会比较强，也正因为此，规范研究在理论论证方面有很强的说服力，它可以从假设推论到下一层次的命题，并可对命题做出演绎证明。这对理论研究具有重要意义。另外，规范研究还可以对理论进行逻辑检验，以发现理论中的内部矛盾。

规范研究缺少对演绎逻辑推理前提的检验。推理的结果是否正确，前提很重要，如果前提就是错的，推理的结果也是没有意义的。规范研究强调价值判断，不可证伪，很多理论仍属学术上的假设。正因为如此，理论的实际意义较小。规范研究缺少经验支持，会被认为是“闭门造车”、“拍脑袋”式的纯粹的个人观点。与上文提到的实证研究的“相对精确”的优点相比，规范研究的精确性要小很多。无论是演绎还是归纳，都是定性的方法，而纯粹的定性分析很难独自揭示事物间微妙的关系，特别是在变量较多的情况下。

（四）案例研究中的研究路径选择

学术界有很多关于“实证研究和规范研究哪一个更重要”的争论，而事实上，二者并没有孰重孰轻，只不过功能不同。实证研究对某一问题做精确的、深入的研究，规范研究在此基础上进行归纳总结，得出新理论，从而继续指导实证研究。

首先，在社会科学哲学角度考虑的话，二者共享一些基本理念。实证主义能将社会科学作为精确的经验事实来分析，就是因为这些基本价值允许学者将社会当成自然科学的对象来对待。其次，从方法上来看，二者是互相补充的互利关系。规范研究会先行提供价值理念，而实证研究会在此基础上寻找、说明问题。温和的实证主义者不排除先设价值，规范方法的大多数研究者也认为实证研究更加精确的方法可以帮助自己的思想更为清晰、明白而不至于陷入模糊的状态。

因此，在案例研究中，无论是实证研究还是规范研究，都是我们所需要的。我们需要在研究中将二者互相补充，利用二者各自的功能，共同为案例研究服务，达到最终的研究目的。而二者的交替使用既取决于研究者对于这两种研究路径把握的娴熟程度，又取决于研究问题的实际需要。

在不同的类型和模式的案例研究中，选择的研究路径是有所偏重的。比如，在描述型的案例研究中，可能更倾向于使用实证研究的研究路径。在探索某一对象的意义时，可能更偏向于使用规范研究的研究路径。在科技政策主题的研究中，实证研究路径和规范研究路径通常都是常见的。实证研究帮助了解科技政策的研究主题中的研究对象到底“是什么”，不同的变量之间有怎样的关系，帮助我们认识研究对象；规范研究通常用于评价某一科技政策是否有利于科技的发展，是否是有价值标准的。通常，人们都认为科技政策、科技发展应服务于国家的发展和人民的福祉。

第二节 案例选择

案例选择是案例研究的第二个步骤。经过第一步研究启动后，研究者应当已经获得了一个清晰、明确的研究问题，并且这个研究问题符合案例研究的适用范围。下一个步骤为案例选择，即让研究者通过对案例构架在三个维度进行选择，从而完成一个基本案例研究设计。之后，研究者需要根据研究设计选择适合的案例对象，这里为研究者的案例对象选择提供了一些原则。在这一步骤之后，研究者应当已经确定案例对象，并形成明确的研究方案。

一、案例框架的选择

Yin 在其关于案例研究的专著中将案例框架分为两种维度：①单案例研究和多案例研究；②整体性研究和嵌入性研究[8]。事实上，单案例、多案例的划分是由研究中所涉及的案例数量决定的，整体性研究和嵌入性研究是由研究所涉及的层次决定的。除了这两种维度以外，案例研究还可以根据研究目的划分为描述性研究、探索性研究和解释性研究。研究者在进入研究设计时首先需要面对的就是案例框架的选择。

我们倡导研究者首先选择案例类型的框架，其次再选择具体的案例对象。研究者在做案例研究时应当首先以问题为导向，选择最为合适的案例类型框架来解释自己所关心的问题才是重点，而不应当局限于现实所呈现的具体事件。例如，某科技政策研究者自身就职于某高校科技管理处，因此所研究的案例对象就选择本校的科技管理处。虽然这种做法在各类研究中都经常出现，而且研究者在进行研究时确实应当选择可行性较高的路径，但是研究者的案例设计应当以解决研究问题为导向。如果研究者的研究问题更适合使用多案例框架，而仅仅为了自身方便选择不具有代表性的本单位做单案例研究，则会大大降低研究的质量。

（一）单案例研究、多案例研究

在进行方案设计时，首先需要明确究竟是采用一个案例还是采用多个案例来说明要研究的问题。单案例研究框架和多案例研究框架各有优缺点，在选择研究框架时应当考虑研究问题本身的性质和研究条件（如经费、周期、人手等）。

1. 单案例研究框架

单案例研究即在研究中仅涉及一个案例，是一种火山爆发式的研究模式。历史上许多比较著名的使用案例研究这种研究方法的社会学著作均是单案例研究（如《街角社会》《泰利的街角》等）。单案例研究因为只涉及一个案例，所以主要用于研究一些非常具有代表性的现象，具体如下。

（1）用于对现有理论进行批驳或检验。无论在科技政策领域还是在管理学、社会学领域，都有许多相对成熟、被人们广为接纳的理论。这些理论和观点是有一定成立条件的，并不是完全正确的。单案例研究可以对这些理论进行验证、批判或扩展，也可以用于判定某个理论正确与否，或者是否存在比这个理论更为恰当的理论。这种对现有成熟理论的批判和否定往往能够对科学研究产生重大影响。

（2）用于分析不常见的、独特的现象。这种情况常常出现在临床心理学和临床医学中，在这些学科中常常出现极为不常见的损伤或心理失调症状，由于其极为少见，且无法重复复制，因此值得记录和分析。例如，一个头部被子弹穿过但幸存下来的铁路工人，其大脑的损伤导致其性格、行为发生极大改变。由于只有这一起难得的病例（许多头部被子弹穿过的人最终都没能幸存下来）而很难使用统计学分析或建立相关数学模型。在这种情况下，单案例研究就是一种很好的研究方式，可以很好地记录患者事故前后的行为、心理改变，确定脑补的受伤区域，并由此推测大脑受伤部位对人体机理和心理的影响。这类不常见、独特的现象在科技政策研究中也十分常见，如我国的探月工程、美国的火星计划等。

（3）用于研究有代表性的、典型的事件。在某些情况下，研究的目的是为了了解某一典型案例出现的环境和条件。例如，案例可以是一个众多方案中最具代表性的方案、众多科研院所中最常见的一所、一所典型的教学-科研型高校、一个具有代表性的大学生创业团队等。从这一案例中得到的结论有助于加深对同类事件、事物的理解。

第三个特点看似与第二个特点相矛盾，但其实这两个特点有完全不同的适用范围。在第二个特点中单案例研究的着眼点是独特现象本身，而第三个特点中单案例研究的着眼点是导致案例出现的环境和条件，研究的是导致某种有代表性的现象出现的“特殊环境”，因此本质上仍然是对“独特现象”的研究。

（4）用于研究有启示性的事件。当研究者有机会去观察和分析先前无法进行的科学现象时，即探索新兴的领域时，适宜采用单案例研究设计。一个典型的例子是社会学著名单案例研究《泰利的街角》[26]。作者列堡（Liebow E.）获得了一次机会，得以研究华盛顿特区一个社区中的失业男子，观察他们的日常生活。尽管失业在各个国家都是十分普遍的现象，但先前极少有学者对这一问题进行深入的观察与研究。列堡对失业现象进行了深入的、有价值的分析。当其他学者得以有机会、有条件对失业现象进行研究时，这一案例就因其具有启示性而具有了被研究的意义。科技政策的研究中同样存在许多由于各种条件限制而无法展开的研究，例如，对空间站内宇航员的工作效率和产出的研究就需要具备一定的研究条件才能展开，可以通过单案例框架对这一之前没有相关研究的问题进行探索。

（5）用于对同一案例进行纵向比较。纵向比较即对于两个或多个不同时间点上的同一案例进行研究，对事物发展的动态性进行考察。这样的研究将能揭示所要研究的案例是如何随着时间的变化而变化的。设定理想的时间间隔，将有助于反映出待研究案例在各个阶段的变化情况。例如，每隔 2 年对某一典型科研院所的运行情况进行描述和分析，并通过各时间节点之间的变化提炼科研院所发展模式演化的过程。

2. 多案例研究框架

多案例研究即在研究中涉及多个案例，是一种通过对不同案例之间的比较来提炼、总结出观点、理论的方法。多案例研究本身包含对其中每一个单案例的案例内分析，这一点与单案例研究相同。但多案例研究通常在确定主案例后，还要使用“逐项复制”和“差别复制”的方法确定从案例，对主从案例之间的相似性、差异性进行各种维度的比较。

多案例研究本身对案例的独特性的要求没有单案例研究高，其核心是通过“逐项复制”的从案例与主案例进行比较，确定与主案例相似的成分，同时通过“差别复制”的从案例与主案例进行比较，确定与主案例的差异成分，进而提炼和总结理论。因此即使是不具有独特性的一些案例，只要其能够找到与之相比较有较大差异性的从案例，便可以使用多案例框架进行研究。无论是在科技政策的研究中，还是在其他社会科学的研究中，都有一些很成功的研究是着眼于普通、平常、不具有独特性的现象的。

单案例研究与多案例研究的最大不同在于从其中提炼出来的理论、观点的来源不同。单案例研究对理论、观点的提炼是通过案例内分析形成的，而多案例研究对理论、观点的提炼主要是通过对案例相互之间进行比较、分析而得出的（虽然多案例研究中也包括对子案例的案例内分析）。许多适用于单案例框架的场合通常并不适用于多案例研究，例如，不常见的案例、批判性的案例及启示性的案例通常只适用于单案例研究。

与单案例研究框架相比，多案例研究框架既有长处也有短处。多案例研究框架的长处是从多个案例中推导出来的结论往往被认为更具有说服力，因此整个研究就常常被认为更能经得起推敲；同时，多案例研究框架对案例本身独特性的要求不如单案例研究框架所要求得高，因此适用性更强。多案例研究框架的短处是要占用大量的研究资源和时间，需要较多的人力投入，实施起来往往较为困难。

（二）整体性研究、嵌入性研究

在决定使用单案例研究框架还是多案例研究框架之后，还需要决定在研究的层次方面使用整体性研究框架还是嵌入性研究框架。这里的研究层次不是指研究对象的个数，而是指对同一个研究对象，是将其视为一个整体进行研究，还是同时对其中存在的其他层次进行研究。在开始案例研究之前，必须对分析单位进行细致的界定，并充分听取各方的意见，以确保选择的案例与准备研究的问题具有内部关联性。

整体性研究即在一个研究中仅对研究对象整体进行研究，如某一科研院所。嵌入性研究即在一个研究中虽然还是对某一个研究对象进行研究（例如某一科研院所），但其分析单位可以包括很多个层次（如管理层、科室、雇员等层次）。某一科技政策可能包括众多财政资助项目，每个项目都可能成为嵌入性分析单位。这种通过某种方式选取出来次级分析单位并加以研究的方式即为嵌入性案例研究。

整体性研究框架主要用于揭示案例的整体属性，使研究者不必对案例的细枝末节进行费时耗力的分析。但整体性案例研究也具有以下不足：其对总体的关注使得研究流于抽象化，缺少明确、具体的证据或指标；另外，总体性研究常常会出现这样的情况：在研究过程中，案例研究的性质在研究者毫无察觉的情况下发生漂移，原本最初的设计是指向某一问题，而随着新问题的出现，观察到的证据又指向了另一个问题。虽然这种漂移在一定意义上体现了案例研究的灵活性，但在实践中应当尽量避免这种情况，如果需要研究的相关问题确实出现了改变，应当重新开始界定研究问题，重新进行案例设计。

嵌入性研究框架能够在一定程度上避免研究问题漂移的问题，对细节问题的关注和总结可以使研究者较容易按照初始研究设计进行。同时，嵌入性研究框架中的次级分析单位能够帮助研究者拓展研究范围并对案例进行更深入的分析。嵌入性设计的另一个优点是可以使用不同研究层次创造证据三角形，利用不同研究层次的资料相互印证同一个观点，从而提升研究的质量。但嵌入性设计也有不足之处，包括研究者往往把目光集中于次级分析单位而未能回到主分析单位上。例如，某一促进高校知识产权商业化的政策可能包括多个项目，每个项目都是一个次级分析单位。在对该政策进行评价时，本来是要对科技政策层次的分析单位进行分析，但却演变成对项目层次的分析（即演变成对不同项目的多个案例分析）。在这种情况下，原计划要研究的对象（促进知识产权商业化的政策），不再是研究目标，而变成了研究的背景环境。

（三）描述性研究、探索性研究、解释性研究

案例研究框架的这种划分主要是根据案例研究的功能或者用途来进行区分的。实际上，不只是案例研究，任何研究都可以按照此方式进行模式划分：描述性研究、探索性研究和解释性研究。案例研究也可以根据此思维方式划分为描述性研究、探索性研究和解释性研究。

（1）描述性研究即仅仅使用案例研究的方法来描述某一刺激及其所处的现实生活场景。它以坚实的事实证据为基础，通过对某一个人物、团体、社区等进行深入描述，形成理论或者进行理论假设。描述性案例研究是结论性研究的一种。它假定研究者事先已经对研究问题有较多的相关知识的了解。它与探索性研究的主要区别在于，描述性研究通常事先设定了研究假设，也正因为如此，描述性研究在开始之前，就需要对相关知识有所了解。

（2）探索性研究是在问题较为复杂、因果关系不够明显、因果联系复杂多变时进行的探索性质的研究。它常用于当研究者还未确定研究问题和研究假设之前，凭借自身的直觉到现场来进行资料的收集，从而形成案例，然后通过这样的案例来形成理论假设，确定研究问题。探索性研究的作用通常是帮助研究者对研究问题进行一个基本的了解和认识。常用来在更加正式的案例研究之前，对案例研究的问题定义得更加准确，帮助确定行动路线或者是获取更多的相关资料。这一阶段的概念并没有精确的定义，研究过程也相对灵活。探索性研究的结果通常只是实验性和暂时性的，是下一步研究的开端。

（3）解释性研究即使用案例研究的方法来研究因果关系类的问题，用来解释某一方案的实施过程与方案实施效果之间的联系。它常通过特定的案例来探索和解释具体案例背后的因果关系。解释性研究的主要目的在于了解原因和结果之间的联系，获得联系的证据。解释性研究通常需要将有可能影响因果联系的变量进行控制，所得出的结论往往需要具有一定的理论价值。案例研究中的构建理论研究及假设验证型研究通常都是解释性研究。

事实上，上述三种案例研究模式并不是完全孤立的，有些研究可能会涉及两种以上的模式。选择哪种模式的案例模式，主要取决于研究的主题和研究的性质。通常，在选择案例研究模式的时候，有以下几个原则。

第一，如果事先对案例研究问题了解很少，那么需要从探索性研究开始。以下几种情况都需要使用探索性研究，例如需要对研究问题做更加准确的定义，形成理论假设等。

第二，在研究方案的设计中，探索性研究应该是整个案例研究最开始的部分，在很多情况下，还需要进行描述性研究或者解释性研究。

第三，并不是所有的案例研究都需要从探索性研究开始，是否需要，取决于研究者对研究问题中的概念的把握程度等。

第四，大部分的探索性研究处于案例研究的开端部分，但是也有情况是在描述型研究和解释性研究之后进行探索性研究的。如果描述型和解释性研究的结果比较难以理解，这时采用探索性研究可以帮助理解之前的研究结果。

这种仅从功能和用途进行的分类是没有太大意义的。案例研究本身就包含对事件、情境的描述，因此其具有描述性的用途是必然的。探索性研究、解释性研究在方法和步骤上也不存在差异性。如果研究的问题比较简单，能够厘清其中的因果关系，则是一个解释性研究；如果研究的问题较为复杂，很难厘清其中的因果关系，则是一个探索性研究。甚至在一定程度上来说，探索性研究就是一个尚未成功的解释性研究。但是研究者在研究开始阶段明确从事该研究的目的还是有一定好处的，可以使研究者控制自己的工作量，明确研究饱和的时间点。

案例 A“知识产权质押融资政策绩效研究——基于合芜蚌自主创新区专利权质押融资的实践”选择嵌入性多案例框架，即在合芜蚌知识产权质押融资政策绩效的单案例研究框架下，选择合肥市、芜湖市、蚌埠市知识产权质押融资政策绩效作为次级分析单位，原因有以下两方面。

其一，安徽省政府于 2009 年 12 月出台了《合芜蚌自主创新综合试验区专利权质押贷款试点工作实施办法（试行）》，此后合肥市、芜湖市、蚌埠市基于该办法各自制定了专利权质押贷款试点办法或实施方案。研究者通过开展嵌入式研究，对合芜蚌自主创新区以及合肥市、芜湖市、蚌埠市分别作为政策主体开展效果评价，对评价结果进行比较分析，形成整体案例和次级分析单位的对比验证，创造不同研究层次间的证据三角形，从而得出更具说服力的研究结论。

其二，合肥市、芜湖市、蚌埠市制定的知识产权质押融资政策虽然总体相似，但对担保机构的风险补偿和奖励政策、对借款人的贷款限额和融资费用补贴政策、对放贷人的奖励与损失补偿政策等具体条款存在一定差异。这导致各地政策绩效出现较大差距，其中蚌埠市政策效果最为显著，芜湖市政策效果不尽理想，由此可以判断：政策边缘层对政策效果具有决定性影响。选择三个政策框架相同、空间距离相近、开展基础相似的城市作为次级单位，开展次级单位间的比较分析，易于发现过去被忽视的政策绩效关键影响因素。

二、案例对象的选择

在对案例研究框架进行选择之后，就要根据所选择的框架选择相应的研究对象。对于单案例研究来说，只有一个研究对象，而对于多案例研究来说，就需要选择多个不同的研究对象。对于采用整体框架的研究，在对象选择时则不需要考虑对象本身的层次，而对于采用嵌入性研究框架的研究，则应当选择自身层次较为清晰的对象进行研究，以减少过程中的不必要麻烦。

对案例对象的选择应当紧密围绕研究问题进行，选择最有利于解决研究问题的对象进行研究。在案例对象的选择方面存在以下两个重要原则。

1. 理论抽样原则

理论抽样原则是针对单案例研究框架的。理论抽样是一种区别于随机抽样的抽样方法。随机抽样的原则是尽量确保总体中每一个个体被抽中的概率是相同的，这种抽样方法在调查法和其他统计方法中经常使用。而理论抽样的原则是选取最能表达、解释现象的样本，甚至是极端样本。案例研究中单案例研究对象的选择需要采用理论抽样的方法，尽量选取独一无二、不常见的研究对象，而不需要考虑样木的普遍性问题。理论抽样原则也是案例研究区别于其他方法的重要特征。

2. 复制法则

复制法则是针对多案例研究框架的。多案例框架首先需要选择一个主案例，这个主案例可以是较为独特的，也可以是非常普通的。在确定某一个主案例为研究的起点时，还需要选择其他更多的案例作为多案例研究的支撑。在对其他更多案例进行选择时，遵从复制法则。

复制法则由逐项复制和差别复制两种法则组成。逐项复制是指选择与所研究主案例能产生相同结果的案例；差别复制是指选择的案例能由于可预知的原因而产生与前一研究不同的结果的案例。这一做法与实验方法非常相似。在某个实验取得重大发现后，研究者会重复进行第二次、第三次甚至更多次相同的实验对之前的结论进行验证和检验。有些重复实验可能要一模一样地复制前次实验的所有条件，而另一些重复实验可能会有意改变某些非关键性的条件，来考察是否能得到同样的实验结果。只有通过了这种复制性的实验，原有的实验结果才能被认为是真实的、有说服力的，因此也才有继续进行研究和解释的价值。案例研究正是通过逐项复制和差别复制来探究事物发展的内在原因，提升研究结果的说服力的。Yin 认为，在一个多案例研究中应该合理安排 6～10 个案例，一些案例（2～4 个）应是逐项负责，而另一些案例（4～6 个）应是差别复制，并应分属不同的模式。

案例 A“知识产权质押融资政策绩效研究——基于合芜蚌自主创新区专利权质押融资的实践”在案例选择时使用了理论抽样原则，选取合芜蚌自主创新区作为中国知识产权质押融资政策绩效研究的对象，原因有以下三方面。

其一，合芜蚌自主创新区具有区域独特性。2008 年 10 月，安徽省正式启动合芜蚌自主创新综合试验区建设，后被列入国家“十二五”科技发展规划和国家自主创新能力建设规划的重点建设内容，集中了全省 90%以上的创新资源，是中西部科技资源较为密集的地区之一。该区创新成果丰硕，创业氛围浓厚，孵化发展了大批科技型中小企业，对知识产权质押融资需求旺盛，非常适合选作研究案例。

其二，合芜蚌自主创新区政策绩效研究具有广泛解释性。2009 年 12 月，合芜蚌创新区专利质押融资政策出台，与中国知识产权质押融资政策试点几乎同步推进。经过数年政策实践和发展变迁，政策效果已得到较为充分的显现，研究该区域政策结构与政策绩效适用于判知中国知识产权质押融资政策试点效果与存在的问题。

其三，站在研究团队角度，选择合芜蚌自主创新区作为案例研究对象还有易获取性的考虑。研究团队所属高校地处安徽省合肥市，曾深度参与到合芜蚌自主创新区建设过程中，对该区科技创新与创业发展有过充分调研，这些条件对后期开展案例数据调研、政策专家研讨与研究成果应用等均非常有利。

第三节 资 料 收 集

选择好案例研究框架及案例对象后，研究即进入资料收集阶段。案例研究同其他研究方法一样，也需要收集证据。案例研究的证据主要来源于以下五种：

文件证据、档案资料证据、访谈证据、观察法的证据（其中包括直接观察的证据和参与性观察的证据）和实物证据。要想收集好这五种证据，需要掌握不同的证据收集程序和方法；但是有一个总体的原则，就是要收集事件和行为的直接证据。

资料证据是案例研究中非常重要的内容，因为案例研究的所有结论和观点都应当深深扎根于资料证据中，资料证据是案例结果的来源。需要注意的是，在分析资料的时候，不能只侧重质性资料或者量化资料的其中某一种，而是要将二者相结合，以达到最佳效果。另外，在数据的调研中，一定要强化研究质量，达到证据三角形，具体来说，在收集证据和数据方面，要选取多种证据来源，使不同途径的资料相互印证，其中包括资料三角形、研究者三角形、理论三角形、方法论三角形等。

一、资料的来源

（一）五种证据来源

1. 文件证据

基本上所有的案例研究都会使用文件提供的信息，除非是在文字出现以前的案例。文档类的资料又有很多不同的形式，一个好的资料收集应该充分考虑到不同来源的文档资料中的信息的收集。这些形式有：①信函；②个人的日记、回忆录、备忘录和自传；③议事日程、会议记录和事件的书面报道；④管理文件——方案、进展报告和其他内部记录；⑤相同研究领域的正式研究和评价报告；⑥报刊、剪报；⑦历史文献等。

做案例研究时，文件资料具有先导性作用，主要体现在它可以用来检验其他来源获得的资料的真伪。首先，文件可以帮助我们检验在访谈中记录的地名、组织名称等是否正确。其次，文件还可以呈现出一些具体细节，这些细节有助于检验其他方式获得的资料。如果出现了矛盾且不能相互印证，就需要进一步进行深入的了解和探讨。

文件在案例研究中的价值是不可忽视的。无论使用什么样的资料收集方法，系统地收集相关文件资料提供给我们的信息都是很有必要的。例如，在采访之前，用一些时间来专门进行文件资料收集，到当地图书馆或者其他有文件资料的地方，找到与自己研究的案例相关的文件。这部分的时间安排可以很灵活，但是是很有必要的一个步骤。

文件资料的准确性各不相同，即使是政府的官方资料也有因为某种原因被改动过的可能，有些文献可能有些客观的偏差，但是，它们仍然对我们是有帮助的。在使用文件的时候要时刻警惕，文件不是完全真实可靠的，因为文件的撰写都为某些特定的目的，面对特定的读者群，而不是专门为特定的案例研究而写的，所以研究者不能过度依赖。

随着互联网的应用越来越广泛，在网上也可以检索到大量的文件资料，但这些资料的价值良莠不齐，一定要有强烈的问题意识，抓住相关信息，不能迷失在其中。笔者建议，研究者可以根据文件贴近研究案例的程度和贡献研究案例的程度将文件进行分类，然后集中时间阅读最贴近案例研究的资料，其他文件则等时间充足时再阅读。这样可以节省大量时间，也不至于迷失其中。

文件资料在科技政策研究中占有重要地位。一方面，科技政策研究往往涉及大量政府信息和文件；另一方面，科技政策研究往往涉及一些高尖端科学技术，研究者在研究时需要收集相关的技术背景资料，作为研究的辅助。

2. 档案资料证据

档案记录在案例研究中也是很重要的资料来源，常以计算机文档和记录的形式出现，具体包括官方的统计资料、组织记录、图表、调查资料等。

档案记录与文件资料的不同之处在于，在不同的案例研究中，档案资料的重要性各不相同。对于某些案例研究，档案资料非常重要，以至于是全面检索和定量分析的对象；而在有些案例研究中，它能发挥的作用可能很小。当档案资料很重要的时候，我们必须小心使用，核实其准确性。这与前面所说的使用文件资料时应该注意的方面是一致的，因为档案资料也是为特定的目的和特定的人群而记录的。

在科技政策研究中，国家统计局、科学技术部、国家知识产权局、工业和信息化部等政府机构部门所公布的官方统计资料和具有保密性质的内部资料等是案例研究中经常涉及的资料形式。

3. 访谈证据

访谈是一种通过采访人和受访人面对面地交谈来了解受访人的心理、行为的资料收集策略。访谈可以说是案例研究中最重要的信息来源之一。访谈不是死板教条的，而只是沿着大致话题方向交谈，沿着一条连贯的线索提问。在访谈中要注意：一是在提问时要沿着一条线索来进行，不能毫无法则；二是提问的方式不能有引导性，不能带有主观上的偏见，要尽量得到比较客观的信息。访谈可以分为以下三类。

第一类是深度访谈，对访谈的对象的提问主要是围绕事件的真实性和观点性问题。在这种访谈方式中，被访者更像一个信息提供者，而不是简单的受访者。他们除了可以为我们提供他们对事件的了解和观点，还可以提供资料及其来源。在使用这些资料的时候，要注意不要被人际关系因素所影响。为了避免出现这种现象，我们要使用多种信息来源方式来相互印证。

第二类是焦点访谈。在这里，受访人的被访时间很短，可能只有一个小时。采访人既可以选择开放自由的访谈风格，也可以按照案例研究需要的一组事先设定好的问题来进行提问。

第三类是结构式访谈。它要求采访人的提问遵循事先设定好的结构、规范，遵循正式调查方案中的思路。这类访谈与调查法相似，都有相同的步骤和研究手段，不同的是调查结果的作用。访谈得到的结果不能作为最后的结果，只能作为研究资料的一部分，与其他资料共同为总体的分析做贡献。

为了得到计量客观的信息，在访谈中也要遵循一定的技巧，如在访谈前要进行准备工作，如了解访问的步骤、可能出现的问题和解决的方案等。了解被访人所在的社区的特征，确定访谈对象，选择合适的时间，准备需要的工具等。在访谈时也要学会控制访谈，以达到最理想的效果。关于访问记录，可以当场记录，也可以事后记录。因为访谈对采访人的要求很高，所以也要对采访人进行适当的挑选和训练。

访谈资料在科技政策研究中占有重要地位。通过访谈，可以获得关于研究对象最直接的一手资料。对于缺少量化资料支持的案例研究，访谈资料是充实证据链条的重要内容。同时，科技政策研究中还存在许多涉及国家机密、技术秘密的研究对象，关于这些对象的其他资料非常稀少，而访谈则是获取实地研究资料的一种理想手段。

4. 观察法的证据

如果案例还没有结束，那么对案例的自然发展进行观察，是获得信息的一个很好的方法。观察可以很正式，也可以很随意。如果是正式的观察，则需要专门设计这样一个观察，在特定的时间段实地测量某些行为。如果不是很正式，则可以在访谈的时候，顺便进行观察，也可以在观察时同时收集其他类型的资料，如访谈资料。为了提高观察的效度，如果资源允许，最好同时有几个观察者观察，无论是正式的还是随意的。

参与性观察是观察法的一种形式。具体指，研究者不再是单纯的、被动的观察者，而是可以在案例研究的情境中担当一定的角色，参与到研究的案例中，从而从另一个角度观察案例的发生和发展。有学者将参与性观察按照不同的形式和程度分为不同的类型，分别是完全的观察者、作为参与者的观察者、作为观察者的参与者和完全的参与者。完全的观察者在一定程度上其实就不再属于参与式观察者，而属于局外观察者[81]。

参与性观察最适用和常用在文化群体、社会群体的人类学研究中。它最大的优点是可以收集到其他方法收集不到的资料，因为参与性观察允许研究者参与到具体的事情的细节和群体内部。有时候，观察者还可以借用自己参与在其中的角色，召集被观察者开座谈会等，这些都是对资料收集极有帮助的。但是参与性观察也存在缺点。首先是研究者容易迷失在被观察的环境中，似乎真的成为其中一员，不能从观察者的角度考虑问题，而丧失研究的科学性和客观性。其次，参与到案例当中，有时候要耗费很多精力，甚至可能没时间做观察记录。因此，在运用参与性观察法时，要充分考虑其优缺点，结合具体的案例情况，决定是否要用该方法。

5. 实物证据

实物证据包括物理或文化的人工制品——技术装置、工具或仪器、艺术品，以及其他的实物证据[8]。这些信息在人类学的研究中应用更加广泛。不是所有的案例研究都要使用这些实物证据，但是一旦需要使用，可能实物证据就是该研究的一个主要的信息来源。

相对于其他证据来源，实物证据具有较强的客观性，不会受到被调查者的主观因素影响。实物证据一般情况下不会被单独使用，大多数情况是作为其他资料来源的证据佐证研究者的观点。

示例：中国科学技术大学先进技术研究院调研实物证据

在一项对于中国科学技术大学先进技术研究院公共技术平台的案例研究中，研究者使用了实物证据——光伏农业示范工程，来作为一项证据支持被访谈者所叙述的“光伏农业项目已经完成技术调试和原型机的开发，马上将进行招商合作”。

被访问者对于创新项目所处阶段的论述应当与创新项目对外所呈现的状态相一致，该项目办公室中已经存放了安装示范工程的设备、结构以及其核心产品，这些实物证据可以一定程度上印证被访问者的论述。

光伏农业示范工程配件图

我们这里所列举的五种证据来源是案例研究中比较常用的，但不是所有的。如果要把所有的证据来源都罗列出来的话，一定会丰富多彩，但没有侧重点。比如，我们能想到的其他的证据来源有图片、视频、投影和心理测试、人类环境学的证据、举止神态学的证据、民族志的证据、生活史等。

因此我们着重探讨以上五种证据来源。表 3-1 展示了五种证据来源的主要的优缺点，任何一种证据来源都不是完美的，都有自己的优缺点，但是这些方法之间又是可以相互弥补的。因此，一个成功的案例研究，应该充分考虑各种方法的优缺点，然后综合起来收集资料，达到优势互补。

表 3-1　五种证据来源的比较

证据来源	优点	缺点
文件	无反应性，费用较低，可以研究无法直接接触的对象，适合做纵观分析，可以反复阅读，有事件中确切的名称等细节证据	许多文件的质量难以保证（偏见、偏误等）；部分文件资料难以获得；许多文件资料由于缺乏标准化的形式，因而难以编录和分析
档案资料	同文件，精确、量化	部分档案资料难以获得，质量不能保证
访谈	环境可控（追问等方式），资料丰富；对问题进行更深入的探索；充分发挥研究人员的主动性和创造性；直接针对案例研究课题，有针对性	敏感性、尖锐、隐秘性问题等不容易得到答案，费用高、费时费力，对研究者要求较高（记录误差、回答误解、设计提问等）
观察法	当时当地，掌握第一手资料；对研究对象的干扰较小，得到真实行为的资料；可以研究无语言文字沟通的对象；弥补其他方法的缺陷，如不愿接受访谈，拒绝回答，不交问卷等；联系性：涵盖事件发生的上下文背景	难以控制环境变量和时间变量，因此难以进行数据分析和统计判断；易受观察者价值观和感情因素影响；得到的大量观察资料很难进行整理和分析；工作量大，费时费力，对经费要求高
实物	更易见证文化特征和技术操作	选择有误差，部分实物获取困难

（二）质性资料与量化资料的整合

在案例研究中，质性资料与量化资料都是重要的证据来源。前述五种证据来源是案例研究方法中主要的质性资料来源，但文件、档案、访谈、观察中也会同时产生一些量化资料，这些量化资料与质性资料一起构成案例研究中的证据链。

关于质性资料与量化资料是否可以整合，是有争论的，有学者认为二者不相容，有学者则认为可以而且必要。我们赞同后者，代表性的观点的有 Johnson 和 Onwuegbuzie，他们宣称第三种浪潮或第三种研究运动——混合式研究方法（mixed methods research）已经来临[82]。他们认为质化和量化研究都是使用经验观察来解决研究问题，通过各种方法来确保最大程度减少偏见和其他无效信息的干扰，两者在调查目标、领域和本质上是一致的，在研究越来越复杂、不断变化并具有学科交叉特点的今天，研究者需要理解、采用其他学者使用的多种方法，而实用主义哲学为研究方法的选择提供了哲学和方法论层次的一种直接的、有用的中间立场，提供了一种实际的、以结果为导向的探究方法。

我们在这里支持在案例研究中二者的整合。我们秉着实用的态度，认为二者的整合可以综合二者的优势，以达到对案例中的社会事实多维度和丰富的理解。质性资料本身可能更适合于建立理论的研究，量化资料更适合检验理论的研究。在案例研究中，我们提倡田野式的、无偏见的定性资料收集和精确的定量资料收集，二者在案例研究中都是必要的。

在资料收集阶段，质性资料和量化资料的收集既可以是同步进行的，也可以是分步进行的，主要取决于研究者的意图。研究者可以选择以下几种方式。

（1）先收集质性资料，再收集量化资料。这一资料收集策略可以使研究者通过质性资料对研究对象、研究背景、研究主题有详细了解，再通过对大量个体的量化资料收集来拓展相关理解。

（2）先收集量化资料，再收集质性资料。这一资料收集策略先通过量化资料对研究对象进行筛选，选择最符合研究目的和意义的特定对象，再对特定对象进行详细质性资料的收集，从而丰富研究内容。

（3）质性资料与量化资料同步收集。这一策略可以保证资料收集的完整性，在资料分析阶段再根据研究日的对相应资料进行规置。

二、资料收集需要的技能

前面已经讲了界定研究问题，选择合适的案例以及调研计划，这一节要着重探讨实地调研中应该注意的问题。很多人容易忽视一点，就是在进行资料的实地收集之前需要对调研做一定的准备工作，这经常要么不被重视，要么被彻底遗忘。然而资料的收集过程十分复杂，不易操作，如果不进行一个好的准备工作，会对后期的研究工作产生很大的影响，而且前期的界定研究问题、案例选择等工作都会失去意义。

准备工作中的一个重要部分，就是要对资料收集者进行培训，使他们具备案例研究应该具备的技能。已有文献显示，这部分在过去很少被学者重视。然而，某些技巧可能十分关键，以至于影响整个研究。研究者可以在学习和实践中掌握这些实际的技巧和能力。

调研前，对案例研究制订一个好的研究计划书对整个研究的效度将会有很大的帮助。研究计划书的撰写能力同样也可以通过学习来获得。

（一）研究者技能

现在存在一种情况，很多学者之所以选择采用案例研究，不是因为确实必须用这种研究方法，而是因为他们认为，与其他研究方法相比，案例研究是最简单、最容易实施的。他们认为不需要做很多工作，克服很多困难，便可以轻松地掌握这种方法。

事实上，这种想法不仅是不正确的，而且与实际情况相去甚远。案例研究比其他研究方法更需要研究者具备全方位的技巧和能力，如逻辑分析能力、情绪控制能力等。然而之所以存在这样的误区，是因为案例研究在方法上还没有得到规范。

另外，现在还没有一种判断某人是否具备案例研究技能的资格考试，无法像在法学、会计、计算机领域那样通过执业资格考试来衡量研究者的能力。但是，案例研究仍然有一些最基本的技能要求，可以借此来判断某人是否可以进行实际的案例研究。这些技能包括：①学会提问，并且有能力对研究对象的答案进行解释；②倾听；③在资料收集和分析过程中，具备弹性和应变能力；④谨记研究问题的本质，剔除无关信息，缩小研究范围；⑤剔除自己的先入为主的想法和固有的思维方式，客观地收集资料；等等。

下面我们将对这些技能进行具体的叙述。

1. 学会提问

案例研究与其他研究方法的一个很大的不同之处体现在，它需要研究者在研究的任何一个阶段里都保持“打破砂锅问到底”的精神。这是做案例研究必需的能力和态度。最理想的效果是，研究者时刻与收集的资料保持“对话”。

在做案例研究之前，研究者希望自己能够提前预计到所有对研究很重要的证据，但事实上这是很难做到的。因此，在收集资料的过程中，要随时对收集到的资料进行分析，思考为什么这些证据跟自己预想的不一样，这样的思考会带着研究者去寻找更多的证据，从而为案例研究挖掘更多有用的信息。

这就决定了案例研究比其他研究方法会耗费研究者更多的精力。因为研究者在收集资料的过程中需要不断地提问题，这必定导致研究者在精神上和感情上的疲劳感。相比来说，其他研究方法（如实验法或者问卷调查法）的资料收集过程都相对程式化，不需要发挥太多的个人主观能动性，也不需要在收集资料的过程中就对资料进行分析，因此只会比较消耗体力，但是不会消耗太多的心智。

在研究过程中，如果研究者不仅可以提出问题，还可以试探着回答问题，并且以答案为基础继续提出问题，而将这些都集合起来引起更有意义的发现，那么研究者就是一个出色的研究者。这也是案例研究中十分珍贵的。

2. 倾听

在这里，倾听包含的意义不只是单纯地用耳朵去听，还包括其他方式获得信息，如仔细观察，从研究对象的细微变化中洞察信息等。好的倾听者甚至可以从研究对象的特殊词语、语气中掌握需要的信息。

在做一个好的倾听者之前，需要注意一个重要的原则，那就是尽量不要带入自己的先入为主的想法，要在剔除自己好恶的前提下获得尽可能多的信息，否则会有很多主观的内容干扰研究。但是这确实很难，需要在长期的实践中不断学习。

倾听技巧在查阅文件和档案资料中同样重要。要求研究者在过程中不断提醒自己是否遗漏重要信息，要确保文档信息与其他方式获得的信息是一致的，也要能从字里行间看出隐藏的信息。在这方面的倾听的缺陷可能表现在不敏感、记忆力不够好等方面上。

3. 弹性和应变能力

在实际的研究过程中，完全可以按照之前的研究计划一直进行研究的机会确实不是很多，甚至可以说是极少的。实际的情况是，研究者总是需要在研究的过程中对最开始的研究计划进行改变。在大多数情况下，研究者需要加入一些新的研究问题，或者增加新的研究案例；在少数情况下，研究者甚至需要改变之前设定好的研究主线。

研究者需要保持警惕的是，在应变时，要时刻提醒自己不能偏离初始研究目的。缺乏经验的研究者容易跟随新资料、新发现，而不自觉地将研究方向转移，直到研究后期才发现成果和结论与最初的研究目的大相径庭。弹性和应变能力是一种艺术，需要研究者在灵活与严肃之前保持平衡。

4. 谨记研究问题的本质

与其他研究方法相比，案例研究方法的一个特点在于资料收集和分析过程的同步性。研究者在记录资料时，需要同时对其进行解释。如果资料中出现了相互矛盾的地方，研究者应及时判断是否需要进一步收集更多证据。在访谈中，研究者需要对受访者提供的信息进行记录和分析，在极短时间内判断是否需要提出新问题，并确定提问形式。

这一特点使得案例研究方法对研究者能力有较高要求。缺乏经验的研究者很容易在资料收集时偏离主题，使研究失去原本意义。为了避免这种情况，研究者要做到一开始就充分理解案例研究的主题和目的，理解研究问题的本质，其次要做到在整个研究过程中时刻提醒自己，避免在资料的收集和分析中迷失。

5. 抛开“自己”，尽量保持客观

任何研究，如果只是在证明自己的主观观点，都是没有意义的，这不是研究者应该做的事。案例研究相比于其他研究方法更容易掉进这个陷阱，因为案例研究要求研究者在进行调研之前就要对研究问题进行比较深入的了解，因此这种了解很容易带给研究者先入为主的偏见。而其他研究方法虽然略显机械，却不太容易出现这样的问题。

审查自己是否已经有偏见的一个比较简单的方法，是看自己对于不同于自己研究结论的相反意见的接受程度。如果别人对你的研究结果提出质疑，而你却对这样的质疑很反对甚至很激烈地、努力地辩驳，那么你可能已经有偏见了。

在案例 A“知识产权质押融资政策绩效研究——基于合芜蚌自主创新区专利权质押融资的实践”的研究中，以下技巧主要得到了应用。

（1）学会提问。在进行案例研究之初，研究团队投入绝大部分精力收集整理国家层面、部委层面和各个地方关于知识产权质押融资政策，以及官方统计数据，希望在两者之间建立起某种联系，构建政策系统模型和关键影响因素。然而，工作进展并不如意，研究者开始对这些文本数据反思提问“是否太过强调从量化视角证明科学命题？”“本命题是否适合或者必须采用量化研究方式？”“还有没有其他形式的案例证据？”确实，量化分析会更加精确、严谨，但某些时候也会禁锢思维创新。研究团队内部讨论后，决定在下一阶段将证据收集重点转向访谈数据和问卷调查，后来证实这一转变拓展了研究者思维宽度和深度，多证据的应用也提高了研究结论的可信度。

（2）倾听。这里说的倾听是指研究者以开放心态、独立视角收集、接纳和审视各类案例资料，并得出客观判断的过程。倾听不仅重要，而且很难做到，本书作者的研究团队成员就曾经犯过这方面的错误。一天晚上，该成员整理当天收集的文献和档案，需要凝练各份资料的创新之处或可用之处，工作量很繁重，该成员有点心浮气躁，个人好恶开始影响判断，对符合胃口的资料大量标注并视为重点，不和脾气的文档则囫囵吞枣或随意抛弃。第二天回想起来顿时惊醒，前天晚上花了大量时间只是在“挑选”顺眼的资料，而不是从研究目的出发“倾听”资料，随即调出这些资料重新“倾听”。

（3）弹性和应变能力。有时研究者也会犯另外一种错误，就是空杯心态太多，大量吸收新资料和新观点，却偏离了自己研究的初衷。例如，案例 A 是研究知识产权质押融资政策绩效，研究者有段时间却被很多关于知识产权价值评估或质押融资风险防范等问题所吸引，淡化了对政策和政策绩效的关注，导致研究领域宽泛化而难以聚焦到研究主题，投入大量精力却难有收获。

（二）撰写研究计划书

案例研究的计划书对于整个案例研究来说是很必要的。它的撰写不论在什么时候都会对研究有很大的帮助，特别是进行多案例研究的时候。它的目的是指导研究者更好地从案例研究过程中获得资料，因此对提高研究的信度尤其有效。

案例研究计划书与其他研究方法计划书中的一些指导性的文字资料不同，比如，相比于调查法中的计划书来说，案例研究计划书会更加复杂，不仅有比较重要的、具体的需要提问的问题，还有相对比较宏观层面的案例实施的原则、实施内容、实施程序等。而且案例研究计划书面向的对象与问卷也不同，前者面向研究者自身，对于自身提供指导，后者则面向被调查者。

案例研究计划书应该包括以下几部分内容：①研究的总体概况，包括研究的目的和前景、需要研究的具体问题、有关研究问题的已有研究成果等；②实地资料收集中的具体问题，包括应该出具的介绍信、接近调研对象的方法、信息的主要来源方式、应该遵守的程序等；③对日后撰写研究报告具有帮助性的资料。

如果你曾经做过案例研究，那么你稍微浏览一下案例研究计划书，就会明白它对于整个研究的意义。首先，它可以将你的研究行动与你的研究目的和研究问题紧密结合在一起。其次，它的撰写会迫使你对相关问题进行思考，如日后的研究报告的撰写等。这些都将避免你在研究中出现重大失误。

下面，我们对案例研究计划书的各个主要部分分别进行探讨。

1. 研究的总体概况

概况的主体是要研究的实质内容，包括筛选案例的原则、需要验证的理论假设、需要研究的具体问题、该研究的理论价值和意义等，在这里就不一一说明。

任何一种案例研究都会有自己特有的背景和目的。比如，一些研究可能是由政府出资希望完成的，有其特定的任务和特定的目标群体；也有一些研究单纯地为特定的理论研究目的，又或者是之前做的某个特定的研究的一个延伸。这些内容在研究中都需要得到关注，可以在回顾部分进行简要的介绍。

在这部分还需要对与研究有关的人员做一个说明，可能包括想要了解这一研究的人员、研究中可能会涉及的人员，还可能包括研究的赞助者等。如果有可能，最好附上给受访者的介绍信。

资料丰富的概述还可以为日后的研究报告的撰写中的“背景”和“引言”等部分打下一个很好的基础。

2. 实地资料收集中的具体问题

案例研究的一个重要特征是不脱离现实生活情境而进行研究。现实生活纷繁复杂，而且与其他研究相比，案例研究可控性比较低。比如，实验研究是在严格控制的实验室等环境内完成的，调查问卷又通过问卷对受访者的行为有一定的约束。而案例研究没有这样的控制机制。以上这些原因都要求我们必须精心设计实地资料收集中的程序和各种具体问题；必须学会把现实生活中的纷繁的、复杂的情况与资料收集的设计结合起来，以达到最好的效果。

与其他研究方法相比，案例研究不仅没办法完全约束被研究者的行为，在很大程度上，研究者还必须约束自己的行为，因为研究者才是闯入被研究者日常生活中的“不速之客”。例如，为了访谈关键人士，研究者必须调整自己的时间以迎合关键人士的空闲时间。

在资料收集的设计中，最好可以详细计划，尽可能想到可能出现的各种情况，然后尽力找到可行的解决方案。这部分的设计越具有可操作性，对实地的资料收集的帮助就会越大。

具体来说，资料收集程序的设计大致包括以下内容：①联系主要的被调查者、机构、关键人士等的方式；②需要带的必需品，如计算机、文具、关键文件、介绍信等；③做出一个可行的时间规划，并且预留出一定的时间以应对突发事件；④资料收集过程中可能出现的问题及解决方案等。

需要说明的是，以上只是大部分案例研究资料收集程序中可能涵盖的内容。具体的案例研究可根据自己的特殊性而做部分调整。这部分还有一项内容也是必要的，那就是要说明如何来保护被调查者，比如，提前告知研究存在的风险等情况，获得同意后再进行资料的收集。

3. 对日后撰写研究报告具有帮助性的资料

大部分的研究方法在资料收集完之前，不会考虑研究报告的大纲、面向的读者群等内容，大部分都是按照线性的先后顺序来进行整个研究的。然而事实上，在研究的计划书阶段就对研究报告的撰写进行考虑有着非常重要的意义。

这有助于研究者进行资料的收集，并以合适的形式呈现，因为研究报告的结构和内容就决定了研究者需要收集什么样的资料；而且，这样的考虑会降低研究者对同一个被研究者进行补充访谈的可能性；研究报告需要的参考文件，使得研究者在研究中可以将这些用过的资料进行记录和整理，以方便在研究报告的撰写中参考文献部分的撰写。但是，需要注意，研究者不应该完全被研究报告所束缚。

三、资料收集的原则

（一）在资料收集中强化研究质量

为使研究质量得到保证，必须有效地使用多种不同来源的资料。有效使用资料需要遵守某些原则，如证据三角形原则，有效遵循它，有助于提高案例研究的信度和效度。

学者巴顿对四种类型的证据三角形进行了讨论，分别是不同证据来源（资料三角形）、不同评估员（研究者三角形）、同一资料集合的不同维度（理论三角形）和不同研究方法（方法论三角形）。这里主要论述第一种——不同证据来源。

之前我们叙述的五种主要的资料收集方法，都可以作为某项研究的唯一的资料收集方法，虽然它们的作用是彼此独立的，但这并不表示必须孤立地使用它们。很多研究者都错误地认为应该选择一种最适合自己的研究或者是自己最熟悉的资料收集方法。我们应该意识到，不论哪种研究方法，都有其自身的局限性，在单独使用这种方法的时候，是很难避免的。

相比于其他研究方法，如调查法、实验法等，案例研究在某种程度上更加需要多种证据来源。举例来说，实验法最需要的是在实验室测量和记录一些行为，不太需要使用调查信息等；调查法则刚好相反。案例法对于多种资料来源的使用，将有助于全方位地考查问题——历史的、态度的、行为的，各种不同的证据相互印证，形成证据三角形，使研究结论更加准确，也更有说服力。

需要注意的是，“收集不同的资料，然后验证同一个事实”与“在同一个研究中使用多种证据，但是证明的是同一事件中的不同事实”二者是不同的。图 3-3 表示的即是第一种论述。在这里，不同类型的证据相互印证，验证的是同一个事实。这样的证据三角形解决了研究中的建构效度，因为事实已经被从不同的角度证明。而实际上，使用多种资料来源的案例研究，确实要比仅使用一种资料的研究质量要高。[83]

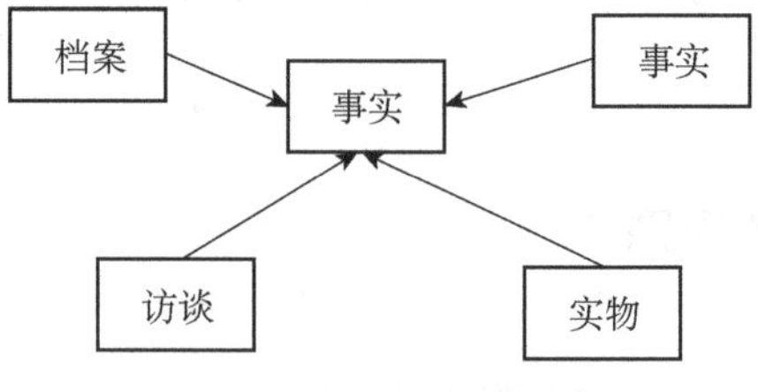

图 3-3　证据与事实的关系

使用多种证据来源肯定是好的，但是，这样的工作需要研究者付出更多。首先，在收集不同类型的资料的过程中，会耗费更多的财力、人力和物力。其次，要求研究者掌握不同种类的资料收集方法，这就对他们的专业素质与组织对他们的培训提出了很高的要求。

如果作为读者的你是一名案例研究中的研究者，而你没有机会得到专业的关于获得不同证据资料的方法的课程或者培训，那么你需要自己想办法学习它们。你可以自己阅读相关书籍，或者参加其他组织做的培训，而不是单一地局限在自己的所、系的资源里。你也可以多参加与资料方法有关的项目，在项目中学习方法。

需强调的是，案例研究者必须学习使用各种资料收集技术和方法，以确保在案例研究中使用不同类型的证据。如果不这样做，案例研究作为一种研究方法，存在的价值和优势就很难体现出来。很容易出现这样的状况：做案例研究，做着做着就变味了，不像案例研究了。比如，在做案例过程中，你可能过度依赖访谈来获得资料，忽视了其他可以验证访谈资料的文件或者实物证据等。结果，变成了一项以访谈法为收集资料方法的调查研究，而不是案例研究。

（二）资料收集与资料分析同步进行

前文中已提及，案例研究方法在研究计划书的撰写过程中就要考虑后面的研究报告的撰写，这表明它有与其他定量研究方法的线性思路不同的思维方式。其实，这种思维方式更明显的体现在于，案例研究在资料收集的过程中就已经开始了对资料的分析。

在收集资料（尤其是文件和档案形式的资料）时，其实早就已经进入了分析过程。在进行资料收集的早期阶段，一般比较注重现场的进入，建立和维持与被研究者之间的关系，参与到其中，观察并收集资料，但是在这个过程中，就已经开始了对资料的思考和分析。这时的分析重点主要是提炼研究问题。当研究问题越来越明确时，资料收集又上升为主要的目的。当资料足够多时，资料收集又会让位于资料的分析，就这样循环往复。

其实不仅是案例研究，大部分的质性研究方法都有这样的特点。它与定量研究方法不同，定量研究方法大部分是简单的线性过程，而质性研究方法是一个循环往复、螺旋式前进的动态过程。研究设计、资料收集、整理、分析、检验和报告等过程是循环前进的。资料分析通常是与资料收集同步进行的。简单来说，初步的资料收集和分析会产生一些初步的发现和假设，这些发现和假设又进一步指导下一步的资料收集。经过这样的循环往复，研究问题会得到重新提炼，也有助于发现更多的新发现。

案例研究的资料收集和分析可以总结为以下特点。

（1）同步性。二者相互交叉，同步进行，同时又受到整个案例研究的其他部分的制约和指导。一方面，收集资料看似简单、重复，实际上其中包含了对资料的不断分析。通过这种分析，往往能获得新的启示，以指导接下来的资料收集。另一方面，资料的分析也建立在资料收集之上。

（2）及时性。资料的分析对资料的收集是有促进作用的。因此，资料的分析应该尽早，在有一定数量的资料之后就可以进行分析，甚至应该一有资料就要开始分析，而不是在资料已经堆积很多之后才开始分析。及时的分析会使研究者对已经收集到的资料有一个比较系统的掌握，并使下一步的资料收集更有方向性，从而提高研究效率，避免误认为收集到的资料还不够而无限制地收集下去。

（3）完整性。其包括整理的完整性和分析的完整性。①整理的完整性：是指不能人为地去掉某些自认为不重要的资料，因为研究者主观上认为不重要的并不代表真的不重要，这样做很容易丢掉重要信息。因此，在资料收集和整理过程中，如整理录音，必须完整地记录所有的信息，为后续的研究做好基础。②分析的完整性：研究者分析时必须考虑所有的资料，不能断章取义，只选取自己偏好的资料。

在案例 A“知识产权质押融资政策绩效研究——基于合芜蚌自主创新区专利权质押融资的实践”的研究中使用了大量书面文件、档案资料和访谈数据作为证据来源，原因包括以下三点。

（1）由于文件证据收集费用低廉、信息量大、易于编码存储和反复阅读，因此研究者将文件证据收集分析作为案例 A 证据收集的第一步。围绕“知识产权质押融资”“政策绩效”“合芜蚌自主创新区”等关键词，通过高校图书馆、省图书馆和 CNKI、Web of Science 等在线图书馆，以及有关主要平面媒体收集到大量的文件证据，不仅为案例研究打下扎实基础，还可判断其中缺项、漏项，明确其他证据的收集方向。

（2）档案资料与文件证据特点相似，但获取成本和难度相对较大。根据研究需要，笔者重点收集了国家知识产权局、国家统计局、安徽省统计局官方发布的统计年鉴或统计报告，安徽省知识产权局、各市知识产权局提供的内部统计资料，以及其他项目组内部调查资料。由于知识产权质押融资官方统计数据还不够完整、准确、公开，内部档案或调查资料成为案例研究中的重要数据来源，但在应用之前必须通过与其他证据比对验证其真实性。

（3）访谈作为证据获取的重要手段，不仅能补充文件证据与资料证据中的缺项漏项，而且可以针对关键问题深度挖掘，获取访谈对象的创新性、独特性思考，而且在双方讨论中经常会碰撞出意想不到的火花。当然，访谈过程不仅耗时、耗资、耗力，更要求研究人员具有较强的人际沟通技巧和现场控制能力。

不同证据具有不同的优缺点，选取多种证据有助于相互弥补不足，而且在同一问题点上形成证据三角形可以相互印证，从而保证研究的严谨性和结论的科学性。

第四章 案例研究的后期分析

第三章介绍了案例研究六个步骤中的前三个步骤，即研究启动、案例选择和资料收集，这三个步骤属于案例研究的前期准备工作。经历前期三个步骤之后，研究者应当已经拥有明确的研究问题（研究启动）、清晰的案例设计方案（案例选择）及丰富的实地证据资料（资料收集）。此时研究者可能面对的是一大批各种类型的素材，包括文本、影视资料、访谈笔记、记录档案等。案例研究需要的是具有理论或实践意义的结论，而不是资料的堆砌。因此，研究者需要将实地收集到的证据资料转化为有意义的结论。前期准备工作结束之后，就进入了资料的后期分析工作。资料的后期分析是案例研究的核心部分，研究者对收集来的各类资料进行整理，将零散的证据筛选、加工、整合为具有逻辑链条的证据链，并从中提炼理论观点，达成研究目标。可以说，资料的后期分析阶段是将原始资料转化为研究观点的阶段，是研究的关键步骤。

本章介绍的案例研究后三个步骤着眼于案例中的分析工作。资料处理步骤介绍的是如何将散乱的证据资料进行归类、整理，形成方便使用的数据库，以及对证据资料的案例内分析和跨案例分析路径。这个步骤介绍了许多非常实用的分析技巧，可以帮助研究者将实地资料转化为具有研究意义的观点。提炼结论步骤介绍了如何将资料处理阶段所产生的观点和想法转化为具有学术研究意义的结论，这一步骤也是案例研究价值产生的所在。最后一个步骤（即研究报告）会指导研究者将研究结论和研究过程以一个较为规范的书面形式呈现出来，是研究中最终获得的案例研究结果。

第一节　资 料 处 理

在资料收集阶段，研究者已经通过各种渠道搜集到各种形式的研究资料。有些资料是研究者的观察经验、总结，有些是仍处于最原始状态的图文、声音、影像资料，需要研究者进一步加工、处理，所有的原始资料本身构成研究者的资料库。案例研究中由于牵涉到更多的质性资料，因此相对于其他量化分析方法，案例研究对资料库的建立、管理过程更加复杂，难度更高。在质性资料管理中，研究者可以通过遵循一套规范的制度对资料进行有效管理。

资料管理的水平和效率决定了资料初步处理的实际效果。原始资料（包括札记草稿、口述录音带、访谈录音等）往往是粗糙、宽泛的，甚至包含一些难以理解的内容；由于一项案例研究可能包括多个研究者，不同研究者在笔记中使用的符号、专有名词等很可能具有不同的意义；研究者在实地调研中可能会产生一些想法并记录在笔记中，但是在事后回顾时很可能会产生更进一步的想法。因此，原始资料需要首先进行初步处理，形成规范的语言、条目后，才能更好地服务于研究。在资料初步处理阶段，有一些简单、易行的策略可供使用。

21 世纪的案例研究的资料分析通常以计算机软件作为辅助，包括资料的录入、保存、分析等均可在计算机上快速进行，计算机的使用大大提高了案例研究的效率。本章节中所描述的资料分析策略、方法均是在计算机的辅助下进行的，因此，对于非计算机辅助的资料收集和分析方法不再赘述。

一、资料的初步处理

（一）资料管理

案例研究由于涉及大量的质性资料，而质性资料相对于量化资料在管理的复杂性和难度方面都更大，因此这一部分将主要精力放在质性资料的管理上。质性资料的管理问题会严重影响日后所能做的分析之类型与难易程度[84]。质性资料的管理类似于构建一个质性资料数据库，如何将来自不同渠道、对象的不同形式的资料整合起来，依据相互关系将资料关联，是资料管理的核心内容。Levine 从信息和图书馆科学得到一些想法，列出了五项有助于建立一个质性资料的存储系统与检索系统的基本原则[85]。

1. 建立格式

建立格式要求对每种类型的资料预先设置固定的格式，使同种类型的资料可以进行归类、比较。Levine 建议整个资料管理结构应像是一张资料地图，可供研究者使用。具体格式的建立由研究者根据研究特点进行规范，例如，访谈笔记的标题可由研究者姓名、被访谈者姓名、时间、地点、日期等组成，访谈笔记的内容可由问题、回答、研究者观察等栏目组成。规范的资料格式可以为日后分析中的资料检索提供极大的便利，因此在研究设计阶段应当尽可能预先确定资料格式框架，并根据该框架进行实地调研[85]。

2. 交互参考

交互参考即根据资料之间的实际关系，将各种资料关联在一起，形成一个包含关系在内的数据库。原始资料本身可能来源于不同渠道，资料形式也不尽相同，但某些资料可能指向同一个研究对象或同一个事件。将资料按照对象、事件、时间和其他关系进行关联，才能形成对某一对象、事件的完整认知，才能厘清事件之间的因果关联。使资料之间相互参考与构建基于关系的数据库是同样道理。

3. 编制索引

编制索引即是对资料进行编码，主要工作内容包括：①清晰界定类目，即代码；②将这些类目组织成一个比较清晰的构架，并将此构架写在“词库”或编码簿中；③把这些代码放在数据库适当的位置。编制索引是对资料内容的浓缩与提炼，能够反映出资料之间的相互关系和分布。质性资料的管理难度之所以大于量化资料的管理难度，是因为质性资料需要经过“编码”的过程，才能转化为统一语境下、具有研究意义的“数据”。而编码的过程往往会因研究人员的知识、角度而有较大变数，不同研究人员对于相同资料的编码可能是截然不同的。也正是由于这个原因，质性资料在科学研究中经常被冠以“不严谨”的称号。但不可否认的是，编制索引是对质性资料进行归纳、提炼的重要手段，也是案例研究人员必须要掌握的一项技能。

4. 摘要

摘要是对较长资料内容的一种总结和提炼，与编码不同，摘要是对某一份资料内容的浓缩，通过对摘要的阅读，可以使研究者快速回想起具体资料的内容。而编码是对资料特征的提炼，类似于文献中的“关键词”，这些关键词主要为资料的索引和关联提供服务。撰写摘要也是为了对大量的质性资料进行精炼，使得研究者在查询相关资料时不用再进行通篇阅读，提升研究者的效率。

5. 编页码

编页码是对内容较多的文字资料的一种标识，使资料中的关键内容能够通过标识的页码被迅速定位。例如，在一份长达 20 页的观察笔记中，研究者可以对其中的关键内容进行页码标识，并冠以“某大学+科技处处长+9”用以表示在笔记的第 9 页中有对于某大学科技处处长的具体观察内容。

迈尔斯和休伯曼的《质性资料的分析：方法与实践》一书总结了在资料管理中应当保留、备取用的资料。研究者在进行案例研究时往往会涉及其中一些类型的资料，研究者应当在研究开始前就培养出良好的资料管理习惯。

（1）原始资料：田野札记稿、录音带、现场文件。

（2）半成品资料：札记、录音转誊稿、论文初稿、修改稿、被清理稿、加评注稿。

（3）被编码的资料：加上代码的资料。

（4）编码系统或词库：包含历次版本。

（5）备忘录或其他分析性资料：研究者对资料在概念上的意义所做的反思。

（6）搜寻与检索之记录：分析时研究者会寻找已编码的文块或段落，这些均应做成记录并保留，包括所检索的资料；为各段落所做连接的记录。

（7）资料展示：为展示所取用的资料，所使用的各式图表，均应存档；包含其中所写的分析性文字，各次修正版本。

（8）分析的历史记录：为了绘制出图表，并写出分析文字，研究者逐步所做的事情，会产生一些相关文件，这些应予保存。

（9）报告：研究者对研究设计、方法与研究发现，历次所写的草稿均应保留。

（10）一般按日记录的工作日志或文件。

（11）上述所有资料的索引。

（二）资料的初步处理

资料的初步处理是在资料管理的基础上，进行提炼和总结。

很多研究者总是认为，资料越多越好，仿佛每一个细小的资料都有一定的价值。许多研究者在资料收集阶段会尽可能收集到各种类型的资料，在资料管理阶段会将这些资料进行归类、关联和索引。然而，在资料分析中，信息量巨大的资料往往会分散研究的着重点，使得研究者在不知不觉中偏离原先预定的轨道。因此，资料分析阶段的第二个步骤就是将之前所收集到的大量资料内容进行精炼，使之成为可供分析的研究性语言。下文将简要介绍资料初步分析中的代码、编码与模式编码，撰写备忘录，个案摘要，个案纲要等步骤。

1. 代码、编码与模式编码

编码就是对收集到的资料进行分析，代码就是对所收集到的信息制定标签，是对资料进行检索的基本模块。在案例研究中，资料的收集与资料的分析往往是同步进行的，因此资料的编码也是贯穿于这个过程中的。研究者应当在完成每一次实地调研结束后、下一次调研开始前对所收集到的资料进行编码[84]。

代码依据其功能作用可以分为三种。第一种是描述性代码，是研究者对资料所呈现的表面现象的总结，诠释度较低。第二种是诠释性代码，是研究者对资料背后所呈现出的深层次原因的总结，可以是事件发生的内在原因，也可以是主体行为的内在动机等，这种代码相对于描述性代码，具有更高的诠释度。第三种代码是主题代码或模式代码，具有更高的推理性、解释性。这类代码可能被称为主题、模式、主旨、因果关联，反映事件所表达的主题。在编码过程中，描述性代码一般会在资料分析初始阶段进行，随着分析的深入，研究者会从描述性代码中衍生出诠释性代码、主题代码。

建构代码通常有两种范式。第一种是归纳法导向的编码范式，要求研究者在搜集资料前，不对代码进行预设，而是完全通过资料本身的内容提炼、总结代码。这种方法最早由 Claser 和 Strauss 提出，属于扎根理论的取向，这一部分内容将在扎根理论的相关章节进行论述。第二种是介于预定式与归纳式之间，研究者自己构建一个代码的基本体系，并在这个体系框架内发展代码。这个体系为研究者指出了一个编码的基本范围，使得研究者可以在这个基础上，根据调研资料，归纳、发展代码。这种建构代码的方式虽然事先对研究者进行了一些限定，但对于没有经验的研究人员来说，这种构建代码的方式提供了一套可供执行的工具。

Lofland 等提出了一种编码系统，他认为任何研究中的代码都会处理以下内容[86]。

（1）动作：是指在一段时间内（几秒、几分、几时）某情境里出现的一个动作。

（2）活动：是指在较长时间内（几日、几周、几月）某情境里出现的一些动作，这些动作构成了人们参与行为的重要元素。

（3）意义：是指界定并主导行动的那些参与者，他们在言词方面的产物。

（4）参与：是指人们完整地投入或融入被研究的那个情境或场所。

（5）人际关系：是指数个人之间同一时间内相互间被认为的关系。

（6）场所：是指那个被研究的整个地方，是研究分析的基本单位。

Bogdan 和 Biklen 提出了一个由 10 类代码组成的系统[87]。

（1）场所：是指有关于环境的一般信息，这些信息可帮助研究者将该研究引入一个更大的脉络。

（2）情境定义：是指人们如何理解、定义或知觉该场所或研究的相关主题。

（3）观点：是指诸报告人对其场所共同持有的思考模式。

（4）对人、事物的思考方式：是指人们在其世界里对于彼此、外人与事物所持的理解。

（5）过程：是指事件、流向、转换、转折点与改变等，在时间上连续出现的情形。

（6）活动：是指会经常出现的某类行为。

（7）事件：是指一种特定的活动，尤其是指极少出现的特定活动。

（8）策略：是指完成事物所用的方式，如人们为达成自己的需求所使用的方式、方法与技术。

（9）人际关系与社会结构：是指那些非官方界定的人际关系，如派系、联盟、爱恋、友好、敌对等。

（10）方法：是指研究过程方面的问题、趣味与两难——通常与观察者的评注有关。

编辑代码的同时需要制定代码清单、代码定义单。代码清单是对代码的呈现和总结，代码清单中的代码应当呈现出概念性、逻辑性，而不是简单单词的罗列。代码定义表是对代码清单中一些重要代码内涵的界定。由于案例研究需要引入不同的研究者对同样的资料进行分析，而不同的研究者对某一名词的理解是可能不同的，因此需要事先对一些重要的代码进行定义，使得代码的使用能够尽量统一。

应当注意的是，代码的构建和修改也是一个动态过程。在研究的任何阶段，研究者都有可能对过去的资料产生新的见解和思想，因此对代码的修改和完善也会贯穿于整个研究过程。

模式代码是一种解释性或推论性的代码，显示了浮现的主旨、结构、解释，这类模式编码可以把大量的材料汇集在更有意义、更为精炼的分析单位中。第一层次的编码是用来精简文段，模式编码则是把精炼的文段汇集在少数的几个群组、主题或结构下，类似于统计分析中的聚类分析法、因子分析法。量化研究者是处理一组变量，将人们放入不同的群组中；或者由报告人来区分、汇集各种行为与知觉。模式编码有以下四种功能：

（1）模式编码将大量资料简化为较少的分析单位；

（2）模式编码要研究者在搜集资料时即进行分析，可使后来的田野工作更为集中；

（3）模式编码要帮助研究者精心构造一张认知图，这张图是逐渐成形、更为完整的一个基模，可以用来理解当地的事件或互动；

（4）在多个案例研究中，模式编码可为跨案例分析打下基础，让共有主题与有方向的过程凸显出来。

模式编码通常有四类：主旨、原因或解释、人际关系、更理论性的结构。运用模式编码的方式有三种：①把模式编码加在一份试用的代码清单里，整理出下一份札记或文件时，就可以试用一下，了解它们是否适用。②模式编码也可以帮助研究者形成一张概念构架图，研究者可以将图中最突出的一些代码写入备忘录中，以深究这些代码的意义，帮助研究者厘清主旨、概念，帮助其他的研究者对共同的资料有重点地思考，有益于跨个案分析。③在下次资料搜集时由研究者查验模式编码。

关于调查资料的初步处理，在案例 A“知识产权质押融资政策绩效研究——基于合芜蚌自主创新区专利权质押融资的实践”的研究当中，研究者首先对收集的资料进行分类，并且对不同类型的资料进行编码，如期刊文献、新闻报道、统计报告、访谈记录、观察记录等，并以类别名称首字母形成英文代码，如 QKWX、XWBD、TJBG、FTJL、GCJL 等，从而形成第一级代码。在一级代码下面又会有不同的分类或者属性，比如，期刊文献中按关键词将知识产权质押融资类文献细分为模式研究、风险防控、价值评估等，并取前两字拼音首字母形成英文代码，如 MS、FX、JZ。第三级代码是第二级代码的再次细分，如知识产权质押融资模式研究类文献，可按区域分为北京模式、武汉模式、成都模式等，并选取地名拼音首字母形成英文代码，如 BJ、WH、CD 等。第四级代码是对第三级代码中的不同资料进行编号，如对北京模式的研究中有三篇文章，可依次赋予代码 01、02、03。最后，每个资料都拥有了能体现类别属性的唯一编码，形式如 QKWX-MS- BJ-01。建立、增添、修订、完善代码清单，是管理代码必不可少的基础工作。

2. 撰写备忘录

Glaser 对备忘录的定义：“备忘录是试图将一些想法形成理论，所写下来的东西。当分析者编码时，被某些代码及其关系撞击时，就可以把这些想法写成备忘录……备忘录可能是一个句子、段落或几页文字……分析者竭力把有关资料的瞬时构思写下来，这可能是带有一些概念方面的阐述。”[88] 撰写备忘录可以帮助研究者从经验资料层次走向概念层次；更进一步精炼与扩展代码；发展关键类目；显示关键类目间的关系；更为完整地去理解此个案的诸事件、过程与互动。备忘录具有聚类功能，可以把有共通性的各个示例集中起来，形成更高层次的归纳和总结。撰写备忘录是将由代码所呈现的资料向理论问题进一步扩展的步骤。

以下为案例 A“知识产权质押融资政策绩效研究——基于合芜蚌自主创新专利权质押融资的实践”的三个备忘录。

备忘录一：关于专利质押融资的效力范围

以专利权作为债权担保的质押融资活动，是一种盘活企业无形资产的手段，但是由于无形资产权利和收益难以评估，因此有必要确定专利的效力范围，即哪些知识产权可以被质押。

根据国内外的研究经验，以及《担保法》《物权法》等相关的法律规定，研究者总结出了三个专利质押融资的条件。其一，必须具备专利权中的财产权利。财产权利是指能够带来经济利益，具有可以用金钱估价的权利；而非财产权利，不具有市场交换价值，不能兑换成金钱，也不具有担保物权的变价特性。这一前提至关重要，否则不能实现债权人受偿的目的。基于这一条件，署名权等权利不可以作为质押的标的。其二，必须是可转让的专利权，如被担保债权已届清偿期却不能就质押客体进行折价、变卖或者拍卖，对所得款项优先受偿，质押的效力无从发挥，设定该质押也就毫无用处。其三，应当符合依法适合于设立质押的专利权利。部分法律虽然没有对何种权利可以质押没有做出说明，但是一些权利却是法律明确限制和禁止对其转让的。

对于无形资产质押权利的限制有助于研究者界定知识产权融资的调查范围，对于这种情况研究者试图寻找一个标签能够彰显出正在思考的东西，并将它转化为一个可视化的流程。

备忘录二：关于政策支持与实际绩效之间的关系

研究者在对知识产权质押融资政策绩效评价的研究过程中，初始假设是相关政策会鼓励专利的申请和创新活动，从而带动知识产权质押数量、贷款金额等指标提升。但是，随着研究的深入，研究者才发现相关政策不仅会对上述指标带来影响，更重要的是会对融资企业发展带来间接影响，因为在实际市场活动中，企业一直是创新活动的主体，本身拥有相当可观的专利数量，除了部分专利通过技术创新等带来的直接价值以外，绝大多数的专利都处于闲置状态，并没有为企业带来直接的经济效益，因此政策的出台在一定程度上提高了企业之前专利的成果转化率，从而实现了融资数量的大幅增长。

除此之外，政策的效果还会受到金融服务机构等组织的态度的影响，如果金融服务机构采取各种手段推诿，限制无形知识的融资活动，政策效果也是会大打折扣的。但是根据我们实际的调查，金融组织对于专利质押融资活动的态度是相当支持的，这应该会增加政策的有效性。除此之外，研究者还注意到政策支持会对企业科技研发投入和知识产权创造产生逆向作用。由此，研究者将研究假设调整为政策差异会带来直接效果（如知识产权质押笔数、出质人数量、质押金额等）、间接效果（政策对促进企业科研投入与产出、经营业绩等带来的影响）、外部效果（对区域科技创新、科技成果转化等产生的影响）的差异，政策绩效评价需要全面考虑上述三个维度。

备忘录三：一个比较的过程

研究者为了调查政策的效果，选择合肥、芜湖、蚌埠等几个试点城市进行比较。通过不同证据的比较分析和对照判断，可以分析出关键影响因素，构建因素之间的关系，并在证据之间建立起逻辑链。

关于各城市知识产权质押融资政策中的具体条款，调查者发现政策结构相似，核心条款构成一致，而在具体规定上略有差异，比如对担保机构参与的规定中，芜湖市指定担保机构，缺乏鼓励政策；合肥市、蚌埠市均设立专项基金给予担保机构50%的风险补偿和担保贷款额1%的一次性奖励；蚌埠市还明确基金年度额为1000万元，力度最大。从这些现象中可以总结出一个因素：政策边缘层有差异。

对于知识产权质押融资的直接绩效分析，调查者选择了质押融资的数量和质押融资的金额作为分析对象，2009～2013年，蚌埠市专利质押数量明显领先，占合芜蚌创新区的66.88%；合肥市其次，占30.17%，芜湖市明显落后。但是专利融资的金额却与数量排名略有不同，资料显示，截至2013年，蚌埠市融资1.85亿元；芜湖市融资1.7亿元，合肥市融资5861万元。研究分析了合肥、芜湖、蚌埠三市融资机制和风险补偿措施等方面的异同，发现合芜蚌三市市政府都设立了市级专利质押贷款风险补偿资金，用于和担保机构共同承担风险。但是在具体的机制执行方面，合肥市为企业担保获得贷款且企业已按期还贷本息的担保机构给予专利质押贷款担保贷款额1%的一次性奖励。芜湖市在专利质押贷款中采取集合贷形式，让拥有一定固定资产和专利的企业在贷款中可以因拥有专利增加贷款额度，方便快捷。蚌埠市以风险补偿、贷款贴息和贴费的方式支持专利权质押贷款工作的开展。研究者从这些差异中初步总结出专利质押融资风险补偿和收益的方式会对融资绩效产生直接影响的结论。

因此，研究者判断以上两个因素和专利质押融资的绩效有着因果联系，同时在某种程度上，政策边缘层与风险收益补偿方式之间也存在着逻辑关系。或许这也最终成为研究者构建相关理论的一个重要假设。只是在后期还要进一步检验该假设的真伪。

3. 个案摘要

案例研究的资料收集与资料分析是同步进行的。迈尔斯和休伯曼指出了资料分析中会出现的四种不利情况：第一，资料不好，不足以说明问题；第二，重要资料出现系统性偏差（如受访者对问题的歧义、误解等）；第三，讨论琐碎、平庸；第四，资料难解、莫测高深、理不出头绪[84]。当资料收集过程中发生这些情况时，研究者本身很难发现，只有通过对收集到的资料进行初步、统一的整理工作，才能检查出其中的问题。因此，个案摘要是一种实时检查资料收集问题的一种方式。个案摘要的内容一般包括研究发现总览、对支持研究发现的资料质量予以细究、下一部资料收集的重点等。个案摘要是对整个个案做清晰的说明。

在案例 B 中，研究者对于高校科技成果转化平台中人才流动分析，主要是对于中国科学技术大学先进技术研究院、合肥工业大学智能制造技术研究院、清华大学合肥公共安全研究院、安徽北大未名生物经济研究院四个平台发展进行调查，分析人才流动情况，所调查的资料包括相关的政策支持、制度环境、法规制度在科技成果转化之中对各方利益分配所做出的规定和保障，对人才流动的情况进行动因分析等。为了全面反映研究之前所确立的问题以及所收集资料的过程，研究者制作了一张接触摘要单用以反映以上问题，并触发研究者思考研究问题与变量之间的关系、下次收集资料时的重点，以及是否能够形成新的假设和思考（图 4-1）。

通过接触摘要单的制定，研究者可以梳理出一些有用的资料，并归纳整理出部分变量之间的关系，从而暂时构建出一个研究大纲（图 4-2），研究成员可以依次写出个案摘要。个案摘要的规范化可以方便资料收集和分析，能够让一些潜在的逻辑关系和解释性变量显现出来。

接触类型：会面　　　　地点：合肥

接触日期：12/17-19-21

1. 此次接触印象深刻的主题有哪些？

- 科技成果转化平台吸引人才和产生人员流动的措施以及相关的政策支持
- 人员流动因素与科技成果转化平台之间的关联
- 政府是否作为协调人的角色对人才引进产生影响

2. 根据相关研究问题，简述此次接触获得的资料。

研究问题	资料
相关政策支持及措施	国家有关部门出台了一系列科技体制改革的规划和工作要求，科技部等部门对于人才的管理，项目资金管理，成果转化以及使用等进行了改革和试点
各科技成果转化主体的反应	积极配合地方政策，大力引进人才，提供良好的待遇和环境，提高软实力
科研工作者的态度	物质激励只是其中的一部分，文化氛围，工作环境以及自由度，交通便利性等也起到了很大的作用

3. 此次接触是否有获得重要的东西？

- 人才体制改革与发展
- 激励措施的多样性和全面性
- 科研工作者的预期以及现实接受度比较

4. 下次收集资料的重点以及应考虑的问题。

- 对有关人员进行多方面的访谈，验证资料的真实性和可靠性
- 激励因素与人才流动之间的关系
- 人才引进与成果转化绩效之间联系
- 追踪主要的科研工作者一天

结束

图 4-1　接触摘要单示意图

目录

A.调查现场

1.研究对象所处的环境
2.研究问题的范畴
3.活动记录图

B.重大事件

1.政策方案
2.计划
3.执行措施

C.问题研究的现状

1.目前研究成果
2.相关政策出台之前的现象
3.相关政策的出台过程
4.结果

D.逻辑关系

1.因果关系
2.决策图
3.验证

图 4-2　暂时个案摘要大纲示意图

在整理暂时摘要的时候，研究人员要对相关的资料进行梳理，因此通常在形成个案摘要大纲的同时会伴随着整理资料清点单（图 4-3），与个案摘要大纲一道反映出资料的收集状况，为下一次的资料收集做准备。

资料清点单												
资料来源 研究问题	整体环境调研			第一类调查者					第二类调查者			
	1	2	3	1	2	3	4	5	1	2	3	4
问题1.1	***	**	***	**	不合	**	**	**		**	不合	
问题1.2	***	**	不合		***	**	**	**	**	不合	***	**
问题2.1	**	不合		**	**	***		不合	**	***	**	***
问题2.2, etc		**	**	**	**		不合			不合		**
图例：空白表示资料遗漏　**表示资料相关　***表示资料相关且完整　不合表示该问题不适用												

图 4-3　资料清点单（节录）示意图

个案摘要能够以简洁的方式呈现出研究者想要研究的内容，并能够全面、合理地呈现出研究者目前所做的工作，以及初步得出的结论等。个案摘要既是分析资料过程中最重要的一步，也在资料收集过程中起着重要的导向作用。在本书中，摘要接触单、个案摘要大纲及资料清点单共同组成了个案摘要的内容，对于案例研究的开展起到了关键作用。如果是在进行多案例研究时，个案摘要能够有效地在不同的案例之间实现对比，找出案例之间的相同点和不同点，加深对于案例的认识。

4. 个案纲要

对于一些案例研究，如果研究者在搜集资料之前已经有一个明确的概念架构，以及一组相当清晰的研究问题、界定完善的抽样方案，那么在尚未搜集任何资料之前，就可以先提一个个案纲要。个案纲要包括详尽的资料展示架构与相关的说明文字。个案纲要为资料的收集提供了一个具体的框架，研究者可以依据这个框架逐步收集资料，并将相应的资料内容填入框架中。经过若干轮的资料收集，已有资料依据能够清晰展现在框架中，尚未收集到的资料也会显现出来，成为下一轮资料收集的目标。

在案例 B“高校科技成果转化平台建设中的人才流动问题”的研究中，研究者主要探索了相关高科技成果转化平台对于人才建设的措施，并提出了相关的研究问题，例如，吸引人才的措施和保障有哪些？这些措施是否有助于科研人员引进和长期停留？在执行的过程中是否遇到了困难？这些措施是否真正执行到位？用来处理上述问题的对策是否具备？这些策略以及管理方案是否具有科学性和前瞻性？

研究者根据需要解决的问题结合所收集的资料可以整理出明晰的纲要，在完成相关的提纲之后，研究者可以将编码过的资料草稿填入相关的纲要之中，并写上相关的文字分析，如图 4-4 所示，调查者在进行调查活动之前大致了解了需要调查的现场，以及对于重点事情进行详细的追踪，并梳理了现有研究的状况、相关的措施处理和对策及相关的结果等。对于不清楚的资料会重复以上过程，直到找到完整的资料。

A.前言：案例与资料

1. 高校科技成果转化平台建设背景
   a.学校简介
   b.官方背景
   c.院所设置

2. 相关措施实施的背景
   a.社会背景
   b.科研需求
   c.问题导向

3. 创新平台所采取的措施

4. 为何采取这样的措施

5. 计划与执行的过程
   a.重大活动
   b.执行过程
   c.遇到的问题
   d.备选方案

6. 结果
   a.短期结果
   b.长期结果

7. 什么是导致结果的主要因素

8. 如何改进

图 4-4　案例研究大纲示意图

研究者通过个案纲要可以反复收集资料，并且不断寻求参与者的反馈，用此查证与修改之前的结论。但是预先设立个案纲要也会存在一些缺点，资料收集者现场撰写的札记草稿在事后整理填入纲要时，草稿内容可能与纲要发生冲突。此外过早地引出研究结论会导致结论不够深刻。因此，在改进个案纲要的工作中，可以由多个研究人员共同编写个案摘要，并可以广泛搜集资料，请经验丰富的研究者评阅，是否能够得出不同的结论。

二、案例内资料分析策略

经过资料初步处理后，所收集到的资料已经初步转化为可供分析的代码、备忘录等形式。而在进行案例研究时，研究者首先关心的问题是案例中究竟发生了什么事，它们是如何发生的，有哪些表现形式。之后，研究者可能需要深入发现这些“有趣”现象背后的理由，即事物是如何发展的，原因是什么。第一类问题是案例研究中的描述性问题，如果研究人员进行研究的目的即是对某一个现象的了解，那么这类研究为描述性案例研究；第二类问题是解释性问题，如果研究人员的目的不仅是探究事物发展的过程，而更加关心背后的驱动力，那么这类研究为解释性案例研究。

Bernard 认为，描述是指“将复杂事物简化为基本成分，使人能够理解”，其基本的问题就是要对手边的现象，做一清晰的说明；解释是指“为了帮助人们的理解，而指出复杂的事物如何依据某些原则，使各成分彼此相称协调”，这些原则就是所谓的理论[89]。在案例研究中，既有描述性研究也有解释性研究，解释性研究需要在描述性研究的基础上探究深层次的内涵，即解释一定的因果关系。因此，在案例内资料分析阶段，不同的研究目的也会决定不同的分析方式。在这里，本书将案例内资料分析策略分为描述性分析策略和解释性分析策略两种，并分别对其进行阐述。

（一）描述性分析策略

描述性分析策略是以视觉方式有系统地呈现资料，让研究者可以借此引出有效的描述性结论。由于案例研究中质性资料所占比重较大，而过去一般质性研究展现的资料，是一些详述的、未简化的文章（通常采用札记整理稿的面貌），即分析者总览资料后，贴上代码，然后截取编好码的段落，再引出结论，之后分析者再写出一份详述的文本，即一个案例研究报告。然而，这种详述的、未简化的文本是一种笨拙的资料展示方式，其中的资料分散在报告的不同部分，研究者很难据以分析。Mulhauser 表示有些人认为长篇的案例报告对于决策者而言几乎是无用的。因此，在进行案例内分析时，需要将资料通过一些工具整理为有条理的证据，最终引出研究者的分析结论[90]。

迈尔斯和休伯曼提供了一些将资料更好展示、整理的工具，这些工具能够帮助研究者更清晰地审视自己的资料[84]。

1. 部分排序图表

部分排序图表（partially ordered display）主要用在研究的探索阶段，用以发掘和描述案例事件，包括脉络图（context chart）与检验表（checklist matrix）。

脉络图是一种网状图，可以把各角色、各群体及各组织体之间的关系画出，这些角色、群体就构成了一个人行为的脉络。

在案例 C“科研机构后勤支撑体系建设研究”中，调查者对收集的资料主体进行了整理和分类，规划出了科研院所后勤集团进行创新改革的脉络图，梳理了各人员、部门之间相互影响的关系，以及谁支持改革、方案的讨论和选择过程。图 4-5 罗列了后勤集团各部门之间的关系，高级管理人员在上方，普通员工在下方，依据权力层级排序。图中的“+”表示对创新方案的态度是积极的，“±”表示对于创新方案的态度是模糊的，“不明”表示分析者考虑现有的资料情况下很难做出明确的判断。

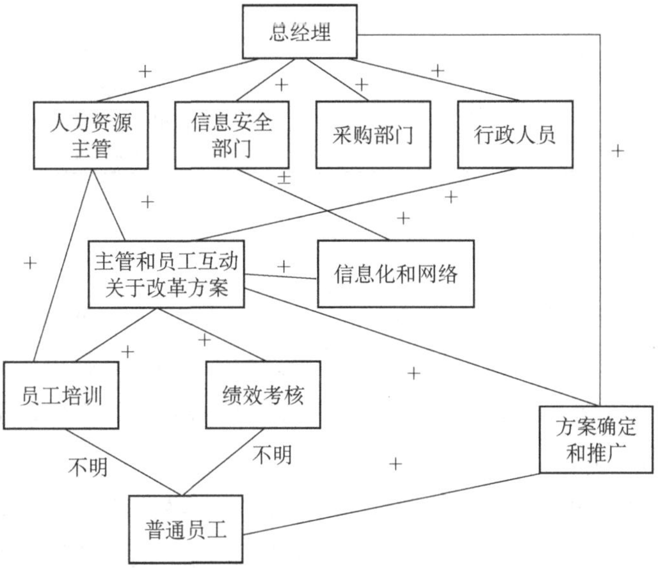

图 4-5　研究院改革方案中各主体关系的脉络图

检验表是一种分析资料的表格，针对的是主要变量或者研究者感兴趣的基本领域。研究者会向所有关键报告人搜集一些可以比较的资料，然后将资料填入事先建立好的表格中。研究者可以通过不同报告人对这些关键问题、关键变量的表述来引申出思考和分析。

表 4-1 是在进行专利质押活动的时候，对于“专利质押融资关注研究的项目”的评估，主要是市场主体和专利持有方的态度。在案例 A“知识产权质押融资政策绩效研究——基于合芜蚌自主创新区专利权质押融资的实践”的资料分析中，研究者对合芜蚌三市的专利质押融资活动进行了调查，考察了要调查的项目、融资主体，主要是金融机构和专利服务机构对于专利质押融资在市场活动中的态度，以及专利持有者，包括企业与个人对于该种融资活动的反应，将所收集到的资料填入相对应的类别中，以清楚地看到市场的反应以及政策的效果。

表 4-1 研究关注项目检验表

研究关注项目	融资主体态度	专利持有者态度
专利价值	排他性产生潜在的垄断价值，具有时效性	认识到专利可以带来收益
专利类型	依据专利申请时的分类和归属	发明专利、实用新型专利和外观设计专利
融资数量	数量虽然上涨，但是融资主体对于专利无形资产属性所带来的风险仍有顾虑，积极性不高	可融资数量增加
融资金额	整体增加，部分行业增长较快，但是仍有些许行业增长缓慢	依据专利实用性而定，会有专门的机构评估其价值
融资模式	依据具体的规定，双方协商，模式相对比较灵活、多样	以考虑实际收益为主，一个协商的过程
政策支持	出台相关文件，对现有的法律法规进行修补和完善	企业持积极的态度，主动参与到专利质押融资活动中。个人专利持有者保持观望态度，但认识到专利带来的收益与价值

2. 时间排序图表

时间排序图表（time ordered display）将资料内容依据时间顺序进行排列，保留了历史沿革的发展顺序，用以说明事件与过程的流程，包括事件清单、关键事件图、事件-状态网（event-state network）、活动记录图、决定模式路径图、成长梯度图、时间排序图。

事件清单是一种矩阵表，依据时间段安排了一系列的具体事件，将这些事件分为几个类别。对于复杂的事情如果要有完整的理解，首先要梳理出事情发生前后的梗概，以确保对于理解的客观和公正。

在案例C“科研机构后勤支撑体系建设研究”中，研究者调查研究院对后勤服务进行改革的时间点和事件，追踪整个事件完整的发展过程，梳理事情的前后顺序有助于构建合理的因果联系。表4-2将横栏设为时间栏，按照一般性的动因、提出、执行和推广阶段来划分，竖栏按照层级划分调查对象，显示了各主体对于创新服务改革在不同阶段的态度及举措等。

表4-2　事件一览表：关于创新服务改革

层级	变革动因（2002年10月）	方案提出（2005年6月）	执行阶段（2006年8月）	推广阶段（2008年11月）
政府政策	加大对于科研单位后勤服务的重视	提出构建完善的支撑体系	“率先行动”计划	
研究院	科研工作者的实际需求	引入市场化模式，共同管理	签订合同，引入设备，信息化建设	形成网络化和信息化制度
后勤集团	压力和竞争	招标等工作	员工培训，意见反馈	制度化，常态化

有时研究者只关心案例中发生的一些关键事件，可以只把关键事件列在图表中。

例如，在案例A“知识产权质押融资政策绩效研究——基于合芜蚌自主创新区专利权质押融资的实践”的研究中，研究者对关键事件进行了记录和梳理，主要包括在各个时间段所做的工作等内容。研究者将时间轴画在纵栏上，横向各栏依据日期排序，在每个月份选取主要的活动和事件，通过这些关键事件能够梳理研究者在进行分析之前所做的工作，并把各种资料对应分类，有助于研究者理清事物发展的逻辑框架（表4-3）。

表4-3　关键事件与时间线

时间	关键事件1	关键事件2	关键事件3
2014年12月	查阅相关的政策和文件	《担保法》中对专利质押进行规定	地方部门出台相关的规章制度
2015年1月	调查专利持有者的态度	1月22日：与企业相关的负责人会谈，调查企业方的看法	1月28日：了解专利在企业与个人之见的归属问题
2015年2月	了解市场的反应	2月13日：对金融服务机构的主要负责人进行访谈	2月25日：对主要的质押方式进行调查
2015年3月	对政府相关部门进行调查	3月2日：对知识产权局等政府部门进行访谈，了解政策出台的背景和目的	3月15日：对各方收集的资料做对比，比较政策出台前后专利质押情况的变化
2015年4月	对基层员工等进行访谈	4月12日：了解专利质押活动实际开展情况	4月17日：与各方谈论专利质押融资增长情况

事件-状态网用方块显示事件，用椭圆表示状态，方块与椭圆之间用线连接，方便研究者从整体上对一串事件进行理解。

在案例 A“知识产权质押融资政策绩效研究——基于合芜蚌自主创新区专利权质押融资的实践”的研究中，研究者以政府出台相关政策，以及市场主体的关系为研究起点，从这两个路径探索事情发生的经过以及所处的状态。对于政策或者规章制定之后，企业及专利持有人，以及市场对于专利质押融资方法的态度进行了调查和反应，并且随着政策的健全以及市场接受程度，参与程度也逐渐活跃起来，并且制度化和规范化机制也被逐步推广（图 4-6）。

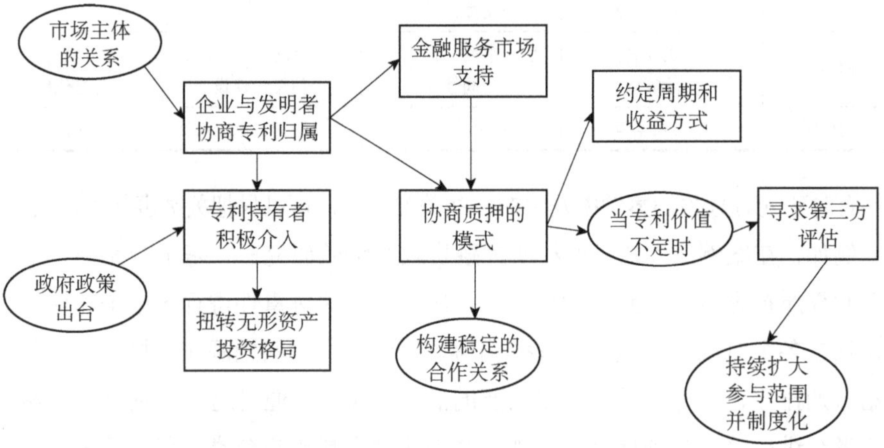

图 4-6　事件-状态网专利质押活动

活动记录图是使用点、线来描述一些活动，这些活动通常是具体的、反复的、在有限的时空中发生的，如工作流程、实验流程、会议流程等。这种图可以使活动过程清晰呈现，可显示出时间范围、顺序或层级结构，也方便研究者检验活动的正确性。

图 4-7 是调查者在案例 C“科研机构后勤支撑体系建设研究”中所画的关于记录科研院所后勤集团资料收集过程的记录图，图中展示了一些特定的动作和状态，每种动作和状态之间都有一条连接线，每一个节点会被解读成“之后”发生的事情，调查者在开始案例调查之前已经设计好了调查的程序和所要准备的材料及问题，而活动记录图可以明确说明一些行为或事件的前提，可以显示出时间、空间范围的结构，也可以让报告人很方便地检验活动程序

是否正确。

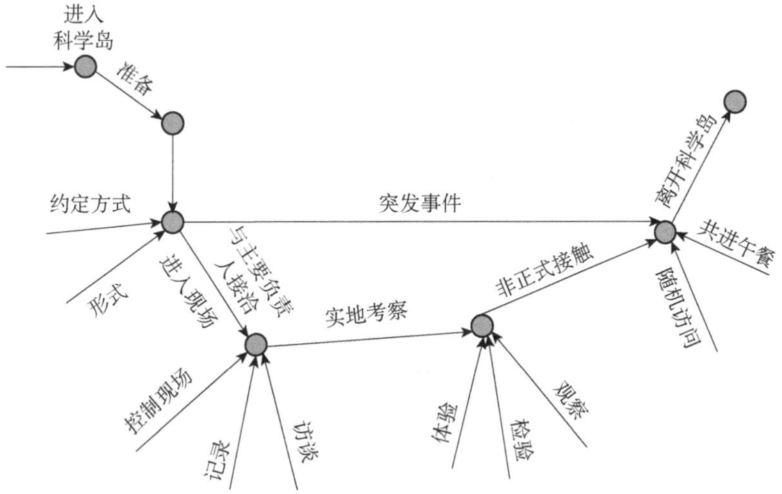

图 4-7　活动记录图

决定模式路径图是将整个事件的流程表述出来，并且通过一系列的条件控制使研究者能够清楚地选择路径，对于事件的表述更为清晰以及更有逻辑性。活动记录图只适合画出类型化的行为，无法从中显示当事人的思考与计划，这些可能隐藏在所做出的各种决定之中。决定模式路径图可以将内在事件与外显事件结合起来呈现。

在案例 C“科研机构后勤支撑体系建设研究”中，研究者对于数据收集过程中数据质量的判断和采用情况进行了说明，当遇到选择情景时要根据情况做出判断并了解下一步的工作，将一些资料放入决定表格当中，系统地检测资料的有用性。这类研究报告需要重复访谈多名报告人，希望通过反馈和检验来修改这个模型，之后还会交给报告人评价，对数据收集的有效性进行检验（图 4-8）。

有时候，我们也可以把各事件想成是某一潜在的变量随着时间在发展，此时可绘制成长梯度图。一般而言，成长梯度图比较抽象，但是能够反映出时间变量所起到的作用。

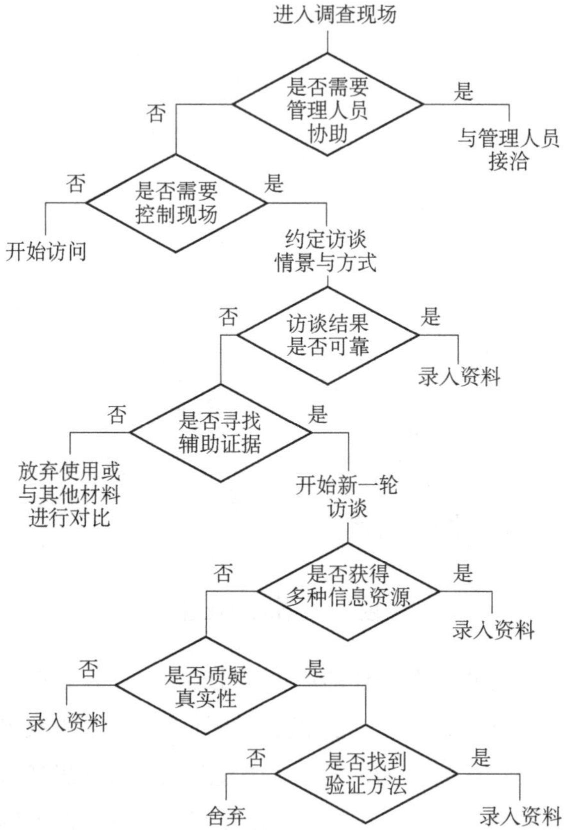

图 4-8　决定模式路径图

例如，在案例 A“知识产权质押融资政策绩效研究——基于合芜蚌自主创新区专利权质押融资的实践”的研究中，研究者根据收集的资料认为专利授权的数量、质押融资的金额及参与质押融资的企业数量会在政策出台后随着时间的增长而变化，并以时间为标准轴，对蚌埠市质押融资的数量、金额等变量进行了比较和梳理。

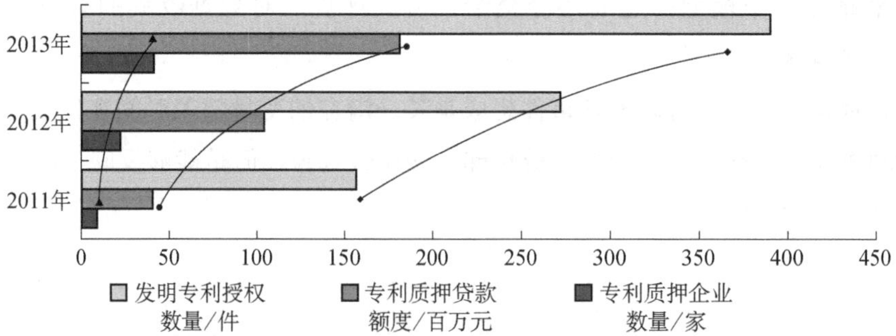

图 4-9　蚌埠市专利权质押额与授权量成长梯度图

时间排序表与事件清单类似，横轴依据时间排序，纵轴依据研究的主题进行罗列。

在案例 A“知识产权质押融资政策绩效研究——基于合芜蚌自主创新区专利权质押融资的实践”的研究中，研究者对国家及各部门出台的政策数量按照时间轴来排序，横轴设为时间轴，纵轴设为政策出台的数量，这样就对政策和时间的关系一目了然。根据图 4-10 中的数据可以判断，2003～2008 年，知识产权质押融资政策相对贫瘠，而进入 2009 年后，随着国家正式推进知识产权质押融资试点城市等政策的推动，各地方相关政策集中出台，年均 13.7 个。这说明国家层面的政策制定对地方政策制定具有重要示范和引导作用，政策在政府之间自上而下的溢出效应明显。

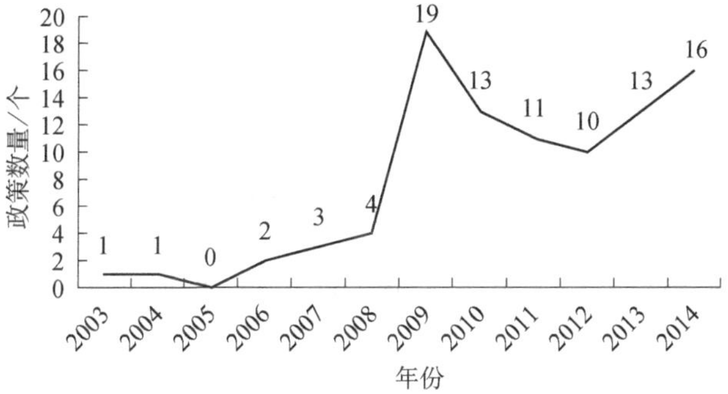

图 4-10 专利质押融资政策数量时间排序表

3. 角色排序表

角色排序表（role ordered table）是依据角色来排列资料，包括正式或非正式情境中的角色，着重研究各类角色的互动问题。其中的资料往往反映了角色的观点。

在案例 C“科研机构后勤支撑体系建设研究”中，研究者对受访的对象进行了归类，通过比较受访对象之间的差异，来分析他们看待同一事物的不同之处。表 4-4 依据层级将受访人员进行了分类，并确定了采访的情景和方式，以便寻找有意义的反应。从表 4-4 中可以看出各角色之间对于创新服务举措这一行为有不同的态度，并进行比较。表中依据权力层级选取了一些具有代表性的任务，并使用匿名的方式将他们代号化。根据所搜集的资料，将他们对于提升服务水平的态度进行了归类和总结。

表 4-4　角色排序表：对创新服务举措的初步反应

人物	职务/地位	对改进服务态度	相关创新举措评估	与预期结果相比较
A（10 年以上相关工作经验）	经理	积极推动、目标明确	认为具有可行性，没有太大困难	基本满意，取得了一定的效果
B（6 年相关工作经验）	高级行政人员	一般性态度，但也没有反对	设备引进需要资金，会对人员岗位产生影响	效果虽有，但是投入也过大
C（5 年相关工作经验）	高级行政人员	支持，并保持乐观的预期	认为创新举措会极大地提高服务水平	取得了相对见效的效果
D（2 年左右相关工作经验）	普通员工	不明	意见不明，不会对自己产生较大影响	措施有助于提升服务
E（2 年左右相关工作经验）	普通员工	倾向于支持	积极态度，主动参与	与工作、个人都有好处
F（1 年相关工作经验）	普通员工	消极态度	不满，认为影响自己的工作	培训时间增加，耽误个人时间
G（1 年相关工作经验）	普通员工	不明	不明，上面让做什么就做什么	对于业务能力有较大的提高

4. 概念排序表（conceptually oriented table）

当研究者对案例研究中的一些问题依据产生一些概念性理解时，就可以使用概念排序图表，以概念为核心排列、呈现资料，包括概念聚类表、主题概念表、民间分类图、认知图、结果矩阵表。

概念聚类表的行与列，是把“属于同一挂”的项目集中起来，既可以依据概念来整理，也可以依据资料来整理。依据概念来整理，是指研究者在相关理论与主题中，先前已经得到一些与该类项目有关的想法；依据经验资料来整理，是指资料分析初期，研究者可能发现，虽然报告人是在回答不同的问题，但他们却会把那些问题关联在一起。整理这些资料的原则，就是将一些概念上有关的东西集中在一张表格里。

在案例 C“科研机构后勤支撑体系建设研究”中，研究者对于集团中的工作人员为何推动创新措施进行了分析，研究者的猜想是这些行为是不是和职位及所涉及的工作内容有关，并采用利克特量表对行政工作人员对于提升服务水平的态度进行了评判，用“+”的数量来表示积极的程度。第一个核心问题是这些措施是不是与调查者相关，第二个核心问题是这些措施是否能为调查者带来什么，从而判断调查者的动机（表 4-5）。

表 4-5 概念汇集表：动机与态度

层次	受访者	职位	职业相关性	动机	对于提升服务水平的态度
管理层	L	经理	密切相关，负责整个战略	增加利润，增加经理人声誉	比较积极（+++）
	M	部门负责人	密切相关，有助于晋升	晋升	比较积极（+++）
主要骨干	N	高级行政人员	相关，在工作范围之内	履行职责，增加晋升空间	积极（++）
	O	高级行政人员	无关，不属于重要的部门	履行应用的职责	一般（+）
普通员工	P	职员	相关性，与自己的工作内容有关	第一份工作	比较积极（+++）
	Q	职员	相关性，直接和受众接触	要有考核和投诉的压力	一般（+）
	R	临时工作者	无关系	没有正式的编制，不愿意有激情	

研究者也可以用更为基本的概念主题来安排表格，即主题概念表。

在案例 C“科研机构后勤支撑体系建设研究”中，研究者对于“服务水平”的调查发现的一些相关问题都可以归结在“问题与对策”这一主题概念下，主要研究的问题是在推进创新改革的过程中遇到了哪些困难，以及相关部门和工作人员采取了哪些策略。填充的资料包括会议记录、调查访问及相关的文件等。研究者首先用聚类的技术归纳出具体的问题，然后依据对策的特点将其总结、分类，从中找出一些具有启发性的评析。

表 4-6 主体概念表：问题与对策

问题	技术性	专业性	时效性
服务方面：①服务态度不够热情；②服务效率低下	引进新的设备提升工作效率；制定服务规章	邀请专业人士对员工进行培训和教育	短期效果比较明显
制度方面：①部门协调不合理；②某些章程过于冗余	对于部门设置进行调整；对部分规章条例进行评估	以合理、科学性为导向，利用院所科研优势进行咨询	机构调整较为缓慢，时间较久
保障方面：①部分需求没有落实或者满足；②辅助手段不健全	增加多样化服务，满足不同的需求；主要依靠网络和技术，与受众之间互动	部分外包，寻求专业建议	依据具体情况而定

概念并不一定都适合分为列与行来呈现，有时更适合用网状图来呈现，即民间分类图。虽然该种图的分类方法较为肤浅，但是这种方法有助于了解研究者的思路和目的。研究者使用这种方法可以明显地表现出自己的研究思路，有助于判断研究者在案例研究中思维逻辑的严谨性和缜密度。

在案例 A“知识产权质押融资政策绩效研究——基于合芜蚌自主创新区专利权质押融资的实践”研究中，研究者通过层级树状图将专利质押融资的内容进行了分解，按照融资的主体、客体、内容等方面将不同的内容进行归类，一共分 5 个层级，从而详细了解专利质押融资活动（图 4-11）。

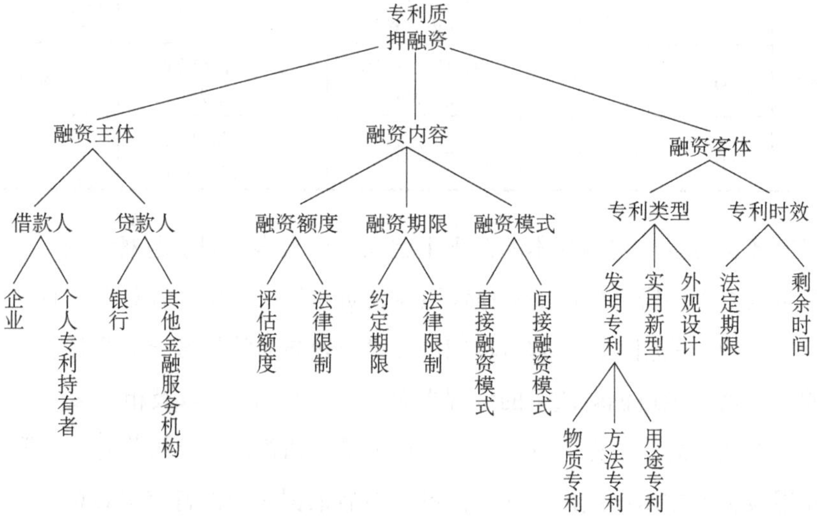

图 4-11　民间分类图：知识产权质押融资活动

认知图是把一个人对某一特定领域的概念呈现出来，并显示出概念间的关系，同时配合以描述性文字。

在案例 A“知识产权质押融资政策绩效研究——基于合芜蚌自主创新区专利权质押融资的实践”的研究中，研究者在绘图之前会进行访谈，提出诸如“为什么要进行质押融资？”“专利申请和商业化的现状是什么？”“如何科学地评估专利的价值，推行专利质押融资？”及“通过什么途径来赢得市场的支持？”等问题，然后研究者将所收集的资料按照这些内容填入，并勾画出 A 与 B 的关系。

在此基础上研究者要做初步分析，得出一些结论，比如由于专利权具有无形资产的特点，因而难以用普通的评估方法评估出其价值，这也就导致了专利许可、质押等商业化活动水平的低下，而国家出台政策进行支持并确保专利价值评估的合理性之后，可以通过法律、金融等手段赢得金融机构以及服务机构的支持，确保专利质押融资可以被市场接受从而顺利执行（图 4-12）。

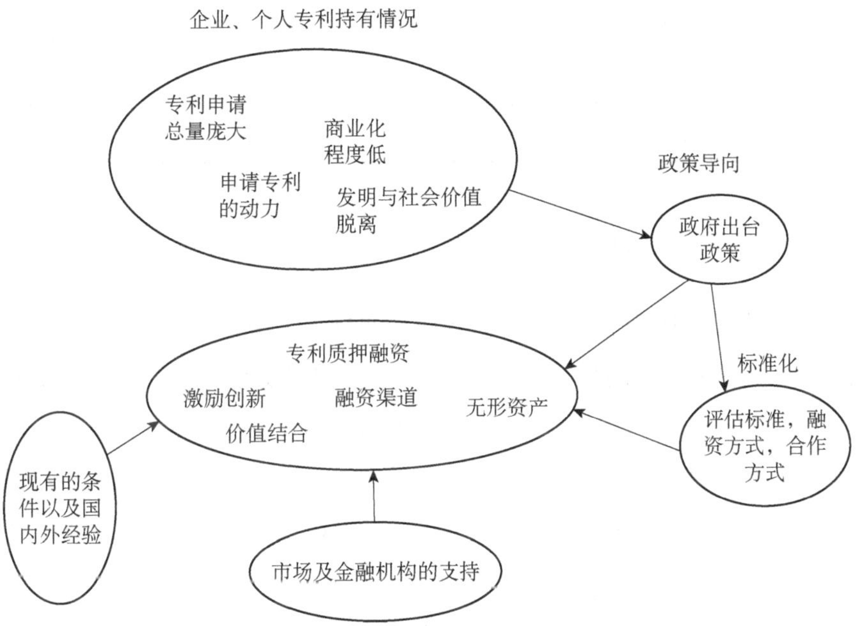

图 4-12　政策、市场与专利质押融资认知图

结果矩阵的基本原则是把资料呈现的重点放在因变量上，即某一过程的终点出现了什么事情。表 4-7 呈现的结果因研究结果而异，结果矩阵表所表达的重点不在于结果上，而在于描述出什么样的原因导致了何种结果。

在结果矩阵表的构建过程中要大致清楚研究的结果是什么，由哪些方面构成，在案例 C“科研机构后勤支撑体系建设研究”中，研究者首先对调查的结果进行了梳理，按照划分层次将结果分为三个方面，并且将结果评估分为初期结果评估及长期结果评估，并将结果分为基本变化和副产品两种类型，如表 4-7 所示。

表 4-7 结果矩阵表：创新措施执行之后的改变

结果层	采用前期效果评估		采用后期效果评估	
	基本变化	副产品	基本变化	副产品
服务方面	服务水准提升，更加高效和人性化；受众对于服务满意度提升	形成了定期培训服务机制	网络化和制度化机制形成	投诉减少，互动良好
制度方面	以服务满意度为绩效考评依据；机构、部门之间的协作顺畅	办公人员有时不足	机构精简，效率提高；规章制定合理，减少官僚冗余	使办公过程越来越公开透明
保障方面	基于网络的投诉和互动平台多元化的服务措施	提高服务对象的满意度	形成以需求为导向的互动机制	需求得到重视，并迅速解决

（二）解释性分析策略

解释性分析策略是在描述性分析策略的基础上，探究现象发生背后的原因，即因果关系。需要强调的是，在案例研究及其他研究方法中，解释本身并不是唯一的，而是开放性的。Kaplan 认为，科学上的解释并不是高度的、全面的、精确的，解释本身是有条件限制的。当应用于特定案例时，解释是片面的、近似的、非决定性的。解释性分析是将案例研究提升到理论层面的必经之路，通过对现象发生的原因进行解释和验证，产生新的理论[91]。

Mohr 认为，了解因果关系可以经由两种方式：第一种是找出抽象概念及其互动，即变量分析；第二种是对故事发生的过程进行分析，所谓故事是脉络中相联结的事件流，即过程分析。以往的量化资料分析一般属于变量分析，而案例研究中的解释性分析属于过程分析。相对于变量分析，过程分析具有更强的因果关系解释效果，研究者通过深入实地，能够了解、观察事件发展的全过程，从中辨识出因果的机制。

科学研究中的理论通常是由以下三个部分支撑起来的：假设或理论本身、资料或证据，以及资料与理论本身的相互印证。在解释性分析部分，研究者既可以采用归纳导向的研究方式，即从资料和证据中提炼理论，也可以采用演绎导向的研究方式，即在事先既定的理论框架下寻找证据支撑或修正理论。因此，下文会介绍一些在解释性分析中可以采用的分析工具，这些工具能够帮助研究者更好地从资料中获得解释性观点和理论。

1. 解释性结果矩阵表

解释性结果矩阵表（explanatory effects matrix）是在描述性结果矩阵表的基础上，加入对现象的初步因果解释，让研究者清晰地看到某一过程的产出或结果。这种表可以帮助研究者在概念上进行说明，标准罗列的初步的因果关系，有助于研究的前溯或后推。

在案例 C“科研机构后勤支撑体系建设研究”中，笔者对不同的受访者对于后勤服务改进所做的帮助等进行了分析，主要的调查问题包括各类受访者都进行了什么样的帮助，帮助的评价是否有用，以及服务受众的直接感受等，在对这些现象总结之后并进行归因。研究者将后勤集团采访的对象按照级别、职务等进行划分，依据利克特量表对他们的行为进行评判，由低到高分别是 1，2，3，4，5，代表着有效性和实践性，并根据受众的感受进行有效性分析（表 4-8）。

表 4-8　解释性结果矩阵表：后勤服务体系改进的来源

采访对象	协助措施	措施评价	受众的感受	原因初步分析
经理人	提倡理念，重视人性化和科学化，提升服务水平和满意度，提倡信息化建设	4	因为经理人不参与直接的工作，因此受众很难直接感受到影响	经理人作为集团的“领导者”除了负有扩大业务的责任之外，还因为经理人大都实行聘任制，担有压力和风险
行政人员	开展培训活动，进行绩效考核	4	行政人员作为集团中的管理者，负责上传下达，较少参与受众的直接对话中，但是科研使受众感受到变化	行政人员有晋升的要求，并且也是组织考评的对象之一，因此有一定的工作动机
普通工作者	提升服务水平，转变服务态度	5	受众可以直接感受到服务水平的变化	普通工作者除了有考评和晋升的压力之外，也是最直接的接触受众，因此要站好“第一班岗”
临时工作者	改善服务态度，转变服务理念	4	同样可以使受众直接感受到服务态度	临时工作者可能因为没有编制的原因，在某种程度上不会像正式员工那样投入，但是在增加福利待遇的情况下也会使他们增加对于工作的热情

2. 个案动因矩阵表

所谓动力因素，就是含有推动性质或要求性质的东西。通过个案动因矩阵表（case dynamics matrix），可以发现资料事件直接的推动作用。

在案例 A“知识产权质押融资政策绩效研究——基于合芜蚌自主创新区专利权质押融资的实践”的研究中，研究者对专利质押融资潜动因，即需求、要求及限制进行了各种总结和归纳。探究为什么专利持有主体，以及对于专利质押融资的态度会因为政策因素发生改变。至于本书中专利质押融资的动因就是政府政策需求、各市场主体的意愿及专利本身的特点（表 4-9）。

表 4-9 个案动因矩阵表：专利权质押融资动因分析

动因	隐藏的议题	应对措施	具体行为
政府态度	无形资产的使用与计量	政策引导	扩大专利在资本中的投入比，以及拓宽专利的融资渠道
市场主体	专利的权属与分配、专利融资的方式	合同、规范	在合同中确定知识产权的归属，当与金融组织合作时，根据实际情况在现有框架下约定具有可行性的融资方式
专利持有人	创新的有效性	鼓励	允许个人持有专利并鼓励商业化行为
专利的特点分析	无形资产价值评估	引导、规范	引入第三方对无形资产进行计量与评估，规范无形资产的融资渠道与范围

3. 因果网络图

因果网络图（casual network diagram）就是把现场研究中最重要的自变量和因变量（以方块表示），以及其间的关系（以箭头表示）展示在图中。其间的关系是有方向性的，而不只是有关联。此图假定了某些因素对另一些因素有影响，同时需要配以相应的文字，以说明各因素间连接线的意义。

在案例 A“知识产权质押融资政策绩效研究——基于合芜蚌自主创新区专利权质押融资的实践”的研究中，研究者分析了各变量之间的逻辑关系，并用“→”表示各变量之间的因果关系的正影响。如图 4-13 所示，一个地区的制度环境，包括经济制度、社会制度等会影响到创新活动，并在一定程度上对创新伙伴的选择产生影响，而企业与不同的机构进行合作会影响到知识产权权属的分配，此外在合作之前的资金投入和协约也会对知识产权的权属产生影响。当知识产权分配完成后，专利持有者会选择保留专利还是将专利许可进行商业化，而这时候法律规范会对模式选择以及金融服务的方式产生影响，同时，法律环境也和制度环境有着互相依赖的关系。

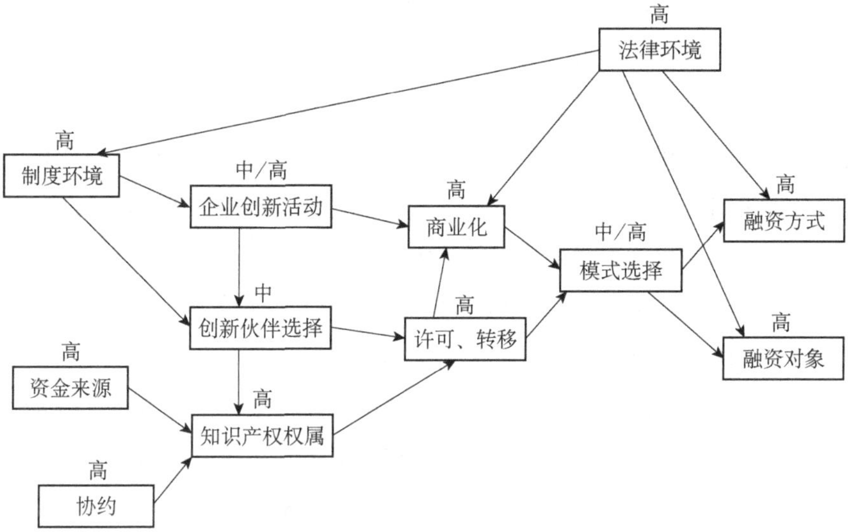

图 4-13 专利质押因果网络图

三、跨案例资料分析策略

上文所述内容为案例内资料分析策略，适用于单案例研究及多案例研究中每个个案的研究。跨案例的分析策略则为多案例研究框架提供了支撑。跨案例分析的核心，是从每个案例资料中总结事件发生的过程，并通过类比和对比探究案例中影响因素的差异，进而提出解释性观点。Yin 提出，在多案例研究中，案例的选择要遵循逐项复制和差别复制，从而通过逐项复制中的现象重现，以及差别复制中的现象差异化形成研究者的理论认知。与案例内分析所得出的结论相比，跨案例分析通过在不同情境中的个案对比，能够检验和提升结论的外部效度。案例内分析可以发掘案例本身的独特性，而跨案例分析则是试图在独特性中寻找到一些共通性。

迈尔斯和休伯曼提出了跨案例分析的三种策略[84]，这三种策略在以质性资料为主的跨案例分析中能够发挥很好的作用。

第一种是个案取向分析策略，是一种假设检验性质的分析策略。Yin 提倡在进行跨案例研究时，先用一个理论框架深入研究一个个案，然后再探究一系列个案，观察每个个案模式间的匹配程度[8]。这种策略要求对每一个案例中的事件和过程都进行详细分析，同时，这种分析策略要求研究者实现构建一些概念和假设，而所收集到的资料就是用来验证这些概念和假设是否成立。

第二种是变量取向分析策略，是一种归纳式的理论构建模式，以 Eisenhardt 为代表的一些学者在跨案例分析中使用这种策略。同个案取向分析策略相比，变量取向分析策略对于每个案例本身事件和过程的分析不再详细，而是在资料分析过程中归纳式地提取若干“变量”或“主题”，进而构建理论。

第三种策略是混合策略，即个案取向分析策略与变量取向分析策略的整合。

无论采取哪种策略，在进行跨案例资料分析时，研究者都可以依赖于一些工具和手段，使得研究问题能够更好地从资料中呈现出来。在前述的案例内分析策略中，研究者的资料通过代码、编码等过程，形成了简化、概括性的文字块，并通过一些工具、图表呈现出每个个案的面貌。在跨案例资料分析中，所涉及的资料的数量是单案例资料的几倍，同样需要代码使资料变得可以比较，将编号的资料段落以共同的图表来呈现，而且每一个个案都要采用共同的报告格式。代码、图表及报告格式都是用来简化资料的，以便将大篇幅的描述性资料浓缩成可以使用的、具有条理的组件。跨案例资料分析的关键就是如何将这些组件汇聚在一起，并从中提炼出研究者的观点。

这一部分将介绍一些有用的工具、图表，帮助研究者进行跨案例分析。对于资料分析工具的介绍同样依据其作用分为描述性分析策略和解释性分析策略。其中描述性分析策略主要用于呈现跨案例资料中的描述性问题，对于发生了什么和如何发生的进行描述，而解释性分析策略主要用于呈现跨案例资料中的因果关系类问题，关注的是为什么发生。

（一）描述性分析策略

1. 部分排序图表

跨案例研究的第一步，应当是探索每个个案汇总在一起后的整体面貌。中介矩阵是将多个案例中的每一个案例的描述性资料，以一种标准格式汇集起来，基本原则是纳入所有相关的（浓缩后的）资料。研究者可以根据研究兴趣对资料进行切割、聚类，以呈现具有对比性的结果。最简单的中介矩阵表就是一张并列表，把所有单一个案都放在一张大表上。中介矩阵表是进行跨案例分析的基本素材。

在案例 B“高校科技成果转化平台建设中的人才流动问题”的研究中，研究者对于研究对象的基本情况进行了比较，观察不同研究机构的资金来源、人员构成及与产业的对接等，并将所收集到的信息填入表格，从中尽量发现这些基本情况的相同和不同之处，将收集好的资料填入，细格内填入的是经过编码过的浓缩短句，也经过了选择和聚类。之后通过精简和计算机辅助工具，得出了简化的中介矩阵表（表 4-10）。

表 4-10　部分排序图表之中介矩阵表：个案层次创新平台基本情况

调查对象	资金来源	科研人员来源	管理人员来源	产业对接状况
中国科学技术大学先进技术研究院	省级财政支持，专项基金投入	学校及研究院的科研优势	学校人员、外招	聚焦微电子、新材料等领域，打造创新平台
合肥工业大学智能制造技术研究院	省级支持，市校共建	依托学校科研优势	以学校人员为主	与计算机技术、人工智能技术相结合，产学研联合发展
清华大学合肥公共安全研究院	市级财政投入	学校科研人员，以及引进外来人员	专业管理人员	依托城市建设，进行城市管理
安徽北大未名生物经济研究院	区政府和集团共建	引进科研人员	集团人员、外招	生物技术，医药、临床领域

2. 概念排序表

概念排序表即以变量或概念为核心来绘制图表。常见的使用概念排序的图表有内容分析摘要表、结构表和决策树状模式图。

内容分析摘要表将研究者所关心的概念依据一些维度呈现在表中，以每个案例的序号表示某种概念或现象在某个案例中是否出现。

案例 B“高校科技成果转化平台建设中的人才流动问题”提供了一个很好的范例，在对创新平台的研究当中，调查者对研究对象的人才政策和结果进行了考察，通过选取一些具有共性的变量进行研究，比如将“人才流动”情况进行细化，分解为“创新人才政策”和“成果及评价”。将“基本概况”细化为“合作单位”和“建立目标”，使调查者对于研究所有更为立体、全面的了解，并能够联想出院所组建层次与人才引进层次和流动之间关系（表 4-11）。

表 4-11　内容分析摘要表：人才引进成果评估

合作单位	类型	建立目标	创新人才政策	取得成果及评价
中国科学技术先进技术研究院	省、市、院、校	高技术研发与应用和高端应用人才培养	科教合作、校企合作，人才的跨部门，跨区域流动	建设重大科技创新平台 10 个，累计引入孵化创新企业 76 家，注册资本达4.179亿元，聚各类人才400多人，其中引进“千人计划”“长江学者”等各类高端人才 26 人
合肥工业大学智能制造技术研究院	省、区、市、校	促进区域经济、本土企业、技术创新、学科建设的发展	集聚创新人才，引进外来人员	建设优先发展平台，预计引进创业团队 20 个，引进国内外高端人才 100 名
清华大学合肥公共安全研究院	市、高校	公共安全平台及产业园	推行人才激励和补贴政策，吸引外来人才	预计成为公共安全成果转化基地
安徽北大未名生物经济研究院	市、集团	服务生物技术领域	引进、招聘高端人才	已引进各类专业人才百余人、高端经营管理人才 10 人、专业技术专家 15 人，新申请合肥市“百人计划”2 人

结构表通过确定一些关键变量，将每个案例在这些关键变量中的表现罗列出来。

案例 B“高校科技成果转化平台建设中的人才流动问题”的研究提供了一个很好的范例，研究者想厘清创新平台中人才流动的基本概况，于是制作了表 4-12。该表主要涉及了人才引进的状况，对于人才流出仅设置了“流动性”目录，因为调查者认为这些创新平台对于人才的主要目标还是引进以及跨单位合作与交流，并且尽量减少人才流出。因此，研究者主要对引进人才的数量、质量、类别进行了考察和比较，对于人才流动的基本情况做了初步的说明。

决策树状模式图是对每一个个案分别做行为人决策模式分析图，从中提炼出基本模式。

表 4-12　结构表：创新平台人才流动概况

调查对象	人才引进数量	人才引进质量	人才引进类别	人才培养	流动性	总体评价
中国科学技术大学先进技术研究院	引进人才达 400 人	来自“千人计划”“长江学者”等	专业技术人才、软科学领域研究人才、管理人才、国外人才	相当规模的研究生	国内外交流较多，流动性较强	人才引进和流动形成了一定的规模和制度
合肥工业大学智能制造技术研究院	引进国内外高端人才 100 人	具备一定研究成果	专业技术人才、管理人才	初步形成招生规模的研究生培养	具有一定的流动性	基本形成了相对健全的人才引进和人员流动方案
清华大学合肥公共安全研究院	开始人才引进工作	高学历人才，具有一定研究基础	专业技术人才、管理人才为主	无	人才引进比较稳定	初步开展人才引进工作
安徽北大未名生物经济研究院	引进百余人左右	高端专业性人才	管理人员和技术人员	无	产业定位准确，流动性较小	人才引进有序进行，后续工作还要完善

图 4-14 是案例 B“高校科技成果转化平台建设中的人才流动问题”研究中关于人才引进激励因素的决策树状模式图，图的中间部分是决策规则，下部则为决策结果。这幅图浓缩了访谈及调查结果，比如，决策树状模式图之所以被其他因素所影响，是因为在访谈中有的人员表示希望能为自己的配偶提供或者调动工作，家庭因素成为考虑的动因之一，而当这一要求得到满足时，候选人员会接触顾虑而接受该工作。

3. 个案排序图表

个案排序图表同时依据个案资料和关键变量进行排列，用以显示案例间的差异。

个案排序图表依据主要变量，对基本资料进行有条理的排列，变量可以是单一变量也可以是多变量。

在案例 B“高校科技成果转化平台建设中的人才流动问题”的研究中，研究者对研究院所各种创新措施的直接成果进行了比较，包括直接影响和副产品，更全面地考察这些措施对于当地经济以及成果转化产生了什么样的影响，本来笔者试图包括负面影响，但由于调查资料所涉及的较少，于是忽略不计。

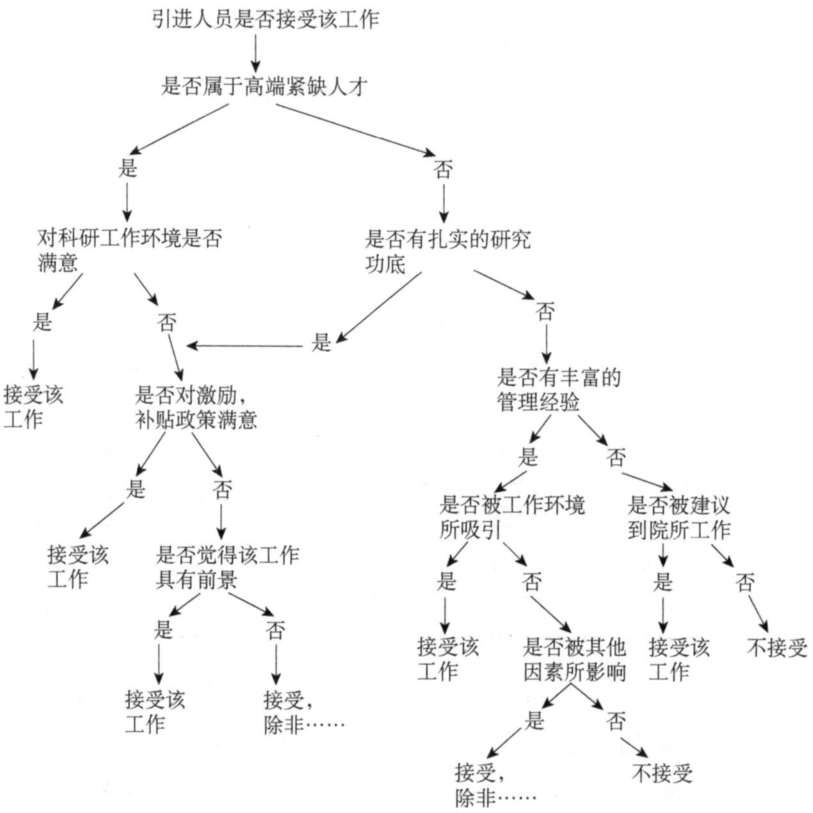

图 4-14　决策树状模式图：招聘者对于创新平台工作的判断

表 4-13　个案排序表：创新平台受到的影响

个案比较	目标	措施	直接影响	副产品
中国科学技术大学先进技术研究院	高技术研发与应用和高端应用人才培养	引进高端人才，提升研发和应用能力	成为重要的创新平台，促进科研与应用相结合	提升了大学科技成果转化能力
合肥工业大学智能制造技术研究院	促进区域经济、本土企业、技术创新、学科建设的发展	优先建设研发服务中心，面向市场，坚持开放，引进专业团队	打造成智能制造成果转化基地和产业孵化基地	促进了人工智能技术与市场化的结合
清华大学合肥公共安全研究院	打造公共安全平台及产业园	与合肥市合作，建设孵化中心	建设成为公共安全学科发展与产业转化基地	合肥市成为公共安全试点地区
安徽北大未名生物经济研究院	服务生物技术领域	吸引专项人才和管理人才，与产业衔接	促进了生物技术、医药、临床领域的发展	建设成为首个生物经济实验区

散点图是依据研究者所感兴趣的两个或多个维度，来展示所有个案资料的一种图。先将个案资料进行仔细的测量，然后用相关的轴线画出一个空间，再为一个个案找出相应的位置，并标识出来。其中的原则是在清晰的坐标空间中进行双变量或多变量分析。

在案例 B“高校科技成果转化平台建设中的人才流动问题”的研究中，研究者对于创新平台的协同度进行比较，并提出问题：由于创新平台的层次和规模不同，在运行过程中的协同度和稳定性是否受到影响。后来研究者在考虑的过程中加入了时间维度，将实际运行一段时间以后的结果与预期相比较，并逐渐认识到这些创新平台虽然协同程度会有不同，但是在实际执行的过程中，稳定性和协同度都高于预期，取得了良好的效果（图 4-15）。

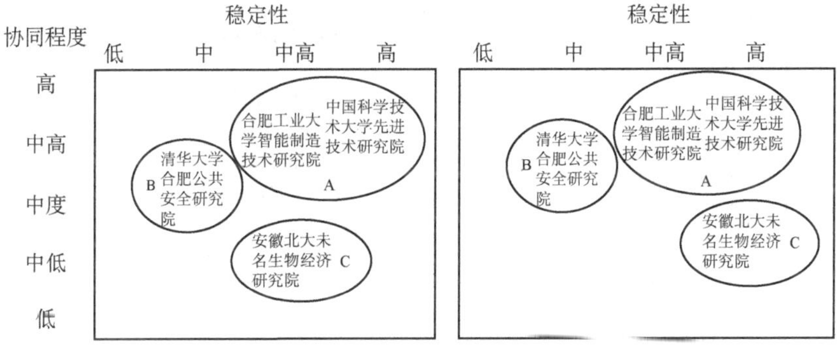

（a）预计稳定性　　（b）运行稳定性

图 4-15　随时间发散的散点图：创新平台运行的稳定度

4. 时间排序表

时间排序表即依时间创造跨个案的表。表的横栏依据时间排序，纵栏可以不必排序，用以探究各个个案在某些时期所发生的事件或状态。

在案例 B“高校科技成果转化平台建设中的人才流动问题”的研究中，关于创新平台的人才引进，研究者对政策和人才引进成果的变化产生了兴趣，之前的分析使研究者明白了创新平台一些成果，但是在考虑到时间的维度和政策的因素之后，将人才引进的初期成果和后期成果进行对比，可以更明确地看出创新平台发展及人才引进的过程。表 4-14 中加入了我们对于一些关键人物的访谈得到的关于创新平台的评价（采用匿名的方式），更从侧面反映了创新平台的运行状况，增加了说服力。

表 4-14　时间排序表：创新平台运作情况

创新平台	期 1—相关政策规定	与创新相关程度	期 2—初期成果	评价	期 3—稳定执行	评价
中国科学技术大学先进技术研究院	提出加强科研机构和高等学校技术转移工作	+++	引进人才超过 400 人，其中引进“千人计划”“长江学者”等各类高端人才 26 人	“先研院已经成为重要的技术研发平台和产业园”（院某教授）	逐步扩大与校友会、海外合作单位的交流，吸引更多人才入驻	预计会成为重要的成果转化基地
合肥工业大学智能制造技术研究院	提出要健全技术创新市场导向机制，建立产学研协同创新机制	+++	引进创业团队 20 个，引进国内外高端人才 100 名	“该院所已成为重要的人工智能研发地，并成为重要的孵化器”（市某部门领导）	以市场化为导向，继续推进与企业等市场组织的合作，推动人员的跨部门流动	打造人工智能技术市场化平台，加强产学研合作
清华大学合肥公共安全研究院	鼓励科技成果使用、处置和收益管理改革试点	+++	人才引进有序进行	“该研究所将为公共安全学科带来巨大的转机，是一次创新尝试”（某公共安全领域专家）	暂无	暂无
安徽北大未名生物经济研究院	建议探索扩大实施股权激励、科技成果处置权、收益权等政策，建立与贡献相匹配的创新收益制度	+++	引进各类专业人才百余人，包括管理人才和技术专家	“成为地区经济发展的重要推动，有助于生物技术与市场相结合”（集团某部门经理）	加强企业与院所合作，从多方面引进人才	推动生物技术在医药、临床领域的应用

（二）解释性分析策略

跨案例分析是 Eisenhardt 所提倡的通过案例研究构建理论的关键步骤，而解释性分析是达成这一目的的工具。案例研究者运用解释性分析策略，探究出一种理论或观点，用来解释发生了什么。迈尔斯和休伯曼提出了做跨案例解释性分析时，应当遵守的一些原则[84]。

（1）了解该个案。在进行跨案例解释性分析之前，研究者需要理解每一个个案本身的动因发展过程。

（2）避免堆积。研究者不能简单地将每一个个案堆积在一起，而是应该就一些共同的变量，找出个案间的异同。

（3）保留个案结构。每一个个案中的状况网络（包括原因、影响、结果和其时间顺序），在分析时都应该保留下来，以便了解全景。

（4）结合变量取向与个案取向的分析方法。个案取向分析的目的是想了解个案的动因发展过程，而变量取向分析是想找到有关变量的影响。在分析中需要兼顾故事性与概念性。

（5）深究歧异个案。有些个案并不适用于研究者所提出的解释，这些个案反而更加重要，研究者应当认真审视这些个案，并依据此对自己的解释进行扩展和修改。

（6）找出分类系统、个案群组。当研究者把个案内的结构找出来后，会发现某些群组共享某些剧情或情节。

（7）避免牵强。此原则的重点是，不要太快或粗鲁地把个案纳入解释或群组。研究者通常会假定：研究的所有个案都会有一组标准的自变量和因变量，因此可以把每一个个案都当成是一套完全可比较的数据点。但是真实的情况可能是：同一结果会经由不同路径所导致，或者不同个案有不同路径，导致了不同的结果。

在解释性跨案例分析中，研究者也可以运用一些工具和技巧将研究者所需要的观点和理论呈现出来。

1. 个案排序结果矩阵表

个案排序结果矩阵表是将个案依据研究者所关注变量的强弱程度进行排列的一种图表，以显示各个案例在变量中的不同表现。当研究者预期在该多案例研究中，有一个重要或明显的变量会表现出较大差异时，可以通过个案排序结果矩阵将其更好地展现出来。

在案例 B“高校科技成果转化平台建设中的人才流动问题”的分析工作中，调查者对于创新平台取得的结果有一定的兴趣。调查者将结果分为三个层次，即创新层面、组织层面和个人层面，分别通过对于这三个层面短期绩效和长期绩效的对比，判断哪些创新平台在人才流动中取得何种有效的成果（表 4-15）。

表 4-15　个案排序结果矩阵表：创新平台人才流动结果

层面	结果层面	中国科学技术大学先进技术研究院		合肥工业大学智能制造技术研究院		清华大学合肥公共安全研究院		安徽北大未名生物经济研究院	
		短期结果	长期结果	短期结果	长期结果	短期结果	长期结果	短期结果	长期结果
创新层面	创新成果	申请和获批专利 134 项	会产生更多发明创造，成为新的创新平台	预计取得关键技术 50 项，承担政府计划、企业委托研究项目 150 项，申请专利、取得科技成果 200 项	人工智能技术有重大突破	建设创新平台和孵化器	公共安全创新和产业平台	生物技术、医药技术等	国际免疫中心，生物理论构建
	创新导向	微电子、新材料等	保障优势的前提下，多方面研发	智能机器人技术	以市场为导向	市场和需求	满足实际需求	以市场为导向	与产业相衔接
	创新营收	新增销售收入 1.02 亿元	创新销售继续增长	预计智能机器人产值达千亿元	机器人产业产值翻一番	暂无	实现营收	暂无	在生物医药领域取得收益
组织层面	规章	有独立的规章，是独立工作的研究单位	规章完善，规范行为	初步假设完整的规章架构	规章制度不断完善，保障研究方向	搭建规章框架和制度	合理、科学的规章制定	暂时性的规章	较为完整、合理的规章
	管理	校、所联合管理	权责明细，职能健全	学校自主管理	扩大与其他参与方的合作，增加交流与协商	由专业的管理人员进行管理	创新型管理方式	独立的管理团队	管理趋于专业化
	行政	精简行政，提升办公效率	行政职能更加高效	行政职能明确，辅助作用明显	精简行政，职能改革	行政改革试点	高效，精简行政	高效行政审批等	提升行政效率
个人层面	工作环境	提供良好的环境，以及后勤服务	改善工作环境，满足不同的需求	为人才提供良好的待遇和环境	满足多种环境改善需求	提供多元环境	提升工作环境	提供优厚的待遇	进一步提供良好的工作环境
	编制	满足工作人员的编制配备	保持编制稳定性	满足工作人员的编制配备	设置多种引进方式，增加灵活性	提供一定的编制	灵活使用人才引进方式	签约工作合同	固定编制与长期合约相结合
	激励	提供多种激励手段	提升物质激励，提升主动性	物质激励为主	扩大激励方式，以多种分配方式为主	奖励为主	多样化的分配方式和手段	奖励手段	多种激励手段，满足个人的利益

2. 预测项—结果矩阵表

预测项—结果矩阵表是一种多变量预测模式，依照主要结果或标准变量来排列个案，并就主要前置变量寻找每一个案的资料填入，这个前置变量是研究者认为的可能对该结果有贡献的因素。这种表格可以使研究者了解这些前置变量是否可预测或说明那个标准变量。

在案例 B“高校科技成果转化平台建设中的人才流动问题”的研究中，调查者发现在对于高校创新平台的建设过程中，一些比较顺利，另一些则较为艰苦，因此把所有的个案放到一起进行比较分析，对顺利程度进行预测，并对“准备度”这个因素进行评估，将所收集的质性资料转化为量性资料，并以“＋”来表示程度的高低，以“±”来表示在所有的因素中起到的关键作用，并通过打分，以求众数的方式对“准备度”进行打分，综合以上因素分析，最终做出执行顺利程度的判断（表 4-16）。

3. 变量×变量矩阵

变量×变量矩阵是用来发现具有交互作用的变量关系的工具。表 4-17 中有两个变量，分别放在列和栏的表头位置。每一变量的具体指标依照程度来排列。细格填入的是个案名称，而不是个案资料。这样研究者可以通过表格看出两个变量间的某种关系，究竟是在哪些个案中出现了。

案例 B“高校科技成果转化平台建设中的人才流动问题”所关注的问题之一就是：这些创新平台是如何应对在执行过程中遇到的困难的？调查者首先根据收集的资料总结出最基本的三种应对态度，包括“积极”“消极”“中性”，并列举了一份清单，包括一些常见的应对策略，比如，当态度积极时，应对策略包括新的资金支持、新的研究方向、重建核心竞争、推动改革等。而表格的横栏则填入可能遇到的各种问题。研究者设定 A1、A2、B、C1、C2 分别表示“较为成功”“相对成功”“一般”“不太成功”“较不成功”，设定“？”表示研究者无法判断，由此对不同态度选择的方案进行评估（表 4-17）。

表 4-16　预测项—结果矩阵表：准备度与执行稳定性（依个案排序）

	投入			调查者理解						预测项及其他		
创新平台调查	院所	学校	部门	院所	学校	部门	模式支持	竞争力评估	协同度	准备度评估	政策支持	顺利程度评测
中国科学技术大学先进技术研究院	+++	+++	++++	+++	<u>+++</u>	++++	+++	++++	++++	15	+++	++++
合肥工业大学智能制造技术研究院	暂无	+++	+++	0	<u>+++</u>	+++	+++	+++	+++	13	+++	+++
清华大学合肥公共安全研究院	++	+++	++++	++	+++	<u>++++</u>	+++	++	++	10	+++	++
安徽北大未名生物经济研究院	++	+	+++	++	+	<u>+++</u>	++	++	++	11	+++	++

表 4-17 变量×变量矩阵：态度和应对策略（依个案排序）

对于困难的态度	应对措施	实施过程	内容选择	目标管理	能力评估	危机管理	控制	硬件设施	人力资源
积极	新的资金支持	B							
	新的研究方向		A2	A1A2					A1
	重建核心竞争力	B	A1A2		A1	A1	?		A1A2
	推动改革	B	A2			A1	A2		A1
中性	保持现有水平	A2		A1	B			B	C1
	维护良好的合作关系	A2	A1A2	A1					A1
	稳定员工心态	A2B	A1A2	A1					A2
消极	等待环境改善	C2				C2	C1		
	拖延、逃避问题	C1C2		C2		C2	C1		C2
	短期处理	C1			B				C12

4. 因果模型图

所谓的因果模型图，是指把跨个案分析所得的资料，用变量网络图的方式呈现出来，其中显示了变量间的因果关系。虽然此图是以经验资料为基础的，但基本上研究者要进行的是一种较高层级的工作，研究者必须对整个变量网络及变量间的关系提出一套命题，以供检测，运用的是一种理论建构的原则。

在案例 B“高校科技成果转化平台建设中的人才流动问题”就对创新平台的调查中，研究者提出了一个问题，即什么样的因素促使着创新平台的建设与发展。研究者首先梳理了关于创新平台建设的推动因素，包括政策方面、人才方面、资金支持等，在找出众多的因素之后将其归纳总结为一般性的动因，之后考察创新平台所取得成果的变化，在加入时间维度之后，将其成果大体分为三个阶段，即初期成果、执行一段时间以后的成果，以及正常化之后的绩效，并根据所整理的资料标记出逻辑关系和相互影响。如图 4-16 所示，实箭头表示有直接的影响，虚箭头表示弱影响和副产品。

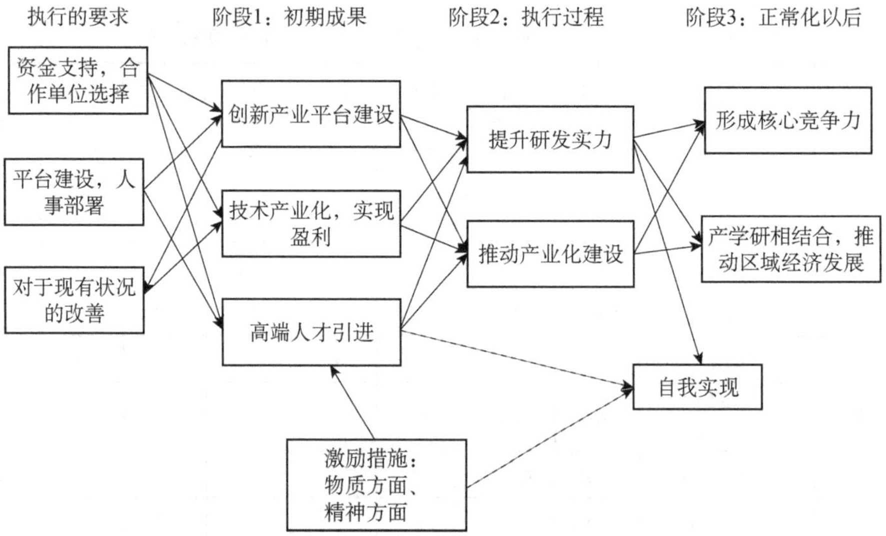

图 4-16 创新平台运行过程的因果模型图

5. 跨个案因果网络图

跨个案因果网络图是用来把单一个案层级的因果关系分析放入跨个案分析中，从而得到有意义的推论。研究者细究每一个案中每一结果的等级，研究导致该结果的变量流，然后做跨案例比较，把相同的与相异的变量流摘出，并做解释。其中的基本原则就是研究者要发展出一个或多个中介网络，这一中介网络能顾及个别的个案网络，这些个案网络也是此中介网络的源头。

在制作因果关系网络图的时候可以基于以前的分析。例如，针对“研究创新平台实施过程以及人才流动的结果是由哪些因素导致的？”这个问题可以应用该种方法。下面是简单梳理的跨个案因果关系网络图，从中可以梳理出一些变量之间的联系，比如，“伙伴关系的选择”到“目标导向”，再到“资金来源”“外来资金支持”和“激励措施”。又如，从“采取行动”“执行过程”“协同程度”到“准备度”“与市场结合程度”这一组变量关系。将这些不同变量小组从整个的因果关系网络图中抽离，为了了解这些变量流，我们概览全图，了解发生什么，如“采取行动”这组，执行的过程会影响到准备度与协调程度，这些又会影响到创新绩效和创新平台与市场结合程度。然后在这些变量中找到一组模式，以检验是否能在其他个案中复制，以判断该模式是否是共通的。反复多次之后，可以将这些个案层级上的验证汇集起来，并确定是否找到了“相匹配的”模式，在这项分析工作中，不仅仅只比较结果的高低，还要注意因果流的变化（图 4-17）。

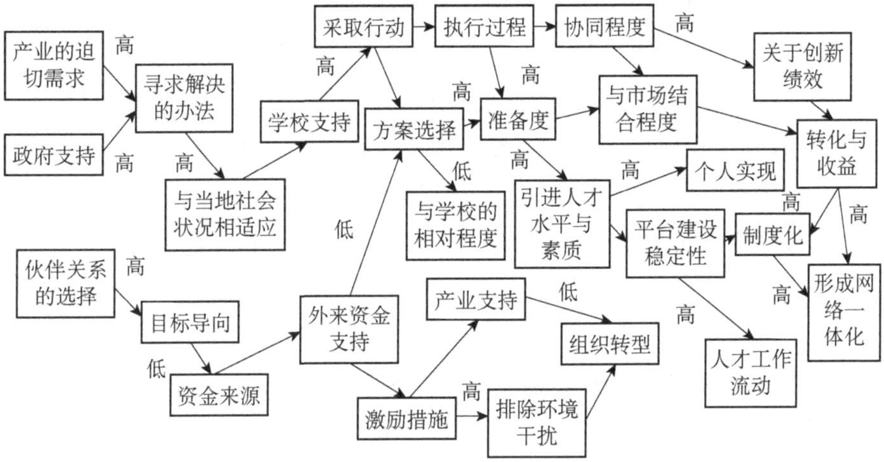

图 4-17　创新平台运作方案的跨个案因果网络图

第二节　提 炼 结 论

资料分析阶段提供了一些工具、方法，供研究者将所收集到的资料进行整理、分析、呈现，形成具有研究意义的表单和文字。在下一个步骤，研究者需要根据这些有意义的图表和文字，形成自身的观点和理论，这些观点和理论正是案例研究的核心价值，也是利用案例方法研究科技政策议题的主要依据。

相对于其他研究方法，案例法在理论构建方面具有优势。本节将向研究者介绍得出结论、验证结论、实验结论三个方面的技巧。通过这些工具和辅助手段，研究者应当在这一阶段将资料分析结果升华为具有理论意义的命题，这些命题就是该研究所做出的贡献。

一、得出结论

在资料处理阶段介绍的众多辅助性图表都是呈现资料的方式，它们可以帮助研究者更好、更深入地理解自己的资料。但是，案例研究并不能只停留在简单的资料呈现阶段，研究者需要从精炼后的资料中引出自己通过逻辑思维加工后的见解，即研究结论。

这种从资料分析结果得出研究者结论的过程是研究者大脑加工的过程，本身是一个“黑箱”。在这一阶段，每个研究者都有可能由于自身研究背景、观点、视角的不同，而对同一份资料产生完全不同的结论。但是，研究者可以参考一些技巧和方法，帮助他们在这个“黑箱”中更好地把握住自己的观点。在这里，我们主要介绍《质性资料的分析：方法与实践》所提出的 13 种提炼结论的技术，它们的排列顺序是从描述性到解释性，从具体性到更为概念性与抽象性。

1. 找出模式主旨

研究者在处理文本或未完全组织好的图表时，通常都会看见反复出现的模式、主题，这些模式、主题使得很多零散的东西都组合在一起。当研究者进行多案例研究或其所涉及的资料数量特别巨大时，找出模式能够帮助研究者厘清思路。在资料分析阶段，分析的基本模式包括变量类和过程类两种：变量类的模式是通过比较各类目的异同来完成的；过程类的模式则是在某脉络里，时间上与空间上的一些联结所组成。寻找模式并不需要特殊的技巧，而是一个研究者自然而然的思维过程。但在寻找模式时，应当注意去探寻该模式下的更多证据，以及对反面证据保持开放性的态度。

2. 找出看似合理的东西

这一技巧的关键是找出看似合理的观点，同时努力用资料证据去验证这个观点。研究者在资料分析过程中，常会出现以下情况：结论似乎合理，很有价值。如果这时有人问你：你是怎么得到这个结论的？或你的依据何在？研究者的第一反应往往是：“其实我并不是真的知道……但是感觉结论就是这个样子。”如果我们回顾历史，会知道许多科学发现最早出现时，那名科学家多半就是这个感觉。科学史上充满这种整体的、直观的理解，后来经过努力验证，也的确证实当初的直觉是正确的。因此，研究者不应该以轻松的态度，去对待一个直觉上看似合理的东西，以为它只是个潜藏的偏见。

但是使用这种技巧的基本原则是：信任“看似合理”的直觉，但必须运用其他技术去努力验证这个直觉。未经检验、分析就急匆匆地给出一个“第一印象”的结论，是一种不负责任的行为。与找出看似合理的直觉相似的另一个技巧，是去注意那些缺乏合理性的内容。假如研究者感觉某一结论“就是不大对劲”，那么就把它排除，这样可能会比较安全，但不能保证一定安全，因为有时候，与直觉不符的，或者令人迷惑的发现可能特别具有启发性，应当允许它们存在。

3. 聚类

聚类是一个以归纳法形成类目的过程，在此过程中研究者反复将事物分类并将其纳入类目。在案例研究中，为了对现象产生深刻的理解，研究者可以运用归类于概念化的方法，将具有相同主旨或特征的东西进行处理。通常来说，研究者可以对事件、行动者、过程、地点、动作等事物进行聚类。进行聚类分析的目的就是寻找哪些东西彼此相像，哪些东西一起出现，而哪些东西则不然。研究者在处理复杂层次的聚类分类时，所遭遇的最基本的问题就是这些事物的属性颇多，究竟考虑哪些属性聚类？个案×属性矩阵表可以帮助研究者对个案的多重属性进行描述。属性列于横列，个案列于纵栏，然后就个案所具有的属性打钩。研究者可以通过矩阵分出不同类型的个案。

目前，在进行质性资料和量化资料的聚类时，都有一些计算机辅助程序可以为研究者提供帮助，研究者可以将编码后的资料直接通过程序进行聚类。聚类分类需要注意的问题是，不要过早地下结论，而要结合资料证据予以验证。

4. 譬喻

有些人认为，研究就是要将重点放在事实之上，尽力做如实的描述，甚至是精密的描述，然后再以谨慎之心进行诠释有意义的工作。事实上，论文写作并不是只能做如实的描述，研究者常常需要运用譬喻的手法。譬喻（metaphor）是要就两件事物的相同处来做比较，而忽略其中的相异性，是一种转义的工具。例如，称呼一个企业的管理风格为“西北狼”，其本意是要突出企业管理中的积极性、竞争性、淘汰性，但是要忽略狼本身的毛色、利爪。譬喻不只是为了表达，它在学术理论的发展历史里，已占有相当重要的地位，几乎是一项必须借用的工具。Lakoff 和 Kövecses 指出：为了帮助人们掌握抽象的概念，学者要会运用譬喻，将一个抽象概念用另一个较为具体的概念来做比拟[92]。

案例研究中的研究对象，在阐述一些现象时会运用譬喻。而作为研究者本身，在检验资料时，也同样会运用譬喻。譬喻本身包含丰富的内涵，可以帮助研究者简化资料，将若干的特定属性全部放在一个概括中。但同时研究者也需要注意，不能过度使用譬喻，因为用一个譬喻做比较的任何两种东西，通常都会有所差异。

5. 清点

许多研究者认为，在质性资料分析中，数字通常是被忽略的东西，一般质性研究的特征就是：不由数量的角度来告诉我们基本的性质。但这其实是一种误解，质性资料研究在描述基本性质时，常常是由数量的角度出发的，或者说，质性资料研究者在做质量判断时，背后隐藏着计算数量的动作。如前所述，研究者在描述某现象时，最初的动作就是找出主旨或模式，这一过程通常是将两种东西先行抽离出来，即多次发生的事情和持续以某方式出现的事情。当研究者判断次数、判断持续与否时，其实是基于数量计算所做的估量。当研究者提出一项概述时，乃事先聚类了一群特殊项目，并且该类特殊项目比其他特殊项目更为常见、更为重要、更有所关联。当研究者确定何者“重要”“显著”“一再出现”时，有一部分乃是借用清点、比较与加权等动作所做出的估量。

研究者在分析质性资料时之所以需要借助数字，有三项理由：一是面对一大堆资料时，数字可以让研究者迅速地知道里面有什么，看出资料中的基本趋势；二是数字可以帮助研究者验证一个疑惑或假设；三是数字可让研究者用分析方式来使自己保持坦荡，防御自身的偏见。

6. 做比较

研究者可以通过比较的方式引出论点，这种比较可以针对多个个案本身，也可以针对所研究的人物、团体、活动、事件等。研究者在进行比较分析时，需要做出正确与有意义的比较。草率的比较是没有用的，研究者必须确定自己所做的比较是正确的，而且要从比较中找出意义。毕竟比较只是工具，为比较而比较毫无意义，最终的结果仍然是要找出意义，使人们从中得到感知。研究者应辅助以其他相关资料来做进一步比较。初步比较的结果，应该拿来与研究者所知道的其他相关信息比较，这些信息可能是研究者对所研究的角色、人物、团体、活动或个案之了解。研究者还需要对比较的显著性进行评估。由于案例研究中的质性资料的比较不像量化研究那样，没有统计上的显著性水平差异进行支撑，来帮助研究者进行判断，因此研究者应当自己构建比较差异的显著度。

7. 分解变量

将变量分解为数个变量，有时可以帮助研究者发现隐藏在单一变量之内的差异。例如，在研究中将“工作准备度”发展为若干个子变量，可以探究各案例之间在子变量中的差异。适合分解变量的时机有两类。第一类是研究初期，也就是概念化与编码阶段，这些都是为了避免笼统地处理一个概念，或资料模糊不清。第二类的分解时间是，如果依照原来的概念架构，研究者预期某变量应该和另一变量产生关系，但现在的情况并非如此，此时研究者就可以考虑是否应该将原变量分解。分解变量本身并不具有价值，分解本身只是工具，切不可为了分解而分解。分解不能过度，过度分割可能导致复杂化与原子化，无法获得事件与过程的完整图像。

8. 提升抽样层级

前面介绍过聚类这一技术，它是依据单一或多个维度，把一些事物放在一堆。这一过程通常是依据直觉来进行的，相当于进行编码时的初级编码。这里所说的提升抽样层级，也是一种与聚类类似的技术，但它需要将分析的资料提升到一个更加抽象的层级，更相当于编码中的主题编码，要求研究者将事件、活动、动作、行动者等纳入一个更抽象的、有所限定的类别。这一类别可能是搜集资料前就先界定好的，也可能是在后来的研究中慢慢浮现的。研究者将资料中的“特殊”内容纳入更基本的类别，在初级资料与更为基本的类目之间往返穿梭，逐渐演化与发展，直到该类目饱和，即新资料已经无法再增添该基本类目的意义了。研究者对基本类目的选择，应该是对研究者所关心的研究领域有意义的一个概念，必须清楚地与研究的概念架构和研究问题相连接。

9. 找出因素

所谓找出因素，源自统计学里的因素分析，这一统计法是为了找出一组未直接观察的、数量较少的变量（通常是假定性变量），而研究者乃以一大群测量过的变量来做其表征。这些第二级的变量（所谓的“因素”）可能大部分彼此都是不相关的，或者有些部分有“共同性”，彼此有些交集。无论属于哪种情况，研究者都可运用它们来找出基本的主旨/主题，对于以统计学方法辨认出来的因素或因素群予以命名。在质性资料的分析里也有类似的方法。本节所介绍的诸多技术主要在做两件事情：一是简化资料，二是找出模式。前述的聚类、譬喻、提升抽样层级都是为了找到模式。当研究者找到一个模式代码时，其实就已经假定了：某些看似不同的事实或语词，其实在做相同的事情或根本就是相同的东西，而这就是我们要找的因素。研究者所寻找的因素，必须是能够对研究有所贡献的，能够帮助研究者理解个案或其动因发展的。

10. 注意变量间的关系

研究者要关注案例中变量之间的关系。在资料分析阶段，一些解释性分析工具（包括矩阵、散点图）可以帮助研究者将变量间的关系呈现出来。因此，在获得结论时，研究者也应当关注变量间的关系，因为这些变量关系往往是进行理论构建的基础。有些变量间仅仅具有相关性（例如，A 高的同时 B 也很高，或同时都低），这类具有相关关系的变量可能并不具有因果关系。有些变量之间也可能具有因果关系（例如，A 先增加，然后 B 再增加），但是这种关系模式也并不天然意味着两个变量间具有直接的因果关系，变量间的关系也可能是间接的，透过其他中介变量产生关系。

11. 发现中介变量

在案例分析中会出现以下情况：一种情况是，依照概念层次上的预期，某两个变量应该会有关系，但资料中的证据却显示这种关系很弱，或者无法确定；另一种情况是，两个变量的确有关系，但是却没有多大意义，研究者实在想不出两个变量究竟为什么会有关系。以上两种情况，研究者可以尝试寻找出其他变量，有可能的确存在一个第三变量，就是因为这个第三变量，混淆、压抑或增强了之前两个变量的关系。因此，研究者只要控制好第三变量，前两个变量之间的关系就会清楚了。还有一种可能就是第三个变量在前两个变量之间充当了媒介作用，与定量分析中的中介变量相同。通过寻找中介变量，能够促进研究者对变量间关系的深层次理解，避免被一些表面的现象所迷惑。找出中介变量最简单的方法就是检验、对照、比较多个示例。

12. 以证据建立一条逻辑链

建立证据的逻辑轨迹可以帮助研究者得出更为真实、有力的结论。建立证据的逻辑链的大致步骤如下：首先对主要因素产生初步的想法；然后尝试将这些因素安排出逻辑关系；再用下一轮搜集到的资料，去测试前面所预测的关系；接着修改原想法，将其纳入新的解释图；最后再用新的个案与示例来检测新解释。这种逻辑链的建立类似于传统上分析性归纳的程序。建立证据链最有利之处，在于其运用了两个紧扣在一起的循环圈，一个是“清点式归纳”，一个是“排除式归纳”。清点式归纳是指研究者搜集到各式各样的示例，而所有示例都走向同一方向；排除式归纳是指研究者用其他解释来测试研究假设，以及仔细寻找研究结论的适用范围。当研究者在做逐渐聚焦的工作时，就是在做清点式归纳；当研究者在做持续比较、结构确认的工作时，就是在做排除式归纳。研究者在建立逻辑链时，可以辅助以决定树形图。

13. 创造概念上/理论上的一致性

当要了解某人行为的意义时，需要将一个零散的事实纳入其他零散的事实之中，然后将之纳入一个具有规律性、综合性与更抽象的主旨，这一主旨必须由研究者自己找出来。本书前面所介绍的技术，是让研究者由具体证据的层面，逐渐走向概念层面，以看出整个图像。创造概念上/理论上的一致性这种技术，就是要由譬喻和变量关系走向结构，由结构走向理论，亦即将各种研究和发现联结在一起，进而超越该单一的研究，使得研究者能够对研究的现象究竟是如何与为何产生，提出合理的解释。步骤如下：确定零散的各个发现，将各个发现彼此相连，为模式命名，找出相符合的结构。创造概念上/理论上的一致性即是将资料内容提升为研究者的理论。Eisenhardt 强调了跨个案寻找模式的重要性，研究者要小心地将结构与资料相连接，使结构更为严谨；为了这个结构，研究者要到文献里去寻找支持发现之理论，此外也要到文献中寻找与结构相冲突的观点[9]。

在案例 A“知识产权质押融资政策绩效研究——基于合芜蚌自主创新区专利权质押融资的实践”的研究中，研究者首先梳理了研究思路，对合芜蚌知识产权质押融资政策效果开展评价研究。具体包括：①以知识产权部门统计报告等面板数据为证据，评价政策的直接效果，包括知识产权质押笔数、出质人数量、质押金额等；②以企业访谈数据和观察数据作为证据，评价政策的间接效果，判断不同的知识产权质押融资政策对促进出质人（主要是企业）科研投入与产出、经营业绩等带来的影响；③结合官方统计数据，比较分析合肥市、芜湖市、蚌埠市知识产权质押融资政策外部效果差异，包括对区域科技创新、科技成果转化等产生的影响。

其次，研究者分析了研究知识产权质押融资政策效果的关键影响因素。①厘清政策系统内外部影响因素，包括政策系统本身的结构因素、政策系统行动者的资源支持和约束、外生于政策系统的环境变量（含相对稳定的系统参数和相对多变的外部事件）；②通过系统分析方法描绘要素之间的结构状态与逻辑关系；③对合肥市、芜湖市、蚌埠市等城市知识产权质押融资数据开展实证分析，应用多层结构方程模型（MSEM）、分层线性模型（HLM）等度量要素间的相关程度及影响方向，建构政策模型；④判断政策系统运行的关键因素，并讨论政策系统参与者对这些因素的可控性，为政策创新提供依据。

虽然该研究是单案例研究，但是由于研究中嵌入了三个子案例，因此为了结论的可靠性以及验证得出结论的过程，研究者还对合肥市、芜湖市、蚌埠市进行了比较，把三个城市出台的政策数据作为案例研究对象，开展知识产权质押融资政策的运行效果比较研究。通过不同证据的比较分析和对照判断，找出了关键影响因素，构建因素之间的关系，并在证据之间建立起逻辑链。

一方面，比较分析各城市知识产权质押融资政策中的具体条款，发现政策结构相似，核心条款构成一致，而在具体规定上略有差异，比如，在对担保机构参与的规定中，芜湖市指定担保机构，缺乏鼓励政策；合肥市、蚌埠市均设立专项基金给予担保机构50%的风险补偿和担保贷款额1%的一次性奖励；蚌埠市还明确基金年度额为1000万元，力度最大。从中找出一个因素：政策边缘层有差异。另一方面，比较分析各城市知识产权质押融资政策直接效果时发现，2009～2013年，蚌埠市专利质押数量明显领先，占合芜蚌创新区的66.88%；合肥市其次，占30.17%；芜湖市明显落后。从中找出另一个因素：政策直接效果有差异。

因此，研究者判断两个因素之间存在着因果关系：政策边缘层差异决定了政策直接效果的差距，这也最终成为研究者构建相关理论的一个重要假设。这也是该研究重要的研究成果，只是后期还要进一步检验该假设的真伪。

二、理论验证

上文所述的 13 种技术可以辅助研究者提炼出自己的结论，即理论构建。但是通过案例研究及其他质性资料研究方法进行理论构建时总会遭人诟病，主要原因在于与量化研究相比，案例研究及其他质性研究方法的研究质量得不到保证。在质性资料分析中可能存在如下偏差：整体论的谬误（holistic fallacy），即诠释事件时，将它们看得比实际情况更有具体性与一致性，把社会生活里许多松散零落的东西都剔除了；精英偏差（elite bias），即高估了善于表达、消息灵通的，通常也是高社会地位的报告人所提供的信息，而低估了不善于表达、低地位的报告人所提供的信息；变成当地人（going native），即丧失了研究者自己的观点，融入了当地人的知觉与解释。因此，为了提升研究的质量，避免在质性资料分析中出现这些偏差，需要研究者采取以下措施和技术，来提升研究的信心。研究者应该在研究中对以下三种层次的理解进行更好的关联：第一层次的理解蕴藏在报告人所做的诠释及其意义里；第二层次的理解蕴藏在研究者自己对前项意义所做的诠释里；第三层的理解蕴藏在研究者所做的确认工作里——对于将资料与理论连接所做的确认。

本小节和下一小节将介绍 14 种技术方法，根据这些技术方法的特点，我们把它分为理论验证和实践验证两种方式，研究者可以利用这些技术方法对结论进行检验，以确保自己的研究结论拥有较高的质量。

1. 三角检测

三角检测，或称为“证据三角形”，是案例研究中通常使用的一种论证模式。在案例研究中需要选取多种证据来源的资料，使不同途径的资料相互印证同一个问题。证据三角形还可以分为资料三角形（不同证据来源）、研究者三角形（不同评估员）、理论三角形（同一资料集合的不同维度）、方法论三角形（各种不同方法）。证据三角形是提升质性资料信度的重要手段。证据三角形是一种获得研究发现的方法——研究者采用不同方法，从不同视角去观察或听取多个示例，使各个研究发现之间能取得一致性，提供重复验证的机会。

2. 追踪惊异处

惊异处往往比外围处具有更丰富的意义。当研究者觉得惊异时，通常意味着出现了一些预期之外的事情，这些事情可能会改变研究者心中存在的潜在理论。总的来说，追踪惊异处，意味着研究者要做三件事情。第一，思考惊异处，让那个被违背的理论浮现出来。第二，思考如何修改它。第三，寻找证据去支持研究者的修改。研究者也可以由第三步走回第二步，找出该个案的新维度，然后发展出新理论。

3. 进行"若-则"测试

"若-则"测试是一种分析质性资料的重要方法，以 Kaplan 的词汇来说，也就是"'测试研究假设'……我们脑海中的东西，可能就是该事物的真相，然后我们就安排好一个测试，以帮助我们确定原初的推测是否正确"[93]。这种"若-则"测试和一般研究假设有点差异，"若-则"测试针对的是一种焦点更明确的研究假设，而不是范围较广的研究假设。传统上，"若-则"测试的陈述方式是若 p 则 q，这一陈述表达了研究者所期望的关系。假定 p 是真的（这是一个重要条件），那么我们就要去探究 q 是否为真。如果 q 为真，则表示我们已经拿到了一块好建材，为理解真相奠定了基础。我们希望为 p 与 q 的关系建立通则，通则必须具有普遍性，可以连接到更大的理论上。"若-则"测试的陈述句，是形成"命题"的一种方式，有许多计算机程序可以帮助研究者做此测试，如 HyperRESEARCH、ATLAS. ti、QCA 与 AQUAD 等软件。

4. 排除虚假关系

如果研究者花了很多精力建立起变量 A 和变量 B 之间的关系，那么在下最终结论之前，研究者还需要对这种变量间的其他关系进行排除，例如，是否 A 与 B 之间的关系是由某一个共同的因素导致的？对虚假关系的排除能够进一步加强研究的质量。研究者可以找一名博学但是局外的同事帮忙寻找，然后画一张新的图表，让图表帮助研究者清晰地看到第三变量及其影响。我们在提炼结论部分介绍过一种发现中介变量的技术，排除虚假关系和发现中介变量，两者的目的并不相同。在发现中介变量时，研究者是想对一种不够强烈的关系，了解得更深入一些；而排除虚假关系的技术，则是要破除一种看似合理且坚强的关系。

5. 检测相竞争的解释

在案例研究中，研究观点和模式往往是由研究者通过各种资料逐渐“感悟”和发展出来的，研究者所发现的这些观点和模式虽然也许可以很好地对资料进行解释，但是经常出现的情况是能够解释这些资料的观点和模式并非只有研究者发现的这些。如果研究者仅仅根据自己的倾向对一个有多种可能性的案例下定结论，则该结论受到主观影响的等级较高，从而很难成为一个令他人信服的结论。因此，在案例研究中，研究者还需要对那些可能的竞争性解释加以检测，从而提升结论的信度。这一技术要求研究者在资料收集和资料分析的过程中，将所出现的各种解释都放在脑海中，直到其中一项解释脱颖而出，因为它得到了较大量、较强力与较多种的资料支持。研究者要正面面对每一项可能的解释。

在案例 A“知识产权质押融资政策绩效研究——基于合芜蚌自主创新区专利权质押融资的实践”的研究中，研究者使用了三角检测和追踪惊异处对所得的结论进行了验证。

关于三角检测，研究者通过多种证据来源进行分析验证，主要包括：①从知识产权部门获得的官方统计数据；②从出质人和潜在出质人处获得的访谈数据和档案资料；③从质权人和潜在质权人处获得的访谈数据和档案资料等；④对大量科技型中小企业、金融机构、中介机构的问卷调查数据。证据①作为量化证据，很清晰地展现了政策边缘层差异带来了效果差异；其他证据也较大程度地验证了上述假设的正确性，尤其是银行等金融机构、担保公司等中介机构的访谈数据，它们更加看中政策具体条款的支持度、操作性，而它们恰恰是知识产权质押融资政策推行效果的关键决定力量。该假设在多种证据下都得到了验证，更加提高了研究结论的公信力。

关于追踪惊异处，研究者在提出上述假设的过程中，也曾提出“惊异”，诸如合肥市、芜湖市、蚌埠市科技创新能力存在差异，知识产权创造总量和存量基础不一。这些会对知识产权质押融资产生较大影响，而不是受到知识产权质押融资政策的单一作用，或许质押融资总量和政策边缘层之间关系微弱。

由此，研究者进一步分析 5 年间各城市知识产权创造方面的统计数据，例如，在发明专利授权数量指标方面，合肥市、芜湖市、蚌埠市一直稳居安徽省第 1、第

2、第3位，但知识产权质押融资总量排名却分别是第2、第3、第1位，蚌埠市分别占第3位和第1位。这更加说明了即使知识产权创造总量相对靠后，但通过知识产权质押融资政策作用，专利权质押等级数量仍旧可以领先，更加证实政策边缘层差异对实施效果的决定性作用。

三、实践验证

1. 检验代表性

当研究者从田野研究里得到一项发现时，通常会很快地假定它是典型的，假定它是某一更普遍现象的一个示例。这种代表性探究法是个体常常用来认知的一种方法。Tversky 和 Kahenman 发现，人们在运用此方法由特殊事物推演至概括性表述时，十分容易发生错误[94]。人们通常会根据面前一两个具体、生动的示例，就假定后面还有很多个示例，但是却从未去验证是否真是如此，以及究竟有多少个示例。基本上，人们在提出一项概述后，会再用实例阐明它，但如果要举出好几个示例去阐述所提出的普遍通则，就可能相当困难。同时，一个寻找信息者或资料处理者，会比其他人更倾向于看见支持他原信念的示例，而看不见反面示例，即使在负面示例出现得较为频繁的情况下，也可能会视而不见。

最常见的代表性错误包括：第一，抽取代表性的报告人，这种错误源于研究者过于依赖可以接触到的研究对象以及对精英报告人的过于信赖；第二，由非代表性事件或活动做概况，这种错误源于研究者不能时刻保持在现场，因此会高估一些戏剧化事件；第三，由非代表性过程做概况，这种错误是指研究者回去寻找潜在的过程，以求解释自己的所见所闻，而研究者的类推，主要会依赖所抽样的人物、事件与活动，但假如这其中的抽样有瑕疵，那么他所做的解释就无法超越这些样本再做类推。

为了去除这些偏差，研究者可以扩大研究范围，以下是一些可以采用的方法：增加个案的数量，刻意去寻找对照个案，将个案做系统性的分类然后找出较贫乏的组别，从所研究的所有人与现象中做随机抽样。

2. 检验研究者效应

"外来者"会影响"局内人"；反之，"局内人"也会影响"外来者"。这一道理也适用于研究者。研究者的出现，给“局内人”创造了一种前所未有的社会行为，尤其是在研究展开阶段更为明显。而那种社会行为可能后来又反过来导致研究者观察的偏差与推迟的偏差，以至于该情境原有的“自然”特质，受到研究者与当地人之间形成的人为效应（artificial effect）的影响。研究者的影响可能造成两种类型的偏差：第一是研究者对个案的影响，第二是个案对研究者的影响。对于研究者对个案的影响，田野研究者比较不担心，因为通常研究者都会在现场花费足够的时间，让自己成为当地的一部分。但这也就增加了个案对研究者的影响，研究者被吸纳成了当地人，更倾向于接受当地人的看法，从而逐渐失去了自己的观点。这两类偏差虽然出现在资料收集过程中，但却也会对资料分析产生影响。一个已经成为当地人的研究者，在资料分析阶段仍然可能会带有当地人的心态，而一个已经以不明方式对当地产生影响的研究者，即使在资料分析阶段仍会不知不觉地因该影响而产生偏差。

对于避免这两种偏差，以下意见可以参考。

（1）避免研究者影响现场。①尽量延长在现场的时间；花些时间闲逛，融入当地，放低身段，但不要太明显。②运用非干扰性的观测方式。③让当地人知道研究者的意图：研究者为何而来，在研究什么，如何搜集资料，资料会被如何使用。④考虑录用一个报告人——请他留意并告知你对当地造成的影响。⑤选择一个舒适的社交场所进行访谈，不要用有威胁性的数字与风格影响到报告人。不要扩大潜在问题，研究者需要知道的是，自己出现与否，对当地人的生活其实没什么影响。

（2）避免现场影响研究者。①避免产生“精英偏差”，请将报告人分散于各阶层，包括低阶层者与非重点研究人士。②避免成为当地人，暂时离开访查地点。③确定能纳入非主流观点人士与生活较不安逸者，可包括政治异议人士、边缘人、孤立者。④不断从概念层次去做思考，将情感性或人际面的思考转化为更理论性的思考。⑤考虑找一名报告人，请他为研究者提供背景与历史信息，以及研究者不在场时的信息（这一做法的用意主要在于减少偏差，而非提供信息）。⑥运用多种方法进行三角检测；想要了解当地状况，不要过于依赖谈话或观察。⑦如果研究者觉得自己正在被人误导，需要找到原因。⑧把札记给同事看，通常旁观者可以更快地看出研究者在何处被误导或被同化。⑨心中要牢记自己的研究问题，不要为了追踪表面上看似戏剧化或重大的事物，而游走过远。

3. 估量证据的品质

研究者收集到的资料质量并不都是一样的。如果研究者的结论所依据的资料被认为是较为坚强、有效的，那么研究者的结论也会较为有力。研究者可以对以下三个方面进行关注，努力提升证据的质量。第一，报告人的特质会影响所提供资料的质量，某些报告人提供的资料会比较好，这类报告人的特质可能是：善于表达，具有反思性，喜欢向人诉说事件与过程，博学多闻，接近某事件、行动、过程或场地等。第二，资料质量也会受到资料搜集情境的强化或弱化。例如，在以下这些情境中，资料的质量可能更高：较后起或经过多次接触后搜集的资料，亲眼看见或听到的，所观察到的行为或活动，值得信任的田野工作者，非正式场合得到的资料，调查对象单独与田野工作者在一起等。而在以下情境中，资料的质量可能较低：较早期或进入现场时搜集的资料，二手的资料，人们的诉说，不值得信任的田野工作者，官方或正式场合所获得的资料，调查对象与其他人或在团体中出现。第三，如果田野工作者努力提高效度，也会使资料的质量提高，以下是一些可以采用的做法：检验研究者效应与偏差，检验代表性，获取报告人的反馈，三角检测法，寻找潜藏的动机，侦测欺瞒。

另外，建议研究者在田野札记上写眉批或反思评注时，可以列出“资料质量”这一主题，并且定期追踪记录。在资料分析的末期，研究者也应当概述整体资料的质量，既为研究者自身做评估，也为读者提供资料质量的信息。

4. 检验外围者的意义

外围者即和研究者预期相违背的例外、歧异个案等。通常每一个研究发现都会有其例外，一般研究者都倾向于把例外掩饰掉、忽略掉或是做一辩解后排除掉。但实际情况是，外围者可以帮助研究者改善自己的结论。通过对外围者的深入分析，可以检测和加强原初的研究发现和适用普遍性。许多研究者在对外围案例深入审视后，原先的歧义案例可能还会变成加强理论的一个典型个案，而被纳入研究理论框架之内。

5. 运用极端个案

在外围者中有一类是极端个案，这种极端个案对于研究者很有帮助，可以用来验证、确认结论。Sieber[95]提出了研究中经常会出现的两种极端个案：极端情境和极端个人。为了找出最为极端的个案，需要先把所有其他变量维持不变——本来具有这些条件的个案，结果应该是成功的，但实际上却是失败的。在寻找极端个案时，研究者必须具备概念上和经验上的知识，才会清楚什么变量应该牵涉其中。研究者不仅要寻找到具体的外围个案，还要在概念上界定出极端个案，并探寻这种个案是否真的存在。

6. 寻找负面证据

寻找负面证据是一件说易行难的事，因为人们的自然倾向是去寻找通则。如果研究者现在手中已有一个结论，寻找负面证据的意思就是去寻找有无资料能否决该结论？或者与该结论不一致？这与寻找外围者和寻找相竞争的假设有些类似，但更为极端。Ely[96]指出：负面证据是去反驳掉一种结构，而不是修改它；外围证据通常只是修改一种结构。要寻找负面证据，可以请一位友善但挑剔的同事，帮研究者仔细查看结论，试着挑出资料展示中的问题，并回头去札记里看看是否有足以有效推翻原结论的负面证据。如果研究者找到了这种证据，就可以据此修改原来的结论，以期能把找到的证据纳入其中；如果研究者花了很多时间还是找不到负面证据，那么就可以对原结论更有信心了。

7. 复制一项发现

在三角检测法中，如果几种独立的来源都支持某些研究发现，那么这些发现会比较稳固；如果研究者运用一种以上的工具去测量同一事物，而共同确认了某结论，那么此结论的效度会被提升。基于同样的原理，如果研究者能够在一个新的情境下，或运用原资料库中的另一部分，复制出一份一样的发现，那么也可以强化该发现的效度，这种方式就是“复制”。最初级的复制方式就是重新去搜集新资料，新资料可以来自新报告人、新场所或新事件。再高一层的复制方式，是运用原个案或资料库的另一部分，去检测所浮现的研究假设。多案例研究相对于单案例研究，就是一种通过复制强化研究效度的方式，借由多个案的资料展示寻求出一个模式，然后仔细检测所有个案，看看该模式是否重复出现。

8. 报告人的反馈

报告人指的是研究者曾经访谈或观察过的人。一个现场的行动者，如果他的警觉性强，他对研究现象的了解是会超过研究者的[97]。就此观点来看，当地的报告人可以担任判决者，帮忙评估一项研究的重要发现[98]。取得报告人的反馈，既可以在研究结束之后进行，也可以在研究中间进行。有学者认为在研究中进行报告人反馈，会造成研究者效应，使得报告人在后续的表现受到研究者的影响。在研究结束后进行反馈的优点包括：第一，研究者的资料较多，理解质量较高；第二，研究者可以在较高推论层次上寻求反馈；第三，研究者更能够将发现清晰、系统地呈现出来。

有两种方法可以帮助研究者获得报告人反馈。第一种方法是邀请报告人担任读者，先对研究摘要提出评论，然后评估一项因果网络的正确性，而那一因果网络含有一些高推论的研究发现。第二种方法是研究者先假定自己的研究发现是正确的，并根据它预测进一步可能出现的发展，而在一段时间后将该预测寄给报告人，向他求证该预测是否发生过。

9. 文献对比

文献对比技术本质上与检测竞争性解释相类似，都是要求研究者对自己所下的研究结论中的其他可能性进行检验。尤其是在以构建理论为目的的研究中，研究者需要证明自己所提炼的结论是一种区别于其他解释的新理论，而文献对比就是一个很好的方法。研究者可以将以往文献中研究相似问题的结论进行比对，探寻过去结论中的问题和不足，并证明自己所引申出的结论的优点。

在案例 A“知识产权质押融资政策绩效研究——基于合芜蚌自主创新区专利权质押融资的实践”的研究中，研究者使用了“评估证据的品质”及“文献对比”的方法对研究的结论进行实践检验。在“检验外部者效应”中主要是让研究者避免影响现场同时也要避免现场影响研究者。因此，“评估证据的品质”是通过多种情景、多种方式等对同一事件进行反复论证，通过设置不同的情景，包括正式情景和非正式情景对同一位受访者进行多方面的论证，确保访问的公正客观以及他们回答的准确性和真实性，确保收集数据的过程和结果是有效的。“文献对比”则是将本研究调查的结论以及其他研究结论进行了对比，得出本研究有什么不同的结论。之前有学者认为，在专利权质押过程中，原有的法律制度风险和专利自身权属风险依然存在，但伴随着金融机构的加入，新的法律风险也随之产生，专利权质押运作过程中产生的法律风险主要有两类，即专利资产评估困难的法律风险和专利权许可制度的规定造成的法律风险，主要认为专利一般具有时效性，在转移的过程中价值会发生变化，而现有的制度并不能及时跟进。但是本案例的研究结论却与之相反，在与专利质押融资相关的政策出台过程中，专利质押数额与专利申请数量都有了显著的增长，虽然知识产权的价值评估机制等尚未完全建立起来，但是就现有的结果而言，专利的质押融资并没给金融市场带来较大的冲击，相反在一定程度上刺激了市场，并未给相关的金融服务和法律框架产生冲击，并且正是由于法律的支持导致了专利质押的活跃，在一定程度上有助于鼓励创新。与其他的结论相比较，更能说明该研究结论的创新与可靠性。

第三节　研 究 报 告

案例研究报告是对研究者的研究工作的总结，这种总结既可以是研究者最后呈现出的学术论文，也可以是较为松散、简单的叙述性文件。撰写研究报告的目的，是将研究者在案例研究中所做的工作及所得到的结论展现出来，使该成果能够被他人阅读和理解，实现该研究的价值。由于案例研究中牵涉到大量的质性研究，因此案例研究与其他质性研究类似，在研究报告的撰写方面属于开放式，并没有一般的定量研究所秉持的规范模式。许多经典的案例研究的报告形式差别很大，有以讲故事为主线的报告形式，还有以阐述问题为主线的报告形式。本节将提供以往研究者所提倡的撰写研究报告的技巧和方法，帮助研究者将自己的研究结果更准确、生动地展现出来。

一、研究报告的汇报对象

Yin 认为，由于案例研究比其他类型的研究拥有更多的读者，因此在撰写案例研究报告前，需要首先考虑报告所面对的对象的性质。面对不同性质的阅读对象，案例报告的撰写侧重点应当有所不同[8]。

Yin 提出了案例研究中可能出现的四种主要读者群[8]。

（1）学术界同人。学术界同人主要指从事同样学术研究的专业人士，他们一般都具有良好的科学素养，对许多专业词汇、称呼有所了解，能够对研究有更好的理解。对学术界同人来说，研究者所呈现的案例研究报告中，最关键的部分是研究的发现、理论意义、研究综述以及资料、证据与结论之间的联系性。因此，研究者在面对这类人群时，需要严格依据学术规范，对研究结果进行逻辑严密的呈现，并对相关信度、效度进行检验。

（2）非专业人士。这类人士通常包括政策制定者、从业者、社区领导及案例研究之外的专业人士。这类人士不一定有很好的科学素养，因此如果研究者呈现的报告过于学术化，则不利于这部分人群的理解和消化。非专业人士对于案例研究的兴趣主要在于对事件的了解，以及需要采取的相应对策等。因此，研究者在撰写这类报告时，应当更重视研究的“故事性”，使这部分人群能够从中产生理解和思考。

（3）学位论文评审委员会。对于研究生而言，如果在毕业论文的撰写中使用了案例研究，那么他们的报告和论文所面对的主要对象就是学位论文评审委员会。对于学位论文评审委员会而言，案例报告需要体现出研究者的科学研究能力，体现出对研究方法、理论的熟练掌握，以及对整个研究的投入。因此，研究者在撰写这类报告时，需要对自己所做的科学研究工作进行侧重性描述，以体现自己的理解和贡献。

（4）研究项目资助者。对于研究项目资助者而言，将一个项目委托给研究者是为了获得对相应问题的信息和理解。因此，案例报告的撰写应当以完成项目资助者的初衷为基准进行撰写，主要阐述资助者所关心的问题。在报告撰写中，既要体现出研究者对研究工作的投入，还要表达出研究新发现的重要意义，包括学术价值与实践价值。

二、研究报告的结构内容

本节主要介绍可供研究者参考的报告结构，即在行文中如何安排已经取得的资料和结论。Yin 提倡了两种撰写报告的思路，以供初学者参考[8]。第一种是“由内向外”的思路，研究者先列出一个表格、一个证据、一幅小插图等，或引述一段案例中的故事，由此将整个报告要用到的表格、例证、插图、引文等都聚集起来，并按照它们将来在报告中出现的先后顺序排列好。第二种是“从后向前”的思路，研究者先提炼出研究报告的最后结论，再撰写支撑相应结论的资料分析，并以此类推。

研究报告的结构依据书面格式可以分为以下四种。

第一种对单一案例进行叙述，是一种典型的单案例报告撰写方式。这类研究在描述和分析案例时有时会用到单人称叙述，并利用表格、图片等进行说明。这种结构有利于研究者将案例内容进行细化和深度呈现，因此通常最后都会以书籍的形式进行呈现，因为期刊不能提供其所需要的空间。

第二种是多案例复合叙述，是第一种叙述在多案例中的集合。这类结构通常会使用独立的章节对每一个案例单独进行描述和分析，但最后会使用一个或多个章节对多个案例的结果进行综合分析，并得出结论。

第三种是问答式叙述，既可以用于单案例研究，也可以用于多案例研究。在这种模式下，每个案例的报告要遵照一系列问题与答案来编写，并通过资料库中的资料形成支撑。在多案例的框架下，这种模式使得报告读者只需考察每个案例研究中的同一个问题或所有问题的答案就可以做跨案例比较。

第四种是模式导向型叙述，一般仅适用于多案例研究。在这种模式下，研究者不再对每一个个案进行单独陈述，而是在整个报告中依据研究者所发现的模式、特点进行跨案例研究。每个章节讨论的是某一个跨案例分析问题，而每个案例的信息则分散在各章节里。Eisenhardt 的众多经典多案例研究就是采用的这种模式导向型叙述。

研究报告的结构，依据内在分析思路又被划分为以下六种。

第一种是线性分析式结构。这是一种撰写研究报告的标准结构。子题目顺序遵照研究的问题或项目的顺序，且以对相关文献资料的综述开头，概述所使用的研究方法，从收集和分析的资料中得出了什么成果，以及这些成果的结论和意义。这种结构与大部分的学术期刊论文格式相同。

第二种是比较式结构。在这种结构下，研究者为了佐证观点和结论，会对同一个案例重复叙述、多次比较，重复叙述的目的是要证明这些事实在何种程度上适合某一个模型，而这些重复实际上体现了作者使用的哪一种模式比较恰当。

第三种是时间顺序结构。这种结构就是依据时间顺序陈述案例研究的例证，在研究因果关系的解释性案例研究中最经常使用。因为形成因果关系的事件，其原因必须要发生在结果之前，由此可以检验研究者所找到的因果关系。许多时间顺序结构的案例研究会根据案例发展的早期、中期和末期的时间顺序来排列章节。

第四种是理论建构式结构。在这种结构里，章节的顺序依照一些理论建构的逻辑来安排。所谓逻辑取决于特定题目或理论，但每一章或每一节都应揭示出理论论证的新颖部分。

第五种是悬念式结构。这种结构与线性式结构正好相反。在报告的开篇就将研究的直接结果和结论进行陈述，之后的章节用来解释这种结果形成的原因，以及相关的证据、解释方法等。

第六种是无序（混合）结构。在这种结构中，章节的顺序并不重要，通常通过列一些较为完整的问题的描述，从而呈现出研究问题的全貌。而在这种结构中，先呈现哪些部分后呈现哪些部分并不会影响研究的质量。

案例 A“知识产权质押融资政策绩效研究——基于合芜蚌自主创新区专利权质押融资的实践”的主要的报告对象是科研工作者和公众，因此这个案例的研究报告在保证科学性的前提下增加了论述的平实化，以确保普通大众也能够理解所做的研究工作。

案例 A 研究主要采用线性分析式结构，将研究问题依照研究推进顺序分解为若干子问题，凝练研究命题并以子题目形式呈现出来。例如，案例 A 研究问题是“知识产权质押融资政策绩效研究——基于合芜蚌自主创新区专利权质押融资的实践”，可以分解成几个连续性子题目，如“合芜蚌自主创新区知识产权质押融资政策的静态分布与动态变迁研究”“合芜蚌自主创新区知识产权质押融资政策的结构解析与比较研究”“合芜蚌自主创新区知识产权质押融资政策运行效果评价研究”“合芜蚌自主创新区知识产权质押融资政策运行的关键因素研究”“合芜蚌自主创新区知识产权质押融资政策创新的路径研究”等。

在每个子题目下，需要围绕该题目呈现所收集和应用到的相关资料和数据，例如，在“合芜蚌自主创新区知识产权质押融资政策的静态分布与动态变迁研究”中，研究者将国家层面、部委层面、安徽省层面以及各地市层面 2007～2014 年出台的 34 份相关政策文件，以统计表格、时间序列图、政策地图等多种形式立体呈现，进而分析知识产权质押融资政策的复杂性和变化性，包括截面观察政策体系在决策层面、空间层面的静态分布，以及相关政策数年间在政府之间的沟通过程、区域间的传播过程和截面间的演变过程，深入探究政策体系在跨时段上的动态规律，由此系统把握政策分布特点与变迁过程。对案例 A 的研究，不仅有利于丰富我国知识产权质押融资政策研究的关注视野和理论体系，并且能立足于合芜蚌自主创新区知识产权质押融资政策运行的特定语境，为政策制定者优化政策环境提供决策参考，对带动知识产权质押融资数量与质量提升、疏通科技型中小型企业融资通道从而快速持续发展、促进知识产权创造与运用有效结合有重要的现实意义。

虽然研究者可以根据研究的需要对案例中的各项内容进行不同程度的表述和汇报，但是为了促进案例研究的规范化，我们建议研究者在研究报告中务必对以下内容进行陈述：

（1）发现问题的路径是什么；

（2）选择的案例框架是什么，以及选择该框架的原因；

（3）选择的案例对象是什么，以及选择该案例对象的原因；

（4）案例的资料来源有哪些类型，并最好以图表的形式进行展示；

（5）研究者对案例资料进行了哪些处理；

（6）以图表的形式对案例资料中的主要内容进行表述；

（7）所得到的结论是什么，这些结论与资料证据之间的关系是如何的。

以上七个部分的内容实质上是对六个步骤具体内容的阐述和总结。案例研究的每一个步骤都应当具有其内在的原因与合法性。一些学者在进行案例研究时仅仅对案例的背景资料进行了描述，而对于为何使用案例研究、为何选择某案例研究框架以及为何选择该对象进行研究等重要的问题避而不谈。

案例研究的使用必须具有充分的合法性和必要性，研究者在研究报告中应当主动展示其使用案例的原因。对于这些问题的回答有利于帮助研究者建立起更高质量的案例研究。

三、研究报告的质量评价

案例研究的质量问题一直以来都是限制案例研究发展的一个重要因素，一些量化研究学者认为案例研究具有较大的随意性，其研究质量往往不高。因此，对于案例研究过程以及案例报告的规范有助于提升案例研究的质量。除此以外，研究者还可以通过其他方式来对研究报告的质量进行改进。陈晓萍等提出了案例研究、质性研究在撰写研究报告时，研究者应当确保回答的几个问题[21]。研究者可以通过对这些问题的思考来检验研究报告的质量。对于那些无法回答或回答较模糊的问题，研究者应当进一步思考，并在研究报告中进行相应的修改。这些基本问题如下。

1. 理论或概念的基础

（1）这项研究源自正式理论、处于发展之中的概念结构，还是一般主题？

（2）这项研究是否有助于构建新理论，拓展或修正现有理论，或者没能构建新的理论？

（3）这项研究的理论或主题是否足够有趣，值得在期刊上发表吗？

（4）研究目的是解决某一特定的应用性问题吗？

（5）该问题是否足够重要，值得在期刊上发表吗？

2. 文献综述

（1）是否引用了关键性的文献？

（2）是否引用了不同观点的文献？

（3）是否引用了太多参考文献从而分散了主题？

（4）参考文献准确吗？

3. 发展构念

下面的问题适用于以理论检验为目的的研究。

（1）研究假设处于正确的分析层次上吗？

（2）研究假设可证伪吗？

（3）研究假设与其理论、构念或应用密切相关吗？

（4）研究假设是否涉及理论过程或结果？

（5）研究假设具有足够的可操作性吗？

（6）研究假设是否来源于关键或核心的概念（如人物、时间、地点）？

4. 样本和情境

（1）研究时使用随机样本、可接触到的案例，还是理论样本？也就是说是概率抽样、方便抽样还是理论抽样？

（2）在研究之前、之中和之后，得到了哪些信息？

（3）在研究之前、之中和之后，社会现状是什么样的？

（4）在研究之前、之中和之后，研究者与研究主题之间的关系如何？

5. 数据

（1）收集了什么类型的数据以及收集了多少数据？

（2）数据是怎样被记录的？

（3）数据收集的具体步骤是什么？

（4）数据收集时所问的具体问题是什么？

（5）有访谈议程吗？

（6）数据被誊写过吗？如果誊写过，是如何誊写的？

（7）收集到的数据与研究主题、理论和应用相匹配吗？

（8）这些数据是否充分描述了研究的焦点或研究问题？

6. 分析

（1）使用了哪些分析技术，使用过程充分吗？

（2）分析过程是否参考了更普适的解释，分析过程是否正式？

（3）是否清楚描述了分析过程，以便可以通过描述对该过程进行复制？

（4）如果进行了分类，那么如何界定类别？

（5）如果进行了类别界定，那么如何对数据进行归类？

（6）研究者的解释是否与已知的有关研究主题或应用问题的内容相吻合？

7. 验证

（1）研究者进行了哪种形式的信度检验？

（2）为了减少研究偏差以及排除其他选择性的解释，研究中实施了哪些控制手段？

（3）研究的效度证据是什么？

（4）研究结论的普遍性证据是什么？

8. 讨论

（1）研究结论的表述和解释简洁、清楚吗？

（2）研究结论与数据的联系紧密吗？

（3）是否简要说明了研究的局限性？

（4）是否清晰可信地阐述了研究结论对于知识体系的贡献？

（5）是否考虑了足够多的其他解释？

“知识产权质押融资政策绩效研究——基于合芜蚌自主创新区专利权质押融资的实践”案例研究报告可逐步对应到以上的过程中去，以对研究的质量进行评估。案例 A 所关注的专利质押融资是一个刚刚兴起并在不断发展的构念；案例 A 选取的数据和研究方法使得研究得出了新的结论，丰富了现有研究内容。由于研究选题及使用方法的独特性和创新性，案例 A 具有在期刊上发表的价值，并且能够对实践中的问题提供一些有意义的指导。关于文献综述的方面，案例 A 对于领域内现有的成果进行了梳理，对于重要的观点和参考文献进行了梳理，保证了引用观点的多样性和准确性。案例 A 采取单案例研究方法，并在其中适当的地方嵌入了多个子案例的对比，在分析层次上符合科学性和研究规范，根据数据提炼出的构念和假设均可以得到验证，假设均围绕着案例 A 关键的构念，分析过程具有可操作性，在实践性上保障了该研究的价值。在研究过程中对于样本的选择，研究者选择了简单抽样的方法，并根据研究进展做了不同的比较，比如，在研究之前专利质押融资并没有得到研究者确实的重视，但是在研究之中研究者对专利质押融资有了全面的了解和认识，在最后构建理论的过程中，研究者认为专利质押融资是推动创新和知识产权商业化的重要举措，完成了一个观念的转变。此外研究者在开始研究之前对于专利质押并不是完全熟悉，但是在研究过程中逐渐熟悉了研究领域和文献成果，在研究之后研究者从中归纳出来自己的结论，并坚定地推进主体研究。案例 A 的数据主要来自行业统计的面板数据，以及在访谈过程中所收集的访谈数据。在特定的访谈情境下对受访者进行访问时，由一人进行访谈，而另外一人在旁边记录访谈数据，并不参与对话过程。数据收集的步骤是先确定好访谈的范围，列出提纲，在访谈的过程中会根据实际需要增加或者改变之前准备的问题。访谈的过程被全记录，除了笔录以外还有录音等多种形式。数据的收集与理论的验证紧密相关，并对问题的解决有着重要的作用。在对收集的资料进行分析的时候使用了描述性分析方法和解释性分析方法，如数据时间表、树状决策图、主要事件表、因果关系矩阵图等。由于在单案例研究中嵌入了多个子案例，因此在分析过程中使用了复制法则，从而判断数据以及分析过程的可靠性。为了检验结论的理论效度，研究者采用了三角检测和追踪惊异处等方法进行验证，为了减少研究偏差，研究者在对现场进行调研的时候对场景、对话都进行了控制，以保证过程的公平与公正。此外，研究者还对数据品质进行评估，以及将结论与其他研究进行对比，用以支持研究者的证据的可靠性。而且得出的假设验证与结论也符合逻辑，并在研究报告中做了论述。在完成这些工作之后，研究者还对本次不足进行了讨论，指出时间和数据收集上的局限性，并提出了改进建议。综上所述，案例 A 分析研究达到了专业的理论研究标准，是一篇质量较高的案例分析研究报告。

第五章 案例研究的辅助工具（一）

第三章、第四章介绍了案例研究的六个步骤，第五章、第六章将集中介绍案例研究的六种辅助工具。这六种辅助工具是研究者进行案例研究时经常使用到的工具，研究者应当能够把握这几种辅助工具的基本使用方法。第二章第三节中已经介绍了案例研究经常使用的五种资料类型，其中，访谈资料是通过访谈法收集和分析的，观察资料是通过观察法收集和分析的，文件和档案是通过文本分析法收集和分析的，实物资料是通过实物分析法收集和分析的。由于这些辅助工具本身也是独立于案例研究的方法（例如，访谈法、扎根理论方法也是较为经典的质性研究方法），对这些辅助工具的论述在其他专著里已经有详细论述。第五章、第六章的介绍将主要着眼于这些辅助工具的基本原则、步骤和用途，以让研究者对这些工具有一定的认识。如果研究者希望更深入地学习其中某个或某几种工具，可以专门翻阅其他专题性著作。

本章首先介绍访谈、观察、实物分析三种辅助工具，其中访谈、观察是案例研究中最经常使用的工具；实物分析虽然并不常用，但是可以作为一种印证性资料，与访谈、观察的结果一起构成证据三角形，从而提升研究结论的质量。需要注意的是，这三种辅助工具是贯穿于资料收集、资料分析两个步骤中的。由于案例研究中的资料收集与资料分析通常是同步进行的，这些辅助工具下的资料收集与资料分析也同样适用这一原则。第五章、第六章同样会结合第三章中的三个案例示例，来对这六种辅助工具进行具体阐述。

第一节　访　　谈

一、访谈概述

（一）访谈的含义

访谈法是一种用来收集资料的调查方法，它和问卷法不同，整个过程是由访问者口头提问和被访问者回答构成的。很多学者给出过对访谈法的定义，具体表述可能千差万别，但是其核心定义——一个收集资料的交谈过程，是毫无异议的。结合各位学者观点，本书对其进行总结：访谈法，指调查研究人员安排访问者以口头提问的形式，向被访问者收集资料，并记录下来进行分析的一种社会调查方法。

访谈，在有些人看来是一项简单的任务，整个过程只需一支录音笔和一个适宜的环境，然后大家一起再根据某项话题展开讨论即可。看似如此，实则不然。访谈不是死板教条的，而是一种有着大致话题方向的交谈，对于访问者来说，访谈需要沿着一条连贯的线索提问。但是无论事先对提问的文案做了多么充分的准备，在实际操作过程中还是会出现一些模糊不清的地方。即便如此，访谈法仍然是一种使用十分广泛的资料收集方法，也是进行社会科学研究最常用的方法之一。

访谈是一种有目的的，带有一定表达技巧的对话形式。它根植于日常交流，却剔除了日常交流的自发性、随意性，用严谨的提问和耐心的聆听，来获得自己想要的结果。访谈双方进行的是不平等对话，被访问者会被带入一个预设的情境内，访问者将其引入后，按照进展，展开追踪性的会话过程，直到产生一定的结果。

访谈的目的在于了解他人的故事和观点，然后通过进一步的挖掘，找到这些故事和观点背后的原因和意义。其实，对于整个访谈来说，最基础且重要的一点是能够以被访问者为中心，并对他们的故事感兴趣。访谈是一种重要的理解人们行为的方式。Blumer 对访谈提出了一个假设，他表示，被访问者对一个事物的理解，会对他接下来将要发生的实际经历产生影响[97]。访谈不仅为我们提供了理解行为的方式，更让我们能够深入理解其行为产生的环境。Mishler 在其著作《背景中的含义：还有其他的类型吗？》中同样表达了这一观点。

（二）访谈的特点

通过上述介绍，能够发现访谈法和其他调查方法相比具有自己独特的特点，具体内容如下。

（1）双向交流性。访谈法是访问者和被访问者坐在一起交流的一个过程。在过程中，访问者就某一主题向被访问者展开询问，被访问者要尽量做到如实回答，如果遇到含糊不清的问题，可以向访问者提出疑问，并得到解释，从而有效避免理解偏差而导致的偏离主题现象。

（2）目的性。访谈的最终目的，是通过交流而获得理想的信息资料，其中，信息资料要尽可能保证真实有效。整个访谈都是围绕这一目的开展的，所有的设计和情景安排都是为了目的的实现而进行的。

（3）言语表达。访谈法是用说话完成调查的一种方法，因此，要求访问者和被访问者具备一定的语言功底和口头表达能力，以防其中一方出现失误导致调查失败。

和其他社会调查方法相比，访谈法具有一定的优缺点，具体如下。

1. 主要优点

（1）获得丰富的信息。访谈法是一个面对面的交流过程。在访谈过程中，访问者不仅可以记录被访问者所展现出的外在信息，还可以根据被访问者的现场表现及反应，展开深层次的探讨，以充分了解他们所做行为的想法和动机，从而获得更多的意外发现。

（2）方式灵活。在访谈过程中，面对面交流随时都有可能激发出双方的创新火花，如此一来，就需要访问者能够及时做出调整，使整个谈话更有效，最终使研究者能够获得更多有用的信息。此外，访谈法可以根据被访问者的性格、环境、时间的不同，而采取不同的具体调查方法。综上所述，灵活的方式和手段使得整个调查更加真实，所得的资料也会更加深刻有效。

（3）配合度高。由于访谈双方的直接接触，访问者在交谈过程中只要问得得当，说话讲究一定的技巧，被访问者一般都是配合并乐意回答的。交流过程中如果出现歧义，可以得到及时沟通，提高双方对这个主题的理解程度，便于互相更愉快地交流下去。

2. 主要缺点

（1）匿名性差。对被访问者来说，访问者是个陌生人，双方需要在面对面的场合下完成相应的问答任务，想要匿名受访，就变得困难了。当涉及一些隐私问题时，被访问者可能有意不真实或简略回答，这就影响到所得信息的真实性和丰富性。

（2）应用范围有限。因为涉及面对面交流，这在无形中就增加了往返的时间成本，并且在交流过程，需要双方配合，一问一答一解释，花费的更是两个人的时间。此外，访谈法对访问者的要求高，需要花费一定的费用对其进行专门的训练。所以，和其他调查方法相比，访谈法会产生更多的人力、财力和时间成本，这对它的广泛应用带来客观的限制条件。

（3）访问者占据重要地位。访问者是整个访谈过程的关键所在，访谈的质量和访问者的素质有着直接的牵连。对被访问者提问、根据回答展开追问、现场记录、及时调整问题方向等实际访谈状况都需要访问者根据现场情形自己把握，一旦任何一个环节出现错误，将会影响整个访谈的质量和有效信息的获取。所以，作为整个访谈的中心，访问者必须具备较高的访问素质，否则调查结果将会不甚理想。

（4）没有具体的标准。访谈法的信息传递过程都是依靠语言进行的，因此较为灵活，但与此同时，也暴露出了它标准化程度低的短板问题。由于访问者不同，各自的观点和认知就会存在差异，同一句话、同一个表情，在不同的人眼里就会有不同的理解和含义。此外，收集到的资料虽然比较丰富，但是统计处理起来会比较麻烦，缺乏一定的量化标准。

（三）访谈的具体分类

访谈有不同的目的和对象，参照不同，则使用的方式也各不相同。以访问者对访谈过程的控制程度分类，可以分为结构式访谈、非结构式访谈和半结构式访谈；以访谈双方的沟通形式分类，可以分为间接访谈和直接访谈；以过程是否正式分类，可以分为正式访谈和非正式访谈；以被访问者人数分类，可以分为个别访谈和集体座谈；以访谈过程是否依托网络分类，可以分为线上访谈和线下访谈。

1. 按照对访谈过程的控制程度分类

1）结构式访谈

结构式访谈又称为标准化访谈，是一种对访谈过程高度控制的访谈。这类访谈对象的选取要按照统一的方法进行，常用的方式是概率抽样。对访问者进行访谈的资料是事先设计好的、有固定结构的问卷。在访谈过程中，对被访问者提出的问题、提问的方式和记录的方式都是一致的、标准化的，而且访问员通常会有访谈指南，以指导他们解决可能遇到的问题。这些都保证了访谈过程和结果的标准性。

因此，结构式访谈的优点是显而易见的，其中最大的优点就是结果便于量化处理，可以作为统计分析的资料。经常有人会觉得结构式访谈与问卷调查相似，甚至将二者混淆。但其实二者之间的差异还是很明显的，结构式访谈可以控制整个访谈的过程，从而可以最大限度地降低来自被访问者的误差，提高调查结果的可信度。此外，结构式访谈的回收率会比自填问卷要高，题目的应答率更高。由于结构式访谈是直接进行交谈、互动，因此获得的资料也更加深入、丰富，甚至收集到很多非语言的信息，如被访问者的态度、行为等，这些都是问卷调查方法所不具备的。当然，结构式访谈也更加费时、费力，对访问员的要求也更高，从而限制了研究的规模。

2）非结构式访谈

非结构式访谈又称为非标准化访谈，是对访谈过程进行半控制或者无控制的访谈策略。与结构式访谈相比，它没有事先设计好的问卷、表格等作为访谈的提纲，只是给一个研究主题，由访问者和被访问者就这个主题进行自由交谈。访谈可以事先有个问题大纲或问题要点，但是访谈所提出的具体问题是在访谈过程中形成的，并没有事先确定好。因此，在这种访谈策略中，问题本身、提问方式、提问顺序等都是没有标准的。

根据不同的操作方式，可以将非结构式访谈进一步分类为重点访谈、深度访谈、客观陈述法、集体访谈法。

（1）重点访谈又称为集中访谈，它的重点并不是指调查对象的重点挑选，而是指访谈所侧重的内容。比如，新实施一项科技政策，想对政策实施效果进行了解，则可以选择若干政策实施对象进行重点访谈，这时的访谈重点则是政策对它们的影响和他们对政策的评价及建议等。此外，重点访谈具有以下几个特征：①被访问者会被带入一个被设计过的情境；②访谈设计者会认真分析这种情景带给被访问者的影响，按照有利于访谈的方向进行设计；③访谈重视被访问者对这个情景的反应和解释。重点访谈在研究经验不同引发态度改变问题上具有很好的效果，因此被心理学家们广泛使用。由于对访问者的素质要求较高，此种访谈方式并没有在社会科学界引起反响。

（2）深度访谈又叫做临床式访谈，是为了搜集个人的特定经历的过程、动机和情感资料等。这种方式最常用于单案例研究中，起初是为了在临床上做出诊断或者对违法者进行思想拯救而采取的方法，后来又被用于个人调查中。在深度访谈中，多采用非正式的方式进行谈话，目的就是为了拉近彼此的距离，使访问者降低警惕心，提高访谈效果。在访谈过程中，多用试探性的问题，引导被访问者多说、深说，争取挖掘出更多有价值的细节。深度访谈应用性较广，不仅可以调查日常问题，对于一些敏感话题和特殊情况等，如婚姻状况、农民工阶层的访问、宗教问题等，也很适用。

（3）客观陈述法又被称为非引导式访问，它最大的特点是先让被访问者对其本人和周围环境做深刻了解和考察，然后再让其对了解的内容进行客观陈述，这种方法可以使研究者更加直接地接触被访问者的信念、价值观、动机等。在整个访谈过程中，访问者多数时间处于聆听状态，对被访问者的提问也多用“为什么”等词眼，有时也可以用较少的话语展开追问，但被访问者要详细回答问题。此种方式可以减小访问者对被访问者产生主观引导和偏见，从而最大限度地获得被访问者的真实态度和想法。

（4）集体访谈法是一种很特别的访谈方式，因为在这种访谈中是将被访问者集合在一起开展谈话，这其中不仅有上文提到的访问者和被访问者之间的互动，还有被访问者之间的互动，访谈的结果受到这两种互动形式的影响，这种方式最具代表性的形式就是座谈会。但这种访谈方式对组织访问者的组织能力要求更高，因为只有组织协调好两种互动关系，才能达到理想的效果。

与结构式访谈相比，非结构式访谈的最大特点是弹性大，可以让访问者和被访问者充分发挥自己的积极性和自我能力。二者在交流与讨论过程中可以得到很多意外的、事先没有预料到的信息，从而给研究带来新的想法和思路。非结构式访谈的另一大特点是访问者可以获得更加深入、丰富的资料，从而使研究生动、合理。如果一个研究在开始时就进行设定，后期参与研究的人员可能不会有什么大的发现，因此，建议不断了解和适应研究内容的变化，及时更新访谈内容和主题，有利于产生突破。

3）半结构式访谈

所谓半结构式访谈，是介于结构式访谈和非结构式访谈之间的一种访谈方式。一般情况下，访谈设计者会提前设计一个访谈提纲，但该提纲只是一个粗略简化的提纲。对于访谈对象和访谈问题并无明确规定。采访者可以根据实际情况进行灵活变通。这种自由的形式给予采访者和受访者双方极大的自由。在访谈中沿着大体的思路框架展开访谈，遇到重点的问题还可以进行深入的调查。半结构式访谈兼具结构式访谈和非结构式访谈的特点，既有非结构式访谈的灵活性，也有结构式访谈的严谨性。

2. 按照访谈双方的沟通形式分类

1）间接访谈

间接访谈指访谈双方经过约定后，通过网络或者电话等形式进行访谈。访谈双方通过电话或网络等虚拟线上方式展开交流，可以降低被访问者的紧张情绪或避免过程中尴尬场面的发生，不仅如此，间接访谈还可以解决距离远、时间紧等问题，这为调查的顺利进行提供了极大的帮助。

间接访谈除了有网络、电话访谈外，还包括函件访谈等。其中，网络访谈和函件访谈实施成本较小，但是函件访谈的回收率比较低，因此所收集的资料缺乏一定的代表性；而网络访谈亦有这种缺点，尤其在我国的西部以及贫困地区，网络并没有完全覆盖，因此，使用网络访谈获取的样本，其代表性更差。电话访谈很容易和被访问者取得联系并实施访谈，但是所问的问题深度有限，对访问者来说，不利于掌控全局，并且发挥空间不大。

2）直接访谈

直接访谈，又称作实地访问，是指访谈双方进行面对面交流。直接访谈可以让访问者和被访问者有着更直接的交流，双方可以互相感受到除了语言之外的东西，如被访问者的表情、访谈氛围等；访问者也可以根据现场实际情形，及时调整访问策略，从而获得更多信息，有利于访谈的深入进行。但是，这种访谈对外界环境的要求过高，对访问者来说也是极大的考验。

3. 按照过程是否正式分类

1）正式访谈

正式访谈指访谈双方事先为访谈做好充分准备，然后在时间、地点、主题一切就绪的情况下进行访谈。正式访谈因为准备充分，所以在实施访谈时会比较顺利，获得的资料也会比较深入，有利于调查进行。

2）非正式访谈

非正式访谈指访问者为了了解被访问者的一些个人问题，伺机灵活地对被访问者发起谈话的一种行为。比如，访谈双方在一起参加某个会议，在休息期间，根据实际情形，恰当地发起聊天。这种方式比较自然、灵活，而且不会使被访问者产生压力，使双方能够在轻松的环境下完成访谈任务。

4. 按照被访问者人数分类

1）个别访谈

个别访谈指访问者和被访问者一对一地进行面对面访谈，比较适合敏感话题或者访问对象范围小的调查。个别访谈更易于双方沟通，访问者能够有更多精力去专注于访问，有利于挖掘出更多深入且真实的信息，当然伴随这些优点的就是它的不足，“一对一”就意味着要付出更多的人力、物力，提高了访谈的成本。

2）集体座谈

集体座谈是由访问者与一些被访问者一起就某个主题展开交流的一种调查方式，大多以座谈会或者调查会的形式进行。在集体座谈过程中，访问者只是引导人，负责把控整个场面和方向，在访问者提出一些问题后，由被访问者进行交流和讨论，进而收集资料信息。集体座谈主要采取两种方法：头脑风暴法、德尔菲法。头脑风暴法就是大家坐在一起共同探讨，自由地发表自己的观点，在讨论中激发思维火花进而获得资料信息。德尔菲法则相反，参与的人们都是匿名的，互相以邮件保持沟通，到最后形成一个集体意见。

因此，集体座谈不仅节省时间，开阔视野，所获得的信息来源也更加广泛，收集到的资料也会更真实、有效。但是，如果组织不当，集体座谈可能会使被访问者产生从众心理，导致形式主义的发生，最后整个座谈以无效告终。

5. 按照访谈过程是否依托网络分类

1）线上访谈

线上访谈指访谈双方依托于网络，并通过网络视频、网络语音等途径进行交流的一种调查方式。线上访谈不仅方便灵活，还能节约人力、物力和财力，并且不受地域和时间限制。访谈双方不论何时何地，只要具备网络、硬件平台等条件，在双方达成一致后，可以随时随地进行交流。但线上访谈不利于访谈者对整个访谈过程的控制，不易把握一些具体细节上的问题，还容易使被访谈者产生距离感，不利于其真实情感的表达。

2）线下访谈

线下访谈指访谈双方按照约定的时间、地点进行面对面访谈的一种交流方式。线下访谈虽不如线上访谈方便、灵活，但是通过访谈双方的直接接触，访谈者可以精准地控制全局，并根据实际情形，及时调整访谈策略，有利于访谈的深入进行。

以下为案例 C“科研机构后勤支撑体系建设研究”的访谈。

××科研机构分管后勤事务主要负责人访谈提纲

您好，我们是××大学“科研机构后勤支撑体系建设研究”项目组的成员，感谢您花费宝贵时间接受我们的访谈。

对您的访谈是“科研机构后勤支撑体系建设研究”项目工作中的一部分，希望您可以回答我们提供的一些问题，对您的访谈我们会进行一定的书面记录，且保证会对问答记录进行严格保密。如果访谈中涉及一些您不想说出的人名、地名或机构名称，您可以用某一符号代替。

访谈的目的主要是想了解目前科研机构后勤管理工作的一些情况，问题主要包括：

（1）贵单位后勤工作近年来的整体发展情况。

（2）谈谈本单位后勤管理部门在提升管理水平和后勤服务质量方面有哪些典

型做法。

（3）您认为目前本单位后勤管理事务中存在着哪些主要的困难，造成这些困难的原因是什么。解决这些困难的主要方法有哪些。

（4）为保障实施“四个率先”战略规划，中国科学院制定了《中国科学院后勤支撑体系规划》，其中服务科研人员的“3H 工程”是该规划的重要内容，请您谈谈贵单位将如何贯彻落实这一规划。

（5）20 世纪 90 年代开始，后勤管理社会化的议题被广泛讨论和实践，科研机构的后勤管理社会化也取得了一些重要进展，请您简单介绍一下贵单位后勤管理社会化的相关举措，谈谈在实际管理活动中后勤工作社会化的利弊是什么。贵单位是如何兴利除弊的。

（6）仪器设备是进行科研工作的重要基础，科研机构拥有大量的科技物质资源，但是如何提高科研设备的使用效率是一个长期性的话题，请问贵单位是如何进行科研设备的维护和使用的，是否尝试过与其他科研机构共享仪器设备。

（7）后勤管理精细化旨在降低工作成本，提高资源使用效率，请问贵单位在后勤精细化管理方面有哪些创新举措。在实际操作的过程中有哪些需要注意的地方。

（8）随着移动互联网、大数据、云计算等新型高新技术的快速发展，后勤管理智能化是科研机构后勤管理部门面临的重要机遇和挑战，请您谈谈贵单位在后勤管理智能化方面有哪些创举。

（9）中国科学院把人才支撑体系、技术支撑体系和后勤支撑体系作为科学院发展的三大支撑体系，科研后勤被置于突出位置，请您谈谈应如何进一步完善科研后勤工作。

该提纲主要侧重于了解科研院所具体管理实践中对中国科学院相关战略规划的执行情况，因此在关于诸如“3H 工程”、智能化管理、科研设备共享等方面进行深入探讨。根据被访者的受访情况，灵活转变提问策略，在得到具有启发性的答案后不断挖掘。访谈结束之后，第一时间根据访谈过程中对关键信息点的记录进行整理。对该单位后勤管理的基本状况进行总结梳理，尤其是对后勤管理社会化、信息化、专业化和精细化等方面的信息进行整合，了解科研机构后勤管理目前社会化、信息化和精细化建设的基本情况。根据访谈过程中对后勤主管人员的访谈，了解到关于基地型科研基地和其他相对分散的科研基地后勤管理方面具有明显差异。

二、访谈的适用性

（一）案例研究的适用性

因为很多的案例研究都是关于人的研究，所以访谈策略是在案例研究中必不可少的资料收集策略之一。具体的被访者可以说明并解释案例研究的具体事件，一些见识比较深远的受访者还可以为特定的情景提供一些比较深刻的见解。访谈策略使案例研究者比较迅速地了解特定情景的一些早期资料，找到相关的资料来源，为迅速开展研究做一个好的开端。

以上并不是说访谈只能为以人为研究主题的案例研究方法提供资料，即使案例研究的主题是行动性的事件，访谈仍然可以提供重要的资料。因为此时事件的实施主体仍然是人，所以通过对人直接或间接的访谈，总能得到有益的资料。

（二）科技政策研究主题的适用性

同样地，访谈法之所以适合于科技政策主题的研究，是因为政策的制定主体、实施对象都是人，访谈法相对于其他方法就有其独特的优势，就是访谈者可以与被访谈者进行面对面的互动交流，从而获得更加多样化、更加深入的信息，对于科技政策的研究很有帮助。通过与政策实施对象的访谈，可以了解政策对他们的影响，他们对政策的评价和建议等。如果条件允许，通过与政策制定主体的访谈，可以了解到政策制定或者修改的原因、意义等。正因为此原因，访谈甚至在某种程度上可以说是了解科技政策实施效果时的首选收集资料的方式，因为这是最直接的，可以从政策实施对象和制定主体中获得关于科技政策主题研究所需资料的方式。

在案例 A“知识产权质押融资政策绩效研究——基于合芜蚌自主创新区专利权质押融资的实践”的研究中，研究者首先根据研究主题选择邀约访谈对象，如省市知识产权局管理者、科技型中小企业经营者、银行等金融机构管理者、担保等中介机构操作者；其次，针对不同访谈对象特点，锁定不同访谈领域，例如，了解中小型企业的融资需求和困难，将这些大的问题分解并操作化为具体访谈问题，设计访谈提纲，以保证后期数据整理的结构性和同类访谈对象提供信息的可比性；再次，注意访谈过程控制，以访谈对象熟悉的问题作为切入点，逐渐引向访谈提纲中的主干问题，在保证访谈问题全覆盖的前提下，尽量保证访谈过程顺畅开展；最后，采用灵活变通访谈方式，在结构化访谈框架下开展非结构式研讨，重视提纲问题外的意外收获，这些之前没有考虑到的问题往往会引发新思考。

三、访谈的具体操作

（一）访谈策略的具体操作程序

访谈的过程是访问者与被访问者之间的互动过程，访谈资料就是在这种互动关系中形成的。因此，访谈的成功与否，很大程度上取决于访问者对于整个访谈过程的组织和控制。访问者只有在访谈过程中，让被访问者信任自己，并且愿意提供资料，积极配合，才能获得需要的信息。由于被访问者大多数时候都是陌生人，因此，想要达到理想的效果并不容易，要求访问者具备一些基本的访谈技巧和访谈程序的认识。一般来说，访谈需要有以下几个步骤，即访谈准备、进入访谈、访谈过程的控制、结束访谈等。下面将对这几个步骤进行梳理和归纳。

1. 访谈准备

（1）研究员对整个项目要有统筹考虑，把研究主题、访问者和被访问者三者结合起来考虑，以确定选择什么样的调查方法。结构式访谈一般采用随机的方法抽取被访问者，以使最后的调查结果能够进行量化处理。无结构式访谈被访问者的选取要参考研究目的和所在环境，因此要了解被访问者所在的社区特征，包括社区环境和文化传统等，关于这一问题的解决，可以在当地机关的领导人身上入手，因为他们对当地的基本情况比较了解，访谈之前先接触他们将有利于整个调查的进程。此外，每个社区都有自己的特点，熟悉这些特点之后，可以促进对被访问者的了解，从而获得更多信息。反之，如果访问者对当地特征认识不足，可能会对被访问者提供的一些信息产生歧义，容易产生沟通障碍，进而无法理解被访问者行为特征背后的原因。

根据研究目的，要制定出访谈提纲，进而细化为访谈问题；对整个研究有个大致了解之后，还要安排访谈的程序表，使所有环节都能有条不紊地进行，如突发事件的处理、时间安排等；访谈的常用工具也要提前准备并事先检查以确认无误，主要工具有照相机、录音笔、笔记本等基本工具，以及访谈提纲、地图、介绍信等特殊工具。

（2）挑选合适的访问者。首先，要对上述的所有准备工作有基本的了解，并补充与此相关的知识和内容，若访问者的相关素质略差，则会严重影响整个访谈的效果，也会让被访问者产生怀疑，从而影响答题的准确性。

（3）访问者要始终秉持一种尊重他人的友好态度。访问者事先应该充分了解被访问者的一切相关信息，包括年龄、性别、职业、文化程度、性格特点等，摆正自己的身份和位置，从心底里对被访问者产生兴趣，和谐自然地交流。

（4）要有适宜的时间安排。要选择被访问者闲暇时进行访谈，一来可以增加效率，以防千里迢迢赶去，结果被访问者不在家或者忙于工作，浪费访问者精力和时间；二来可以使被访问者在轻松的环境下应对，有利于访谈的顺利实施。

2. 进入访谈

在访谈开始之前，第一步，需要与被调查区域所属的省、市、区、乡等政府机关或街道等地方管理机构取得联系，获得对方的许可后才可以实施访谈。在这一过程中，通常是要向当地机关的负责人、民众说明调查的目的和意义、与群众的利害关系，甚至调查的要求等，以期望获得领导和群众的支持。如果在这个过程中获得了当地机关等部门的支持，并派人参与协助调查，那么整个调查过程将会顺利很多。

在接近被访问者时，首先需要保证的就是与被访问者之间建立融洽的关系，形成和谐自然的访谈气氛。首先，访问者要进行自我介绍，并说明为什么要进行此项研究，并诚恳请求被访问者的配合。其次，要说明被访问者是如何挑选出来的，以及承诺被访问者的信息安全和隐私保密，使被访问者产生安全感，如以下案例所示。在正式调查开始之前，可以先问被访问者一些熟悉的、简单的问题，以消除被访问者的紧张感，做好这一部分之后，再进行具体的访谈。但是，开始正式访谈之后依然要先从对方熟悉的问题开始，这样才能增加被访问者的信心，帮助接下来访谈主体部分的顺利进行。

以下为案例 C“科研机构后勤支撑体系建设研究”进入访谈示例（部分）。

您好，我们是××大学“科研机构后勤支撑体系建设研究”项目组的成员，感谢您花费宝贵时间接受我们的访谈。

对您的访谈是“科研机构后勤支撑体系建设研究”项目工作中的一部分，希望您可以回答我们提供的一些问题，对您的访谈我们会进行一定的书面记录，且保证会对问答记录进行严格保密。如果访谈中涉及一些您不想说出的人名、地名或机构名称，您可以用某一符号代替。

访谈过程轻松和谐，自我介绍之后首先说明了本次访谈的主要目的，从访谈对象的基本工作谈起，营造了良好的谈话氛围之后，尽量让访谈对象多说，访谈人做好记录工作以供后勤信息整理与分析。

3. 访谈过程的控制

1）对所提问题的控制

（1）具体题目的分类。由于访问者在访谈过程中占据主体地位，因此，对访谈的控制主要由访问者来把握。在整个访谈过程中，访问者提出问题是实施控制的主要方式。其中，结构式访谈主要依靠问卷来实施控制，以下内容为非结构式访谈中关于控制的一些情况介绍。

对于访问者来说，除了提出实质性问题外，还需要进行功能性问题的提问。所谓实质性问题，是指在访谈中为了掌握一些实际问题而提出的问题。例如，一些个人基本信息、个人实际经历、对一些具体事物的看法等。所谓功能性提问，是指在访谈过程中为了对被访问者进行深入了解而发生的提问。在功能性问题中又有更细致的分类，如接触性问题、试探性问题、过渡性问题、引导性问题等，比较常用的方式是引导性问题，这种方式通常在被访问者回答问题跑偏时使用。之所以要用引导性问题，是因为打断别人讲话是不礼貌的，也会使调查对象尴尬，不利于访谈的顺利进行。引导性问题可以用三种方式来进行。一是归纳法，即将不合适的回答进行归纳，进而引导到需要的回答上。二是提要法，从众多回答中找出一两句跟正题有关的回答继续提问，从而引入正确的回答上。三是以动作来进行转换，即通过递水等动作来中断不合适的回答，待重新开始后再问需要的问题。访问者一般比较重视实质性问题，但在技巧运用方面则主要表现在功能性问题上。这就对访问者提出很高的要求：要灵活运用各种问题的提问方式，使整个访谈过程更加顺利。

（2）活用提问艺术。提问可以有很多种方式，要根据具体情况来分析确定具体使用哪种方式。如果问题比较敏感或者带有一定的挑衅意味，就要采用迂回的策略，慢慢诱导被访问者。如果被访问者比较固执，或者防备心强，就要使用循循善诱的方式，从细节入手，逐步击破他的各道防线，如以下案例所示。提问要尽量做到用最少的话表达出最全面的意思，不要用专业性的语言或者评价性的词眼，这样会影响被访问者的真实表达。提问是一种语言上的艺术，要学会灵活运用，具体现象具体分析，并选出最适合的一种方式，以促进整个谈话顺利进行。

以下为一例访谈过程控制示例。

某次访谈一公司财务总监蒋某，他 35 岁左右，性格内向、言谈谨慎，在略显冰冷的开场后便惜字如金，访谈场面很不理想，访谈的双方都觉得别扭。此时，访问者无意间扫视蒋某办公桌，发现角落里放置一个烟灰缸，里面有烟蒂，判断蒋某有抽烟习惯，便主动提出能否抽烟并发给蒋某，蒋某欣然接受。点烟之后，访问者抛开访谈提纲和蒋某聊起少儿教育等家常话题，把正式访谈转化为私下聊天，方式的改变瞬间拉近了双方距离，也让蒋某放松下来并打开了话匣子。当然，两个话题之后还是回到了访谈主题，但本次访谈的成功要得益于非正式聊天开启的“破冰之旅”。

追问也是一种重要的获得所需信息的方式。当被访问者回答含糊不清或者前后矛盾、不能自圆其说时，需要对被访问者展开追问。追问既可以用正面追问的方式，也可以用侧面追问的方式。正面追问比较尖锐，容易使被访问者情绪紧张。因此，建议使用侧面追问，即换一个角度、换一种方式重新对问题进行提问。

由于访谈是一个双方互动的过程，因此是没办法固化的，只能根据具体情况具体处理。其中包括发问与插话的时机，都需要访问者根据情况来伺机进行。比如，被访问者对一些实际发生的事情大谈特谈，而涉及做这些事情的动机与想法时，就开始模棱两可，这时就需要访问者适当地提出一些引导性的问题来诱导其表明真实想法，这些问题一般是现场发挥的，在原计划之外。有些时候，为了帮助被访问者完整地表达自己，访问者适宜的插话可能会起到很好的鼓励作用；还有些时候，被访问者侃侃而谈，开始逐渐偏离主题时，访问者就要及时将话题引向正题，从而使访谈顺利进行。

2）对言谈举止的控制

访问者也可以通过自己的眼神、表情、自我形象与肢体语言的技巧达到控制访谈的目的，如上文案例提到的通过送烟来打破尴尬的气氛等。被访问者的眼神、表情、自我形象和肢体语言都可以传达自己的情绪和反应，在这方面访问者要特别注意，要及时抓住被访问者的一些肢体语言和表情变化，并迅速找到令被访问者感到惬意的谈话方式，达到控制访谈的目的。

（1）眼神和表情。眼神在一定程度上可以传达人的一些情绪和感受。在访谈过程中，访问者要灵活运用自己的眼神，引导访谈顺利进行。如果一直看着对方，会令被访问者感到不自在、慌乱；如果刻意不和被访问者进行眼神交流，又会令对方觉得不受重视，进而对访谈失去兴趣……最好能够使自己的眼神范围限制在对方的脸部，并在合理范围内进行目光流转，不要直直地盯住一点，当然，这也不是绝对的，必要情况下，还是要和被访问者进行短暂性的目光接触，以示对其所说内容的肯定。比如说，当对方讲得比较生动，或者说到有意思的重点时，都应该投去赞赏性的目光，和被访问者进行短暂的眼神交流，表达访问者本身的兴趣和肯定意思，同时在一定程度上也鼓励了被访问者，有利于访谈的进一步发展。

表情给人的印象要比眼神更加深刻，访问者在整个过程中都要对自己的表情有个合理的控制。在访谈过程中，访问者要学会用自己的表情来表达对被访问者讲话内容的看法，最好能够顺着被访问者所讲内容的情境给出合适的表情。比如，当被访问者说到伤心处时，访问者要有同情和安慰的表情；当对方讲到令自己愤恨的事情时，访问者要给出生气并感同身受的表情；当对方说到获得过什么样的成就时，访问者要展现出敬佩的表情……访问者要学会控制自己的表情，最基本的要求就是表现出诚恳、有兴趣的样子，这样才能给被访问者一种被尊重的感觉，从而推动访谈顺利进行下去。

（2）自我形象和肢体语言。自我形象往往是给人的第一印象，访问者应该身穿大方得体的衣服，还要尽量穿普通衣物，不要穿工装或者佩戴任何标志性物件，以防被访问者产生不自在心理，使访谈资料缺乏一定的真实性。

人是可以通过自己的肢体语言传达出某种信息的。访问者可以通过自己的肢体动作，隐晦地告诉对方自己的一些想法，同时，访问者也可以根据被访问者的一些动作判断并进行下一步访谈策略。比如，被访问者左顾右盼，意思就是他对现阶段谈论的内容不感兴趣，或者注意力根本不在状态；被访问者时不时地看手表，说明他希望快点结束……掌握人的一些动作含义，有利于访问者及时调整访谈策略，当然访问者自身最好不要有一些明显的动作行为，因为这样可能会使被访问者产生不良情绪，妨碍访谈的顺利进行。

4. 结束访谈

结束访谈是访谈过程的最后一个环节，有时结束访谈比开始访谈还要困难、复杂。在这个环节，访问者需要注意以下几点：访谈要适可而止，即访谈时间不宜过长，一般以 1～2 个小时为宜。其次，要把握好结束访谈的时机。如果被访问者明显意犹未尽，访问者也可以从中继续收集到有益的信息，这时可以稍微延长访谈时间。如果访问者和被访问者都没有想要继续进行访谈的意愿，则可以结束访谈；当访问者认为可以结束访谈时，要及时告诉对方已经达到理想效果，并由衷地感谢他的配合，此时最好有礼物送上，以示诚意。此外，为防止遗漏信息，最好在临走前再问一遍是否还有补充，并提前说明如果后期需要，可能还会继续对其进行补充性访问，请对方谅解。当一切结束之后，要对被访问者表示访谈圆满结束，并再次表达感激之情。

（二）访谈者的挑选与训练

访问者是整个访谈顺利进行的关键所在，访谈的成功与否直接和访问者的个人能力高低相关，因此访问者的选择与训练是实施访谈的第一步。

1. 访问者的挑选

通常而言，挑选访问者的第一点是要挑选那些受到过专业训练的或者有过类似主题访谈经历的人，比如，学习科技政策专业的大学生对相关主题的访谈会比较熟悉，因此对科技政策主题访谈的实施也会更加得心应手。实践也证实，这样的访问者确实可以提高访谈的质量，降低访谈的成本。特别是非结构式访谈，对访问者要求高，这时选用满足以上要求的访问者就更加必要了。

具体来讲，访问者的挑选有一个相对固定的参考条件，一些访谈可能对访问者存在着特殊要求，这就需要对访问者进行一定的筛选。因访谈情况不同，对访问者的具体要求也不尽相同，具体情形如下：第一，如果被访问者是领导人，或者访谈主题是政治类、生产类问题时，那么男性访谈员更加合适；如果被访问者是女性，或者访谈主题是婚姻家庭类问题时，那么女性访谈员更加合适。第二，被访问者的年龄与访问者年龄差距不要太大，年龄差距可能会导致认知和价值观的不同，因此，采用年龄相仿的访问者，其访谈效果会更好。第三，访谈需要一定的素质与技能，因此，受教育程度越高，代表其掌握的知识会更多，对一些比较复杂的问题的控制程度也会相对较好，可能会取得更为理想的访谈效果。第四，因为我国各地的文化习俗相差较大，如果访问者与被访问者之间的文化差异较大，显然不利于双方沟通，进而影响访谈效果。

而对于一般性的访谈，只要求访问者具备基本素质即可。第一，诚实、负责。这是访问者所要有的最基本的素质。这一方面要求访问者严格遵守工作细则，另一方面要求访问者尊重事实，不故意收集虚假的信息，记录也要客观准确。第二，有吃苦耐劳的精神。访谈是项繁杂的工作，不仅访谈环境没办法保证，很多时候还会受到别人的拒绝或者遭人冷眼。因此，拥有吃苦耐劳的精神是访问者应该具备的一个很重要的素质。第三，兴趣第一。兴趣是最好的老师，如果访问者对访谈这项工作十分感兴趣，则可以自主克服很多困难，促进访谈的顺利进行；反之，则很容易在遇到困难时退缩甚至敷衍了事。

当然，如果访问者具备其他优良素质，则会促进研究更顺利地进行，但是以上几项素质是对访访问者的基本要求，是成为一名合格访问者的基础。

2. 访问者的训练

英国曾经有一项研究显示了访谈员训练的重要性。该研究显示有经验的访问员与没有经验的访问员取得的成果差异是很明显的，而这些成果差异与访谈的主题或者访谈者的性别等其他因素无关。这项研究提醒我们对访谈员进行训练的必要性。因此，即便是经验丰富的访问者，除非在之前接受过类似的培训，否则，一旦开始接触一个新的访谈主题，就必须要经过相关培训，才能让访问者合格“上岗”。具体做法如下：

（1）详细介绍整个项目。研究人员要将整个访谈的相关内容向访问者给予具体说明，让访问者对整个访谈的目的、计划、时间安排等具体环节有个详细了解。经过一番了解之后，访问者会及时调整自己的工作思路，以符合研究的需要。

（2）探讨访谈过程的具体方法。研究人员除了介绍整个研究之外，还要经常与访问者商讨访谈细节，如问题要点、提问技巧等。沟通可以及时交换想法和项目最新进展，有利于调查的有效进行。

（3）实际模拟。只有实践，才能找出实际访谈中可能出现的问题，进而及时改正，以防在实际访谈中出现类似状况。因此，在正式访谈之前，可以先进行实际模拟，除了达到熟悉访谈内容、技巧外，还要找出访谈中出现的问题。在整个实践过程中，研究人员可以观察访问者的具体表现，并及时和访问者进行沟通，共同找出不满意的地方，使整个访谈朝着有利于调查研究的方向发展。

第二节　观　　察

一、观察概述

（一）观察的含义

观察是一种依赖视觉，并以听觉、直觉为辅助手段，从而获得信息的重要手段，它在现实生活中被人们广泛使用。比如，注意到同事今天特意打扮了一番，外出发现大自然的美妙景色……这些都是日常生活中的观察，虽然没有什么明确的目的，但也不期望得到正确的结果，可以说是一种无意识、非系统的自然活动。然而，科学意义的观察法并非如此，它是一种有研究计划、研究目的、研究方向，并借助一定的辅助工具，通过系统的考察，能够得到重复验证结果的一种观察活动。这种方法是根据研究的对象和目的，通过观察者的实际直接感受而获得的有关现象的报告。

在一些调查研究中，观察法是一种基本且重要的方法，通过它，可以发现真实社会环境中各因素之间的复杂互动情况。如前文所述，访谈法中也经常使用到观察法，因为访问者要通过被访问者的表情或者肢体语言来判断他的心理变化，并及时调整访谈策略，从而推动访谈的顺利进行。作为观察者，需要用自己的感官来判断各因素之间的关系和变化，这是一项十分考验人的任务，并且对观察者要求很高，需要观察者自身素质过硬，并且适应能力极强，能够迅速判断周围的环境变化。

观察，需要观察者在实际操作过程中能有一整套计划，在遇到问题时还要有思辨精神。在研究的准备阶段，研究者要对观察的目标、观察过程中的重点，以及据观察报告所做的事后分析做具体描述。尽管观察报告会比较凌乱，但它并不是随意堆砌而成的。埃默生和弗雷茨等曾用“杂记”（jottings）来定性观察者在现场的记录内容。初形成的观察报告不利于研究人员查阅，需要进行后期整理，以供研究分析。为了更好地进行研究分析，在制订观察计划时，研究者就应该确定观察报告的具体形式和统计处理办法。为了使大家对观察产生意识层面的了解，现给出以下实例，供大家参考（表 5-1）。

表 5-1 观察记录表

1997 年 11 月 13 日，周二，中午 12 点 40 分	
观察	观察者的评论
这间教室一共有 17 个小孩，一名老师，一名助理员，一名见习老师。 这所学校差不多有 100 年的历史了，我所在的这间教室在地下室，整个空间约有 12 米长，9 米宽，里面有几扇小窗户，照明主要靠的是那几盏白炽灯。教室有地毯，里面的家具把教室的空间分成了几部分，后面左手边是公共图书区域，里面有书本和一张图表。紧挨着该区域就是一个书架，上面除了一些书本、录音带之外，还有一个篮子，里面放着几本较大的书，书架旁边就是厨房了，厨房的前方放着几张桌子，周围围绕着几把小椅子。教室的前面左手边有一张桌子，不远处还放着一张沙盘桌。整个教室的墙壁是五颜六色的，而且墙上到处都贴着孩子们的画，画上画的有的是苹果，有的是自画像，上面而且带有孩子们的签名	虽然这间教室并不理想，但老师明显对这间教室有过精心安排，让教室整体看起来十分温馨
孩子们在走进教室之前，会把自己的书包和外衣放在教室外面的挂钩上	大部分小孩貌似都知道这个规定

经过观察者的一番整理后，得到上述观察报告。整个报告分成两块，左边列出的是对整个观察的客观描述，右边是观察者本人的一些看法。这些看法是观察者对自己所见现象的一种分析，而这些分析将有助于接下来的研究活动。

（二）观察的特点和优缺点

1. 观察的特点

通过以上对观察法的了解，其特点已逐渐清晰，具体如下。

（1）计划性。观察法是研究人员组织的一种带有目的、计划的调查方法，它需要研究人员经过对整个研究系统思考后，做出详细方案，并按照方案实施实际活动。因此，观察者要认真研读方案，并按照方案逐步实施，不得肆意进行。

（2）自然性。整个调查要在自然的环境下实施，过程中不能干扰被观察对象，要尽可能地在自然环境下观察他们的正常活动，这样得到的资料才更有价值。

（3）延伸性。观察者在调查过程中，除了利用自己的感官来直接获取资料外，还可以通过自己的思考、知识、阅历，从客观现象中逐渐延伸出更多有意义的资料，这对整个研究十分有益。

（4）广泛性。这种广泛不仅指许多类型的研究可以用观察法来收集资料，还指所观察的社会现象、可以参与的观察者的范围广泛，甚至观察者不需要太多的专业训练都可以尝试这种方法。

2. 主要优点

（1）可以获得可靠的一手资料。在使用访谈法时，无论表达地多么到位，受访者仍可能出现表述不清、口齿含糊等问题，使得记录出现偏差。此外，在一些具有保密性质的调查中，通过访谈法很难得到真实的信息，且相关的档案和实物也难以获得。观察法可以克服上述困难。观察可以使观察者参与到情境中，了解一些深入的、细节性的东西。在观察过程中，观察者可以与被观察者处于同一环境中，因此可以得到一手资料，这些资料通常都是比较真实有效的，与此同时，观察者可以一边观察，一边感受周围的一切微妙因素，如气氛等，这些因素对于研究来说都是很重要的信息。

（2）对他人的干扰性小。观察法对被观察者的干扰相对较小，尤其是间接观察、局外观察和“完全的参与者”式的观察，基本对被观察者没有干扰，获得的信息也相对更加真实。

（3）增加观察者的理解性，有利于深入调查。观察可以帮助观察者从不同的视角来理解被观察者。例如，在参与性观察中，观察者可以作为其中一员参与到研究中，此时观察者对于被观察者的描述是最为准确的。在观察者有份参与的研究中，观察者可能会出现在一些讨论性的会议中，此时的观察者就不再是局外人，而是可以清楚描述被观察对象的局内人了，观察者可以通过自己的感受，深入理解被观察对象。

（4）弥补其他资料收集方法的局限性。观察法在一定程度上可以弥补其他资料收集方法的局限性。比如说在问卷调查中，经常会有被调查者拒绝填问卷或者填写不认真、弄虚作假等现象。在访谈法中，也会遇到被访问者拒绝接受访问的情况，而观察法可以弥补这些缺陷。此外，观察法还可以用来验证收集到的资料是否有效。

3. 主要缺点

（1）过程变量多，难以控制、量化。观察通常都是直接和自然的，因此，很难控制观察的环境中的一些变量，如时间、地点等。在具体观察中，观察者很难预计到要观察的现象什么时候才能发生，想要做计划也比较困难，而且，观察的样本数量一般比较少，难以量化。以上特点都会导致观察法很难进行数量分析和统计判断。

（2）难以对敏感性问题进行深入观察。观察通常需要对被观察者进行直接的了解，因此，当需要收集的资料涉及隐私或者其他私人不愿意被了解的信息时，想要进入观察就比较困难了。比如，想要观察一家企业，领导人很可能会因为对某些商业机密的担忧而不允许进入，又如，想要了解私人场合的行为资料，如家庭的内部纠纷，也是比较困难的。即使是在参与性观察中，一位观察者也很难以外来者的身份来进行一些科学研究之外的活动。

（3）观察容易受到主观感情或者价值观等因素的影响。在观察的过程中，观察者不可避免地要与被观察者建立一定的联系，而这种联系会很大程度地影响被观察者进行客观的观察。而且，观察的时间越长，观察者与被观察者之间的联系也会越强，观察者就越难以进行客观的观察。从另一个层面来说，观察者进行观察的基础是自己的感官和思维方式，而每个观察者的感知都是有选择性的，思维方式也不一样，因此，即使是观察同样的对象与环境，不同的观察者得到的资料都是不同的。这些都是观察的主观性表现。

（4）工作量大，统计困难。观察的工作量很大，不仅费时费力，对经费要求也高，而且观察者可能没有足够的时间和精力记录所有的活动。科学的观察难度也比较大。另外，上文提到观察法的门槛较低，不仅适用很多场合，而且即使是没有受到太多训练的观察者都可以进行观察。但是这也导致观察的结果数量很大，又很杂，难以进行分类编码、整理和分析。

二、观察的类型

（一）按照被观察对象的状况分类

按照被观察对象的状况分类，可将观察法分为直接观察和间接观察。

1. 直接观察

直接观察是指观察者通过使用感官或者辅助工具，对一些正在进行的事物所进行的观察。它的观察对象通常是正在发生的事或正在进行动作的人们。也就是说，观察者要亲眼看到被观察者的行为活动。直接观察活动可以很正式地进行，也可以在项目进行的过程中穿插进行，一个正式的观察活动需要观察者做出周密而详尽的计划，具体到观察的时间和事件，如果是非正式的观察，则自由得多，随时随地都可以进行。

2. 间接观察

间接观察是指观察者通过使用感官或者辅助工具，对过去的一些现象或事物所进行的观察。间接观察的对象不是正在发生的事物，而是之后留下的痕迹。比如说通过观察一个城市的墙壁的涂抹情况来了解某个城市的文明程度，通过观察某些遗址可以发现过去这个地方的文化等。间接观察可以使观察者更加全面、系统地看待一些现象和行为，并找到推动事物发展的背后原因，有利于进行深入的研究，但是，这种方法较复杂，所获得的信息也会缺少一些真实性。

（二）按照观察的标准化程度分类

按照观察的标准化程度分类，可将观察法分为结构式观察和非结构式观察。

1. 结构式观察

结构式观察是观察者根据研究目的，制定出具体的观察策略和记录方式，并按照策略和记录方式严格实施观察的一种方法。这种方法适合研究已确定的行为，并且所获信息的类型和内容已明确的研究。结构式观察法对观察过程的控制程度相对较高，其主要特征就是调查过程的标准化，一般在正式观察之前对观察的范畴进行分类，对观察的记录方法等问题做比较详细的规定，观察者按照要求进行观察、记录，观察期间不能掺杂任何个人主观评价，这样有利于后期对结果进行定量分析。结构式观察通常都比较具体、明确、容易操作，其结果也比较真实、客观，但是所能调查的范围有限，又因为控制程度高，调查获取的资料内容也缺乏一定的深度。

2. 非结构式观察

非结构式观察不具备结构式观察那些要求。观察者可以提前制定一个开放式提纲，在调查过程中根据实际情况来适当调整，观察者不会期待某些特定行为的出现，只是对观察到的现象进行全面的观察和记录。这种方法比较灵活，适应性强，对观察的各个方面都没有严格的要求。因此，非结构式观察通常只能进行定性的处理和分析，比较适合探索性研究。

（三）按照观察场所分类

按照观察场所分类，可将观察法分为实验室观察和实地观察。

1. 实验室观察

实验室观察，指在配备有齐全设备的实验室内进行的一种观察方法。“实验室”并不仅仅是大家普遍意识里那种有各种仪器的空间，它也可以是会议室、俱乐部等。但是，不论什么类型的实验室，为了能够更好地进行观察，在观察之前都要经过一定的布置，使之达到实验的要求。由于实验室观察对硬件设施有要求，且观察的对象和范围存在局限性，因此这种方法很少在社会科学领域中使用。

2. 实地观察

实地观察是在现实的自然环境中进行的观察，事先没有进行控制，只需要深入环境中对观察对象进行观察即可。这种方法要求环境处于自然状态，是一种直接的、不需要辅助工具的观察方法，因此，无须对观察环境进行事前准备。一般情况下，通过实地观察，能挖掘出某些深层次的信息，所以实地研究往往是观察者验证和扩展研究假设的实践基础。此外，实地研究没有固化的程序和步骤，它比较侧重于对现实情况的客观分析和描述，有利于得到一手资料，并进一步形成对研究的相关假设。

（四）按照观察者的角色分类

按照观察者的角色分类，可将观察法分为非参与式观察和参与式观察两类。

1. 非参与式观察

在非参与式观察中，观察者不参与到观察环境之中，而是置身于所要观察的环境之外，最好是隐蔽起来，不要影响被观察者和所在环境，进行“冷眼旁观”，与被观察者之间也没有交流。上文提到的实验室观察就是典型的非参与式观察。非参与式观察可以使观察者得到自然状态下的调查资料，操作简单，行动性强，使用范围广泛。但是，观察者的不参与，也代表了不能深入了解被观察者，所得到的资料多数是表面性的，也可能是不真实的。

2. 参与式观察

参与式观察是参与到要了解的环境中，成为其中的一员，通过与被观察者的交往，而获得所需资料的观察方法。根据观察者参与程度不同，参与式观察又可以分为完全参与观察和不完全参与观察两种不同的形式。完全参与观察要求观察者能够成为被观察者群体中的一员，并身在其中进行观察。不完全参与观察要求观察者“半”进入被观察者这个群体并实施观察，双方的关系可以用“熟悉的陌生人”来进行形容。在参与式观察中，观察者都是带着问题进入被观察者所处的环境中的，在观察之前，并不会形成完整的方法体系，而是在收集资料过程中逐渐形成一套方案，因此，它能全面地获取许多真实的资料。但是，它最大的缺点也恰恰是因为参与其中，导致观察者或多或少会对被观察者及其所处环境产生影响，进而无法准确地观察到自然状态下的真实情况，使研究产生偏差。

三、观察的步骤

观察法实施起来主要有三个阶段，分别是观察前的准备阶段、实施阶段和资料分析整理阶段。每个阶段的主要工作如下。

1. 观察前的准备阶段

在准备阶段，首先要了解研究主题和研究的理论、实际背景，并在此基础上明确研究目的，这个过程在整个观察中起着提纲挈领的作用。

其次，要制定一个比较详细的研究规划，规划中要包含观察的时间、地点、观察对象、观察内容、方式、手段等信息，详细考虑在观察中可能出现的各种情况，并设计好应对措施。

（1）时间。预计在什么时候开始观察，整个观察过程要持续多长时间、进行多少次更合适……这些问题都需要和被观察者协商后，根据双方的时间和工作、生活状况，做出具体的时间安排。

（2）地点。地点的选择很重要，不仅要保证被观察者在控制范围内，还要注意隐藏观察者自己，避免暴露，影响被观察者的状态，进而影响观察结果。

（3）观察对象。观察者要清楚观察现场都有谁应该在场，他们具体的角色是什么，应该重点观察谁……

（4）观察内容、方式、手段。在实施观察前，应对整个观察过程有个大致的了解。观察的主要内容有哪些，预计用什么样的观察方式，需要什么样的辅助工具，记录方式的选择……都需要观察者根据本次观察的实际状况做好安排。

最后，要对可能用到的理论和实物做好准备。理论上的准备主要有查阅相关文献，提出理论假设，并将其操作化，确定观察指标等。实物上的准备需要事无巨细，只要可能用得到的都要准备到位，包括观察卡片、记录提纲、技术设备等。

2. 实施阶段

具体的观察实施过程中，第一步当然是观察现场的选择，现场的选择应与研究问题紧密相关。选择现场的依据有：是否能进入现场；观察者有可能充当的角色，该角色是否可以收集到想要的信息。选择现场还需要考虑可供利用的资源、机会，还有个人兴趣等方面。

选择好现场之后，就要进入现场实施观察。进入现场有两种常用的方式。其中公开式进入是比较受欢迎的方式，即得到被观察群体的许可之后进入观察现场，这种方式不涉及伦理问题，使用较为广泛。另外一种方式是隐蔽式进入，也就是观察者并没有告知被观察者自己的真实角色。大部分的现场都可以获准进入，但是仍然存在少部分现场只能隐蔽地进入。

接下来就是与观察对象进行交往，从中获得需要的资料信息。当然，在观察过程中不能忽略记录，还要注意以下几点。

（1）保证客观性。对观察到的东西，要进行客观评价，尊重事实，不能有主观内容，更不能凭空捏造。

（2）保证全面性。要把观察到的所有内容都记录下来，有些东西可能在当时的环境看来并不重要，但是在事后研究阶段，任何一个细节都可能对整个研究产生重要影响，因此，不能随意删除某些内容，要如实地保存全部记录。

（3）遵循一定的逻辑性。对于现场观察来说，所能遵循的逻辑，就是按照事情发展的顺序进行记录。按照顺序进行记录，对于后期的研究来说十分重要，它能展现出事物发展的内在联系，对整个研究大有裨益。

3. 资料分析整理阶段

这个阶段的主要目的有两点：一是对观察记录进行整理和分析，包括分类、统计分析等；二是得出观察的结论，形成观察报告，即对观察结果的呈现，方便案例研究时获取资料。

对资料的整理和分析是非常重要的一步：首先，检查所有的材料，看是否存在不妥、错误、缺失等情况，如果有，要及时修改并补充内容；其次，对整理好的资料，也要进行详细的备注说明，以防过后遗忘，并产生疑问。分析是观察中的一部分。它的作用是将观察到的资料解剖、分割成为单元或者要素，也就是将杂乱的资料整理成为易于处理和理解的部分，方便在日后的研究中能迅速获得需要的信息。

整理分析过后，就要得出自己的结论，经过一番证明后，形成观察报告。然而，只通过观察是不能支撑整个研究的，所得到的观察报告也要和其他资料收集方法得到的资料一起使用，才能更有力地提出自己的假设，并进行描述和探究。

以下为一例观察法应用实例。

某次邀约访谈某生物制药公司财务总监，项目组成员提前一刻钟赶到该公司，得知访谈对象参会尚未结束，便提出参观请求并得到了对方许可。

在接待人员引领下，项目组对该公司各办公区域逐一参观并选择性地拍下现场照片。观察发现，该公司部门设置偏重于技术研发、产品开发、试制测试等研发职能，而生产区域面积狭小、人数偏少、功能偏弱，且没有设置专门的营销部。另外，行政、人力、信息等职能管理类机构设置也不健全。

项目组因此判断该公司正处于创业期，拥有一些专利技术但还未完成产品化阶段，资金投入巨大且没有形成回流，融资需求旺盛但缺乏足够的固定资产抵押贷款，专利权质押融资方式会成为其重要选择，该公司会是项目组研究专利权质押融资的典型企业案例。

后期通过访谈深入了解，验证了以上判断，访谈对象也提供了很多独特的思考和有价值的信息。更可贵的是，现场观察法为项目组研究专利权质押融资主体特征提供了具象参考。

四、观察的信度和效度

1. 观察的信度

信度是对观察一致性的预估。观察的信度有三种：第一种是不同观察者的相关度；第二种是同一观察者在不同时间的观察获得的资料的相关度，也叫稳定系数；第三种是不同的观察者在不同的时间获得的观察资料的相关度，又叫信度系数。

实验证明，不同的观察者观察到的资料和同一观察者在不同时间观察到的资料很难完全一致。尤其是无结构式观察，信度很难依赖，也很难检验。因为在无结构式观察中，观察者主要靠感官进行观察并进行主观描述，观察得到的结果一般不是标准化的，很难进行比较。

使观察信度更高的方式主要有两种。第一种是通过同一个观察者在不同的时间内对同样的观察内容进行重复观察。第二种是增加观察者的人数，通过彼此观察资料的对比来检验观察得来的资料，从而提高观察的信度。这两种方式相比较，前一种更为有效一些。另外在使用这种方式的过程中，要注意观察环境的变化对观察结果的影响，以及观察者自身在不同的情境中的变化等，这些因素都会对观察的信度产生影响。

2. 观察的效度

效度是对被观察对象观察程度的预估。我们从内在理论效度、内在经验效度和处理资料的方式对效度的影响三个方面来阐释观察法的效度。

直接影响内在理论效度的是理论的准备过程，具体来说，就是在观察法实施之前，对观察范畴的选择和操作化。

影响内在经验效度的因素比较多，而且大都是在观察过程中产生的，主要产生于以下三种情况中。首先是观察过程中对被观察者的干扰。当被观察者发现自己在被观察时，或多或少都会改变自己本能的行为，特别是对一些比较敏感的行为。其次是观察者自身的价值取向等主观因素的影响。观察者在观察过程中，始终会戴着含有自我特色的“有色眼镜”，因此对一些现象的看法会带有一定的感情色彩，这都会对观察结果产生很大的影响。最后是观察者的感官习惯和记忆能力等个人因素对观察效度的影响。比如，观察者在困倦时进行观察，事后回忆起来可能对一些具体事项会产生遗忘或者错觉；在紧张的时候，对一些细节问题也可能会出现视若不见等现象。

在资料分析和处理阶段，研究者也可能会因为自己的价值观等因素，选择自己喜欢的资料，或者选择支持自己偏好的理论证据。这些都会对研究的效度产生影响。

第三节 实物分析

在质性资料研究中，实物收集是一种常见的资料收集手段。Yin 把实物证据作为证据来源的重要方式。他曾经将案例研究中常见的证据来源分为六种，包括文件、档案记录、访谈、直接观察、参与性观察和实物证据。实物证据可以是人工制品，也可以是经过人类加工的自然物，具体的实物包括文字、图片、视频、技术装置、工具或仪器、艺术品等。这些物品既可以是历史记录，也可以是研究当下的记录。

实物分析方法有助于研究者拓宽视角和增加敏感度，及时和全面地捕捉到与被研究对象有关的信息，丰富研究内容，并达到互相证实和检验的目的。目前，实物分析法多被作为访谈法、观察法等方法的辅助手段来使用，以达到相辅相成的效果。

一、实物的收集

（一）实物的类型

实物资料就是把实际存在的，与历史有关的东西作为资料。在历史上，实物资料是一种很重要的资料，人们往往通过实物发现来鉴别历史古籍是否存在误写的地方。从这一点上来说，实物客观的属性可以帮助我们还原一些历史场景。

历史学上所说的实物资料是指那些具有历史价值的实物，如文化遗迹、文物、建筑等，而这里提到的实物资料主要是指在质性研究中所用到的实物资料。按照实物资料的表现形式分类可以分为四种：语言文字资料，作品资料，音像资料，测查、调查资料。这些资料的具体呈现形式主要有文字、图片、视频、音频、技术设备、艺术品、电子证据等，这些资料可以是个人的，也可以是官方的，并无具体限制。

按照实物资料的正式程度分类，可以划分为官方资料和个人资料两类。所谓官方资料，主要是指政府颁发的一些证件和政府文件、官方统计年鉴、正式出版的报纸杂志、历史文献资料等，这些资料也许会由某个个人来保管，但是它的制造者一定是官方，官方资料与个人资料的区别在于，官方资料主要使用于正规严肃的交往中，而个人资料主要是为个人服务的。官方统计资料指国家各个统计部门、各级政府，以及各机构编制的各种报表和报告，但即便如此，也并不能代表这些资料是毫无偏差、准确无误的，有些单位可能为了规避法律上的责任而采取伪造报表的手段，有的则是因为技术问题而出现统计不准确的状况。在一些统计报表中，由于统计口径不同，可能会有数据不能直接使用的情况发生。因此，在利用这些数据时，研究者需要明确数据的来源、收集这些数据的原因，以及这些数据与研究案例之间的关系，不可看到“官方”二字就直接拿来使用。

个人资料主要包括个人信件、日记、著作或者是研究者为了进行问题研究而写下的读书笔记等。这些资料一般是非正式的、由个人保管的资料。日记通常是当事人对事件如实的记录，研究者可以通过日记来获悉事件发生的来龙去脉，但需要注意的是，由于日记是真实、完整的，因此这种资料很难获得。个人信件包含了写信人对事件的态度看法，还能反映写信人与收件人的关系和交往方式，但是信件这种资料也很难获得，因为人们往往不愿意把反映自己真实意愿的私人信件拿出来供他人研读。如果研究者能够同被研究者建立良好的关系，也许可以帮助研究者获得这两种资料。

照片是一种特殊的资料，因为它既可以是官方的也可以是个人的。陈向明认为，照片之所以有官方和个人的划分，是因为其有“照相”和“收藏”这两个行为层面和“目的”这一个动机层面。据此，陈向明做了一个划分，我们把它概括出来就是个人拍照个人收藏、个人拍照官方收藏、官方拍照个人收藏、官方拍照官方收藏[99]。其中，由个人收藏的多为个人服务，由官方收藏的多为官方服务。在案例研究中，照片是一种十分有用的资料，它可以如实记录当下的场景和一些细节问题。在访谈中，研究者还可以通过照片要求被访问者提供描述与解释，这些描述或解释可以帮助研究者读出隐含在照片中的隐秘而抽象的关系。

通俗来讲，电子证据就是指以电子形式存在的信息，它的精确性和无形性使其迅速成为案例研究的一种重要资料来源。比如，要研究某些社会话题，可以通过它的网络浏览量或网友留言来判断其热度和网友关注点等。根据来源不同，电子证据可以分为以下几类：①存储设备中的电子证据；②从电磁辐射中获取的电子证据；③线路电子证据。电子证据和传统的实物资料是有区别的，因此，研究者要使用不同于传统的调查、收集方法来获取资料。如今，通话、发邮件等网上活动已经成为现代人生活的一部分了，手机、计算机等电子物品更是人们工作、生活不可或缺的得力助手，人们通过网络进行的许多行为都会留下对应信息，这就为电子证据帮助研究提供了空间。目前，许多研究实例表明，电子证据已是案例研究中非常重要的资料之一，它不仅可以作为实物资料辅助研究，还可以作为案例研究中验证研究目标或方向的重要依据。

在案例研究中，实物证据使用的并不多，但是这不代表实物证据不重要。相反，实物证据往往是研究的关键，与实地观察相比，实物证据获得的资料更为真实和直观，不需要研究者花费大量的人力、物力组织调查，在实物证据面前，研究者只需要很短的时间便可以获得有价值的信息。譬如在研究科研人员向创业者转型路径的案例中，研究者可以从现有理论出发，构建模型，在对科研人员的了解中，通过访谈获得有用信息，但是研究人员的背景资料、公司结构、公司营业额则需要研究者做好实物资料分析，这些实物可能来自网络，也可能来自税务单位，但无论采取何种获取方式，这些资料都是可以拿来利用的实物证据。这些背景资料可以帮助研究者更好地分析科研人员的转型路径和驱动原因。公司结构和营业额等资料，可以说明公司的经营状况，通过查阅这些资料，研究者就能更准确地分析科研人员向创业者转型的路径，实物证据同访谈资料的结合也更加具有说服力。同时，需要注意的是，在获取一些研究者的背景资料时，不可避免地会出现因涉及个人隐私或公司机密而不能获取全部信息，再或者是得到的数据失真等情况。

（二）实物的收集方式

收集实物资料的方式可以分为偶然地收集和有目的地收集。

偶然收集的资料随处可得，读书、看报、访谈、调查、上网都可以获得实物资料，但是偶然收集存在一定的问题，那就是选定研究课题是在收集资料之后，所以研究者不能带着问题去发现资料，这样就容易导致收集到许多无用资料；再者，由于网上的信息繁多，一次偶然的机会就能找到与研究有关的电子证据，这对研究人员来说是十分困难的，所以偶然收集并不适用于收集电子证据，因此这种收集方法最好只是作为补充实物的方法，而不是作为主要收集方式。

第二种方法是有目的地收集资料。有目的地收集也分为两种方式：①有介入性的收集，这种方式主要是指在田野中收集，通过研究者与被调查者、被访问者的交互来获得有用的实物资料，在收集资料的过程中，要得到物主的首肯，例如，在对一份私人信件进行收集时，该信件是否涉及主人的隐私，研究者是否可以通过对信件主人匿名的方式来获得其内容，信件是否可以带走，如果不可以是否可以通过拍照、扫描的方式来获得信件，无论采取哪种方式，征得主人同意都是必要的。在进行访谈和观察时，很多情况需要拍照取景，也许被采访人并不希望拍照，认为隐私被冒犯，这种情况下研究者需要考虑的是，如何最大限度地减小对被采访者的影响。②非介入性的收集，主要是研究者带着问题去图书馆、档案室或找专业电子技术人员查询资料，通过网络或者是阅读其他书籍、报刊获取实物或电子资料。图书馆、档案室、网络上的资料同样浩如烟海，如何在这么多的资料中找到对研究有用的内容呢？网络报刊的资料质量也是良莠不齐，如何分辨资料质量的好坏呢？在收集开始之前，研究者需要明确自己为何要开展实物收集，在现有的研究基础之上，需要哪些实物或电子证据来进行相互印证，在现有的理论基础之上，实物、电子资料如何与之联系起来……带着这些问题有目的地展开资料收集，可以少走很多弯路，收集也会变得有目的、有方向。

二、实物分析的具体操作

（一）实物分析的原则

实物分析主要是指研究者从自身的角度出发来描述所看到的物品，并解释其意义。因此研究者自己的倾向性会在很大程度上影响实物的分析视角和结果。所谓倾向性，是指研究者的目的、自身知识储备、理解能力、价值倾向等因素对实物分析结果的影响。因此，实物分析要明确以下三点注意事项：①研究者要考察资料的倾向性，避免过分解读。有的实物资料制作者会借机美化自己，也有的实物资料是事后的作为，其真实性有待考证；②研究者要时刻注意自身的倾向性，在研究中避免带入过多的主观情绪；③研究者要借助自身知识对实物进行专业的梳理分析。我们把实物资料按照文字资料和照片、录音等影像资料、电子进行划分，然后分别对它们的分析原则展开论述。

在分析文字资料时，首先要把分析限定在一定范围内。文字资料最容易获得，其数量也最多，如果不能把分析限定在一个明确清晰的主题内，研究的思路就很容易偏离轨道。因此，文字资料的第二个分析原则，即明确清晰的分析路径，这一原则的目的同样是简化资料分析，使分析少走弯路。第三是避免列出清单式的分析报告。文字资料分析不是简单地摘取关键词进行罗列，而是对于文字资料的整体把握，对资料整合提炼出对研究有用的结论才是重要的工作，否则就变成罗列清单了，文字分析也就失去了意义。

在对照片、录音、影像资料、电子证据进行分析时要遵循以下原则，同文字资料一致的影像类、电子类资料的分析也要选择一个问题作为切入点进行分析，并且不能偏离研究路径。在收集照片、录音、影像资料、电子证据时，要尽可能收集与研究有关的简单资料，影像资料的高度还原注定了这类资料保存整理起来更加复杂，而电子证据的无形性、数字性等特点也对研究人员获取资料提出了更高的要求，因此提前筛选资料可以帮助研究人员节省大量的时间。第三项原则是谨慎处理复杂的资料。照片、录音、影像资料、电子证据中的权利关系往往不是一眼就能够观察出来的，而电子证据中的一些资料获取，甚至需要专业人员的协助，才能挖掘出有利的更深层次的研究资料。因为这些权利关系比较隐秘，所以需要研究者具备一定的观察能力和专业能力。此外，如果一些资料涉及机密性的文件或者资料本身比较珍贵，那么就需要研究者谨慎处理，避免出现意外或损毁。

（二）实物分析的步骤

实物分析主要对与案例有关的文字、音像、图片、物品、电子证据等进行分析，解释该物品为何存在以及它的意义是什么。在进行实物研究时，规范实物分析的程序是非常必要的。由于实物资料的形式多种多样，如果没有明确的研究目标和研究步骤，很容易陷入浩如烟海的资料中找不到头绪，影响研究的进程。

实物分析法首先需要明确的就是其研究目标，即要做什么。一个项目完成的好坏很大程度上取决于研究问题的好坏，如果不能确定一个合适的研究主题，可能会导致研究过程中出现样本获取困难、样本对象与研究主题不匹配等问题。在这种情况下，就要面临改变研究主题或者是更换研究方法的麻烦，而整个研究任务也会变得混乱无序，所以，只有目标明确，才能有的放矢，少走弯路。

明确目标之后还要对目标进行分解，首先要考虑整个研究是为了完成一个什么样的任务，需要哪些理论来支持，目前所能掌握的信息有哪些，采用哪种研究方法最便捷有效。经过这些思考以后，形成具有层次性的研究步骤。捋清思路后，把这些研究步骤用纸笔或者计算机记录下来。这一步可以帮助研究者梳理研究思路，初步确定研究中所需要的实物证据，还可以在庞大的资料体系中明确哪些指标对研究是有帮助的，节省研究人员的时间与精力。

接下来就是搜集实物资料。有了前两步的铺垫，研究者此时已经有了初步的研究计划，接下来的工作就是把所需的资料通过不同的途径收集整理起来。在这一过程中需要确定的问题是，采取哪些手段来收集实物，是否需要出差，是否需要收集其他电子证据，如何保证所收集证据资料的质量和完整性，这些问题在收集阶段必须认真分析研究。在收集时要遵循一定的要求，比如：要获得实物所有者的同意，并对实物资料进行保护；收集资料完成之后，要对资料进行整理，在整理资料时，要围绕研究目标对资料进行分类，及时为每一种资料进行编号；许多实物资料以非常原始的形式呈现出来，此时需要研究者进行一定的初步筛选；收集整理完资料之后还需要对资料进行分析，实物分析时可以借助一定的技术手段，如计算机编码技术……一旦收集完成之后，就可以得出一个时间预算，并按照预算，进一步分配时间来处理分析这些资料。

至于电子证据的收集，要注意以下几点。电子证据是指从许多未知或不确定中找到一些确定性的东西来辅助研究或者验证研究的某些问题。电子证据获取过程的难点就在于如何保证数据的完整性，也就是说如何保证收集人员找到的这些电子证据是没有被修改过的，是符合使用标准的，由于它容易被损坏、改变，所以要小心获取、保存，以防出现意外，影响整个研究的进展。在电子证据的收集过程中，研究人员最好在专业人士的陪同下，共同完成资料的收集工作。

在获取实物资料时需要注意以下方面：首先，在取得物品时要征得物品所有者的同意；其次，考虑物品与研究问题之间的关系以及该物品对于研究是否有价值；再次，有些物品可能是具有历史价值，有些物品可能比较贵重，此时需要妥善保管好物品；最后，与文件、访谈、观察等其他调查方法得来的资料相结合，使之互相补充、互相印证。研究过程中收集到的实物证据，首先应该在不被破坏的前提下对物品进行清理，然后分门别类地编排序号、包装保存。在对实物进行编排序号时，要使用和整个研究项目相同的体系。实物证据的编码包括三个主要的部分：一是位置码，二是索取码，三是详细目录码。位置码是把实物编入计算机的关键信息体系，它的作用是指明实物的位置。索取码是为每件实物都编写一串数字，例如，我们在图书馆看到的一对一的图书索取码，可以帮助我们快速地找到需要的图书，因此在对实物证据进行编码时必须确保每个实物证据的编码都是独一无二的，编码可以按照证据收集的时间来区分，也可以按照不同类别来区分。详细目录码是用来描述实物证据详细信息的编码，例如，该实物证据的来源和一些相关描述，这种编码可以帮助研究者与合作者快速熟悉实物证据，并从中得出有效信息。

最后一步就是撰写研究报告。在撰写报告时需要注意报告的篇幅，需要哪些表格和材料，是否需要和别人一起合作完成……考虑完这些问题之后还需要把影响撰写的因素考虑进来，合理规划时间撰写报告。

本章对实物资料的收集、实物分析的适用性和实物分析的具体操作给出了介绍和评价。实物分析法在收集资料时是非常有用的，如果能够正确使用实物分析法来作为辅助手段，可以获得很多其他方法所无法获得的信息。

实物分析法可以同其他研究方法一起使用。在个别访谈或者小组座谈中使用实物分析资料，可以提高访谈的可信度；使用来源不同的资料进行资料间的互证，可以评价资料的真实性；在观察法中，通过实物证据的使用，有目的地操纵一些变量来观察个体的反映，可以揭示一些内在的因果关系……所以，多元分析方法的使用能够帮助研究者更快地建立起证据三角形。

三、实物分析的特点

与访谈、调查一样，实物分析也是一种重要的分析方法，它不仅是一种文化的见证，而且是一种技术操作的见证。实物可以作为资料证据的原因主要有三方面：首先，从实物的类别来看，实物是一种客观存在的事物，它具有客观和自足的特点。无论是图片、技术装置还是工具仪器等，在研究前后其本身的都不因研究者的收集观察而发生改变。其次，实物是特定情境下的产物，是一定情境下某些人对一定实物看法的体现，是当时情境文化的展现，暗含着当时情景中的文化与规范，并且通过对实物资料的分析可以了解到当时的情景文化。最后，物品的存在可以起到一种“证据”的作用，不仅可以证实所要研究的问题，而且“具有改变社会规范的潜能”。

前面提到实物主要包括文字、图片、视频、电子证据、技术设备等，这些物品不仅是客观存在的，还隐含着一种契约关系，显示的是人与人之间、研究问题之间的关系。实物是一种具体的东西，它有自己的特点，访谈法中曾大量使用语言的艺术来完成整个访谈，语言不可避免地存在一些规则限制，而实物的分析模式则不同，它是一种拥有具体形象的东西，十分依赖对物品的感知和联系，这是因为实物的存在不仅仅具有使用的功能，它的存在和使用还可能对社会规范产生了一些影响。正因为实物与社会生活如此密切，我们需要考虑到更多的方面，如实物产生的历史背景、实物的制作人、实物的制作目的、实物的使用方法、实物的保存状况等。实物的种类多种多样，具体特性也各不相同，在进行实物收集和分析时要习惯性地学会追问为什么、怎么样等问题，在对实物进行分析时还应该把实物放到当时的历史背景中进行考虑，在这样的思路下，我们需要学会用关联性的思维进行分析。实物制作者的目的会很大程度上影响实物分析的效果，实物制作者是出于外部的压力还是自身目的来制作实物直接决定了实物的参考价值，制作者是为了获得利益还是出于兴趣制作更决定了实物的可信度。

实物分析的优点包括三个方面：①用事实说话，对比访谈、调查法来说，实物证据具有更加直观的特点，实物的存在并不以研究者的目的而转移，它可以提供有关案例的研究背景，实物是一种直接的见证；②实物分析可以搭建一座时空桥梁，帮助研究者更好地解读问题；③实物可以为研究者提供联想空间，扩充研究者的想象力。

例如，通过观察一个人的穿衣色彩（是偏好彩色系还是黑白色系），可以大致分析这个人的性格特点，虽然没有直接的沟通交流，却可以侧面反映其内心世界。实物分析法中研究者对被研究对象的干预较少，虽然参与性观察也可以做到较少的干预，但是对于在案例研究之前就存在的实物而言，只有实物分析才可以确保对被研究对象毫无干预。实物更加具有说服力，可以表达一些语言所不能描述的情绪，例如，在历史研究中，一份出土的文物可以清楚地表示一个时代的科学、技术、文化特点，而历史典籍的记录则可能存在偏差或误解；又如，一张老照片可以唤起一个人内心深处的记忆，进而使整个访谈更加生动、具体。实物分析还可以同其他资料进行互相补充和验证，例如验证一个班级的计算机水平是否有访谈中提到的那么优秀，只需要对该班级进行一次测验即可，测验的结果可以直观地表示出一个班级的计算机水平。

实物分析同样具有一定的局限性。首先，获取实物证据存在一定的困难，原因在于实物证据可能具有从属关系，不能随意获得，例如，一些单位的机密文件或者涉及隐私的信件，案例研究者在未得到许可之前是不可随意使用的，即使获得实物证据，也可能存在不能被充分使用的状况，这是因为很多实物是人为记录制作的，可能随着时间的推移失去了原来的价值。其次，事实可能有误或者表达不清，实物本身可能由于时间因素或人为因素而失去了真实的面貌，可能记录者存在记忆衰退或者是对有关细节的表述与事实存在偏差。再次，很多实物表现的都是权贵阶层的行为准则，代表的都是他们的价值体系，反映弱势群体的历史记录比较少。最后，实物的意义比较隐晦，研究者不能精确地解释其意义，可能在理解上与实物制作者存在南辕北辙的想法。与其他几种证据资料相比，虽然实物证据使用的较少，但这并不代表实物证据不重要。实物证据往往会成为论证研究观点的重要一环，因此其是不可缺少的。

四、电子证据

随着科学技术的迅猛发展，网络对人们生活的影响越来越大，因此，为了更好地进行研究，电子证据分析逐渐成为实物分析中的一项重要内容，而所收集到的电子证据，不仅拓宽了实物分析的范围，更为案例研究提供了收集资料的新途径、新方向。电子证据分析是一种新兴且十分重要的案例研究辅助手段，所以在这里单独来进行详细说明。

（一）电子证据的概念及其特点

目前，国内并没有对电子证据的概念进行统一界定，但学术界普遍认为：电子证据是以电子的形式产生，并以数字化的形式存在于磁盘、计算机等载体中，用来证明某些事实的电磁记录物，它是一种不同于传统形式的新型实物证据[100]。电子证据用其特有的属性和存在方式来证明某些事实，同时它也包括了计算机设备、通信设备、网络设备等各种存储介质及其所载有的电子数据等信息。

和传统的实物证据相比，电子证据具有以下特点。

1. 数字化

数字化是电子证据区别于传统实物证据的根本特点。在数字化过程中，首先要将所有信息转化成机器设备可读的语言，然后再使用这些特殊语言进行运算，最后将结果转化为人们可读的信息进行输出。虽然机器设备是可控的、“诚实的”，但也存在一定的风险，当被其他恶意入侵者“攻占”这些设备时，其中的一些信息是可以被改变的，从而使信息失真。因此，在获取电子证据时，要确保网络和设备处于健康状态，这样才能保证得出的证据真实有效。电子证据和音视频资料是不一样的，音视频资料是以音频、图像等方式记录下来的模拟信号。但随着技术的发展与进步，如今电子证据和音视频资料可以互相转化，相信在不久的将来，电子证据可以全面取代音频视频资料，成为实物证据中的重要内容。

2. 精确复制性

电子证据只要按照一定的操作规范，并配合必要的软件、硬件，就可以做到对已有证据的完全复制。比如，某个文件或者文件夹的所有内容，通过复制或者剪切，可以完整无误地粘贴到指定的位置。复制的精确性虽然有利于储存和利用，但是却丧失了作为证据隐蔽性的一面。

3. 非直观性

电子证据作为实物证据的一种，它既是实际存在的，又是不可直观的。实际存在，是指它是电磁波和二进位数据编码，并且确实能够承载一些信息；不可直观，是指它的信息无法用肉眼直接观看，必须借助一些设备和技术，才能将那些内容转化为肉眼直观的一些信息。然而，正因为电子证据的无形性，为证据的保存带来一定的难度。如果有人对电子证据进行恶意修改或者删除，证据本身是不会留下任何痕迹的，操作记录也只能在日志中查看。因此，在使用电子证据时，首先要确认其是否完整和真实，以防对后续研究产生影响[101]。

4. 多样性

电子证据包含多种类型的资料信息，如文本、图片、视频、音频等，它可以将多种信息形式聚合在一起，从而使发生过的事实可以生动再现，有利于研究人员在事后进行调查分析。

5. 挽回性

有时因为一些特殊情况，计算机突然不工作，这时计算机可以按照自身程序生成一些恢复性文件，从而挽回一部分损失。例如，文档在编写过程中，计算机突然断电或自动重启，重新打开计算机后依然可以得到故障前计算机自动保存的文件。此外，电子证据在被人恶意修改或损毁后，是可以通过技术手段检测到并为之复原的，这是传统实物证据所不具有的特点。

（二）电子证据的分类

1. 根据电子证据的内容和作用分类

根据电子证据的内容和作用进行分类，可以将其分为数据电文证据、附属信息证据和系统环境证据。数据电文证据是指记录事实的发生、变更和灭失的数据，如传真文件、电子邮件等。附属信息证据是指数据电文在产生、储存、传送、修改、增删过程中所留下的相关记录，即电子证据的来源和形成过程，如日志记录等。系统环境证据是指数据电文运行过程中所在的环境，包括软件、硬件环境，它可以帮助研究人员判断电子证据的真实性。将电子证据分为以上三类，可以清楚各个证据的具体作用，从而有利于研究中的具体分析。

2. 根据计算机系统的开放程度分类

根据计算机系统的开放程度不同，可以将电子证据分为封闭系统的电子证据和开放系统的电子证据。封闭系统的电子证据是指在封闭系统中，一台或多台计算机处于局域网内的计算机产生、传送和储存的数据。由于系统封闭，所以数据主要集中在内存、硬盘等储存介质中，这导致电子证据的数据来源比较单一。然而也正是由于封闭系统的作用，使用者相对固定，内部数据交换起来也更加便捷、安全。开放系统的电子证据是指在一个开放性的网络中，多台计算机产生、传送和储存的数据。在开放性的网络中，电子证据的数据来源和使用者不易确定，这为后续检测和验证带来一定的困难。

对电子证据进行分类，便于理清电子证据的自身价值，再结合研究目的，有利于进一步深入研究。

（三）电子证据的审查

1. 对电子证据真实性的审查

电子证据的真实是整个研究的基本保障。对电子证据真实性的审查主要从以下几方面入手。

（1）确保电子证据的来源和形成方式的有效性。电子证据的产生和软件程序及专业操作人员的技术手段有很大的关系。因此，需要从软件和硬件两方面来审查电子证据的真实性，认真检查设备的程序运行是否正常，操作人员的专业技术是否过关。

（2）确保电子证据的提取和储存过程合理、合法。电子证据提取和储存方式的合理、合法，是影响电子证据真实有效的关键因素。如果专业操作人员在证据提取或储存过程中使用非法手段对电子证据进行恶意干扰，那么得来的电子证据可能会影响后续研究，起到错误引导作用。

（3）确保电子证据传送过程的安全可靠。电子证据的非直观性和精确复制性使得其自身在传送过程就带有一定的安全隐患，在电子证据的传送过程中如果有人对其进行恶意修改、复制或替换，再或者被中途截获加密修改，往往是不容易被人们发现的。因此要加大对电子证据传送有关人员及传送过程的审查，以保证电子证据的真实可靠性。

2. 对电子证据完整性的审查

完整性是电子证据发挥证明作用的一个重要特点。电子证据的完整性不仅包括其本身的完整性不被干扰，还包括其所处的整个系统的完整性不被干扰。

电子证据本身的完整性，主要是指电子证据自身内容和形式的完整性。在电子证据产生前后，其内容不能受到任何损坏。另外，虽然电子证据形式上的调整或改变不会影响电子证据本身的内容，但是仍会被视为是对其完整性的破坏，在对电子证据进行收集时，要格外注意这一点。

电子证据所处的整个系统的完整性，是指电子证据系统在电子证据产生过程中处于正常运行状态，这样产生的电子证据才具有一定的完整性。如果电子证据是通过后期加工形成的，那么其真实性就有待考证了。当然，如果电子证据是不利方提供的，那么也可以断定其具有完整性。

3. 对电子证据相关性的审查

电子证据的相关性是指证据本身与研究问题有些关系，且对研究目的或理论有一定意义的一种属性。在研究过程中，断定电子证据与整个研究是否具有相关性，主要从以下两点进行：①电子证据可以佐证一些研究事实；②电子证据可以解决研究中的一些具有争议的问题，帮助研究人员理清研究方向。

五、实物分析的适用性

在进行适用性分析之前，对文件、档案、访谈、观察得到的资料进行对比。首先，文件以其稳定、自然、确切、覆盖面广的特征成为获取证据资料的重要方式，并成为证实或证伪其他来源获取资料的重要途径。档案同样具有稳定、自然、确切的特征，但档案与文件的区别在于档案具有一定的目的性，没有文件的覆盖面广。访谈是一种有强烈针对性的资料获取方式，被访问者在访谈过程中可以提供自己关于情境的理解，因此，研究者可以在短时间内取得希望获得的信息。关于访谈的种类和技巧前面已有详细介绍，在此就不再赘述。直接观察和参与性观察是观察法的两种重要方式，直接观察中的研究者担当的只是观察者的角色，而参与性观察的研究者在观察情境中有具体的角色。通过观察，研究者可以得到许多亲身经历过的信息，这更有利于研究者对后续研究的把控。

由各种研究方法得来的证据之间是可以互相补充、互相印证的。实物资料可以检验文件和档案的真实性，纠正其错误；访谈和观察可以弥补文件档案的不全面……多种证据的相互使用，可以形成一种证据三角形，即通过调整每一种证据来源，使之形成不同的组合和策略，无论采取哪种资料，其实都是殊途同归的。

巴顿讨论了四种证据三角形，包括资料三角形、研究者三角形、理论三角形、方法论三角形，其中证据三角形具有稳定、说服力强的特点。此处主要讨论的是不同的资料证据来源，因此，在这里着重论述资料三角形。资料三角形提倡的是"从多种渠道收集资料，并力求验证同一个事实或者现象"。需要注意的是，使用了多种资料收集方式并不代表形成了稳定的证据三角形，这是因为如果资料证据之间不能相互印证，只能算是"孤立的证据"，研究结果的可信度也会大打折扣。所以，使用多种资料证据的研究比那些只使用单一资料的研究具有更高的质量和可信度。

（一）实物分析在案例研究中的适用性

将实物作为案例研究证据的主要理论依据在于以下几点。

（1）实物分析在研究中可以扩大研究者的研究范围，增加研究手段和分析视角。例如，在对科研人员的转型路径和驱动原因的研究中，科研人员的公司资料帮助研究者从外界因素来分析科研人员专业的驱动因素，探究科研人员的初始条件对研究者创业转型的影响。

（2）实物是在自然情境下产生的物品，因此它可以很大程度上还原被研究者的生活背景，帮助研究者更加深入地理解问题。我们仍以科研人员转型路径为例，研究者可以通过一些反映被研究者个性的实物资料来梳理性格经历对科研人员转型的影响，从而增加研究的可信性。实物分析还可以起到佐证相关经验的作用。实物本身就是一种证据，它可以同其他的证据形成一种证据链，补充相关的经验。

需要注意的是，实物证据的使用往往与观察法是密切相关的，研究人员首先要通过观察，才能对实物证据有一定的认知和理解。

在案例 B"高校科技成果转化平台建设中的人才流动问题"中，研究者通过访谈先研院相关管理人员得知中国科学技术大学先进技术研究院院部主体企业和人才的入驻情况，于是研究人员决定通过对实物的观察来实地确认管理人员说法的准确性。研究人员发现，入驻中国科学技术大学先进技术研究院的企业主要位于 3 楼到 9 楼，3 楼以下和 9 楼以上也存在少量入驻企业，因此研究人员决定采用抽样的办法，选取 3 楼到 9 楼为样本进行观察，通过观察的结果是否符合实际，进而再推断中国科学技术大学先进技术研究院整体入驻企业的真实情况。研究人员对实际入驻的企业数量与楼层表示的企业数量进行对比，并进一步观察实际入驻的企业中是否为真实运营的企业，确保结果的可靠性，具体结果如表 5-2 所示。从对办公地点观察的结果得知，中国科学技术大学先进技术研究院每一楼层实际入驻的企业数量与楼层表示的情况基本符合，可以确定相关访谈对象及材料的真实性，并可以推断出中国科学技术大学先进技术研究院整体入驻企业数量基本符合实际。

表 5-2　中国科学技术大学先进技术研究院标示企业与实际入驻企业对比表

楼层	楼层企业标示情况	实际分布企业数量	标示企业运作情况	是否符合
3 楼	6 家+教学区	6 家	所有企业都有员工入驻，正常运转	完全符合
4 楼	9 家+教学区	9 家，教学区投入运营	7 家企业有员工入驻，剩余 2 家办公场所闲置	比较符合
5 楼	6 家+教学区	6 家，教学区投入运营	所有企业都有员工入驻，正常运转	完全符合
6 楼	11 家	11 家，另有国际服务外包创新平台未出现在标牌上	10 家企业有人员设备入驻，办公场地正常运营，剩余 1 家企业办公场地为空置	比较符合
7 楼	6 家	6 家	3 家企业入驻且运作，剩余 3 家办公场所空置	一般
8 楼	1 家	1 家	有人员入驻，办公区域开放	完全符合
9 楼	1 家	1 家	有人员入驻，办公场所真实	完全符合

（二）实物分析在科技政策案例研究中的适用性

实物分析在科技政策案例研究中的适用性在于实物可以扩大研究者的研究视角，可以还原当时当地的情景，可以了解包括事件的主体、时间、地点等基本信息，还可以从参与者的角度看到事件发生的原因，适合于过去发生的事件。这些特征同样适用于科技政策主题的研究。

在研究某一新型设备的投入使用时，虽然可以通过观察设备的使用状况得出结论或者通过操作者的访谈进行了解，但是设备产出的产品也是可以加以利用的实物证据，产品作为设备的最终产品，展示了从产品质量到时间控制的不同特点，通过对该实物的观察，可以从直观上展示新设备不同于旧设备的特点。在考察一项科技政策的实施效果时，虽然可以进行对政策对象生活改变的观察，或者对科技工作者进行访谈来获得一些资料，但一些新闻报道和访谈记录的实物也可以如实反映政策的事实情况，前者需要花费大量的人力、物力、财力去组织调研和观察，而后者只需花费很短的时间对实物进行深入的比较分析即可。

第六章
案例研究的辅助工具（二）

第一节 文 档 分 析

一、文档的介绍

（一）文档的概念

文档，又称文献，指的是以某种方式记录了我们所需要的信息资料的任何载体。文档分析策略既包括对资料的收集，又包括对资料的分析。所以从严格意义上讲，与其说文档分析策略是一种资料的收集方法，不如说是一种社会研究方法。文档分析策略与其他资料收集策略最大的不同之处在于，文档分析策略不直接从研究对象——人——那里获取所需的资料，而是收集现存的、以文字形式为主的多元化资料，并加以分析。文档分析具体包括第二手分析、内容分析、现存统计资料分析、历史分析等多种分析策略，这里我们主要介绍前三种。

（二）文档的类别

文档信息在案例研究中的使用非常频繁，在一份完整的研究报告中，文档分析是必不可少的。文档的表现形式非常多样（表 6-1），根据文档来源的不同，可以将文档分为个人文档、官方文档、社会组织文档及大众传播媒介文档四大类。其中，个人文档是指个人留下来的日记、自传、回忆录、信件等资料信息；官方文档是指政府机构和有关组织的报告、统计资料、信函等信息；社会组织文档是指各种企事业单位及社会团体的报告、统计资料、规章等信息；大众传播媒介文档是指广播影视、书籍报刊、网络信息等。

表 6-1　文本表现形式

分类	表现形式
个人文档	日记、自传、信件、回忆录、札记
官方文档	文件、公报、计划、统计资料、政策法规
社会组织文档	章程、制度、统计资料、报告、报表
大众传播媒介文档	书籍、报刊、音频、广播、影视、网络资料

根据信息加工深度的不同，还可以将文档分为原始文档（亦称为第一手文献）和二次文档（亦成为第二手文献）两大类。原始文档指经历事件的人所写的信息资料，如个人文档中的信件、日记等，官方文档中的报告、信函等。第二手文档指的是利用他人的原始文档整理形成的新的文档，如案例研究报告、统计信息资料汇编等。

此外，文档的分类还有多种方法。例如，根据密级不同可以将文档分为公开文档、内部文档、秘密文档、绝密文档等几个类别；根据文档研究的学科领域可以将文档分为人文学科文档、社会学科文档、自然学科文档和工程学科文档等几类；根据记录手段的不同可以将文档分为纸质文档、录制文档、数字文档等几类。

表 6-2 是一份文档的使用表格，每一种类型的文档在研究中都起到了不可缺少的作用，可以同其他途径获取的资料互证。

表 6-2　文档类型及内容示例

访谈记录	某省知识产权局总工访谈纪要、某市科技局局长访谈纪要、BL 新材料公司财务总监访谈纪要、KDGC 财务部经理访谈纪要、HE 公司监事会主席访谈纪要、KJ 公司董事长访谈录制音频、某市科技农业银行某支行行长访谈视频、GZ 小贷公司副总经理访谈视频、GJ 担保公司业务经理访谈音频
内部文档	KJ 等 7 家公司的年度经营分析报告（2014～2016 年）、KJ 等 7 家公司的专利权质押融资合同文本
面板数据与分析报告	国家知识产权局专利统计简报（1～167 期）、某省专利权质押融资情况月报（2017 年）、某省专利统计分析报告（1～22 期）、某省科技统计公报（2013～2016 年）、中国区域产业专利密集度统计报告、战略性新兴产业发明专利授权统计分析总报告
公开出版物	《中国知识产权报》、与科技政策相关的新闻资讯、《管理科学学报》某篇科技管理相关论文

以下为案例 A 中文档与其他形式的资料之间的互证示例。

对比分析政策文件、访谈数据、面板数据和统计分析报告发现，在政府持续推动下，科技型中小企业热情不断升温，银行和担保机构从漠然转向关注，质押登记笔数和贷款总额快速增长。文档与访谈之间，以及文档与文档之间形成互证关系，有力地证实了相关政策在发展知识产权质押融资中的关键推动作用。

（三）文档的特点

（1）超时空。无论是文件还是档案，其特点非常明显，那就是研究者可以反复利用文档资料，文档资料的存在是稳定的，不以时间和空间为转移。通过研究文档，研究者可以获取以往事件和其他地域（乃至已消失的）所需的信息。

（2）稳定。文档资料是固定的存在物，一般不受研究者主观认知和外部客观环境的影响和干扰，其面对不同的研究者，表现出来的信息内容都是相同的。因此，文档具有高度的稳定性。

（3）间接。从根本上来说，几乎所有的文档作为信息载体都是间接地描述了社会中的个体，研究者通过研究文档而非直接与这些实体个体接触而获得信息。

（4）可能存在误差。文档资料较难收集，并不是百分之百获得，即使获得之后也需要研究者加以鉴别。需要指出的是，由于文档的间接性，即使是逐字记录的报告也可能存在偏差，原因在于记录可能存在听力误差，也可能存在书写错误，不仅如此，记录人的可信度也是值得细细考量的。因此，在对这些文件进行使用时，务必首先对其真伪和可信度进行检查。

（5）细节繁复。一般来说，在所有的资料证据中，文档资料是最全面的，因为它往往包含一些小的细节，包括确切的时间、地点等信息，但这也会导致文档资料比较碎片化，研究者想要从中提取有价值的信息往往要有超强的鉴别能力；但也正因为文档资料的细节全面，包含多个场景、跨越多个时间维度，所以一些人为因素在保存资料的过程中会被忽略，这也可能导致信息失真。

（6）数量庞大。文档的数量十分庞大，特别是网络的发展使得人们收集文档的方式得到极大的扩展，通过网络能够检索到海量文档。通过网络检索往往只是“知道”资料，而非“懂得”资料，例如，在对某科技政策落实情况进行研究时，关于该政策的项目条款会非常多，如果全部纳入阅读范围可能会浪费大量的时间，此时就需要明确案例的撰写目的。因此，为了避免在浩瀚的资料中迷失，浪费时间，需要学会鉴别，带着问题去收集，遇到符合研究方向的信息要及时进行记录整理。

二、文档分析的适用性

（一）文档分析的优缺点

文档分析策略相比于其他资料收集策略，资料来源不同、形式不同，收集和分析的具体技巧也不同，优点与缺点并存。

1. 优点

文档分析策略最明显的优点在于其非介入性和无反应性。这主要是因为文档分析策略并不与研究对象直接打交道，而是研究已经存在于文档中的内容，因此与访谈法、问卷法等其他方法相比规避了受调查对象不配合带来的影响，减少了科学研究的风险。同时，避免了研究者主观和外部客观环境等文档资料以外因素产生的干扰，其信息资料具有相当的稳定性。

另外一个优点是文档分析策略费用较低且效率较高。虽然不同深度和广度的分析会使费用有所差异，但总体来讲，文档分析策略相比于其他资料收集策略费用要低，通常所需要的资料通过借阅、复制等形式便可以得到，不会产生很高的费用，其所需的人力、时间等其他成本也不高。

此外，文档分析策略还可以超脱时空限制，对无法接触到的对象进行研究，这也是其他资料收集策略没办法做到的。比如要研究某一历史时期的对象，无论是用调查，还是观察、访谈等策略，都没办法收集到资料。此时，文档分析策略便可以通过文档中的现存资料来了解研究对象。

文档分析更真实自然，相对于观察和访谈来说，文档不是出于研究目的被记录的，而是在研究之前就已经存在的东西，因此它会更加接近事实的真相。特别是很多文档资料都是以纸质、数字等文本形式出现的，比访谈等其他策略更加系统、可靠，减少了误差。

最后，无论是调查策略，还是观察、访谈等策略，收集到的资料往往是现时的，而文档分析策略可以收集到不同历史时期的资料，因此更加适合进行趋势研究和纵贯研究。文档分析的覆盖面比其他策略收集到的资料更加广泛。它一般包含多个时间维度，可以为研究者提供一个更为广阔的场景。

2. 缺点

首先，文档分析策略最大的缺点在于文档的质量难以保证，这直接影响了资料收集的可靠性程度。不管是什么形式的文档资料，都是一定历史时期的产物，都会受到研究者的主观偏见、个人目的，还有很多客观条件的限制的影响，与实际情况相比存在一定偏差。

其次，文档分析策略还有一个资料不易获得的特点，即很多文档资料都不是可以随意获得的。例如：日记、信件等一般都属于个人隐私，不会公之于众；很多统计数据也是国家机构的内部文件，不被公开。除去很多资料是私密文件、内部文件之外，可获得的资料往往还是不完整的，在处理这类资料时，还要去考虑资料的误差，这就加大了研究者的工作量。

最后，多样化的文档资料缺乏标准化的形式。文档一般不是为了某项研究工作而制作的，因此各种文档的编写目的不同、内容不同、形式不同等，导致编录、整理和分析难度大。

（二）对案例研究的适用性

对案例研究来说，仅仅使用观察策略、访谈策略等资料收集策略，并不能收集到所需要的全部信息。从前文中我们已经了解到文档分析策略作为一种非介入性研究在社会科学研究中具有很多独特作用和明显优势：研究对象无反应性，研究费用较低且效率较高，受时间和空间的限制较少，文档资料十分系统、稳定、可靠，文档分析更便于进行趋势研究和纵贯分析，等等。因此，对于案例研究来说，文档分析虽然不是资料收集的全部方法和唯一方法，但是却是其他资料收集策略的一个必不可少的补充。

另外，研究者也要注意到文档分析策略的局限性。案例研究要避免对文档资料过度依赖，我们在前面已经提到文档分析的一些缺点，事实上，我们需要牢记文档分析都是带有一定目的的撰写，研究者无论何时都要从研究目标出发收集文档信息，避免受到文档的误导。在案例研究中，文档可以与通过其他收集方法得来的资料进行相互印证。首先，文件可以帮助研究者验证记录资料是否存在记录错误；其次，文件可以为研究者提供其他资料所忽视的细节问题，则是因为文件资料相对于其他证据来说更加确切，例如，在对高校科技成果转化平台建设中的人才流动问题的研究中，各种文件可以提供更为确切、具体的政策信息；最后，可以从文档中进行推导，对文档的分析不仅仅是简单地整理归纳，还要学会由此及彼地分析对比，学会在文档中发现新问题。总之，研究者要注意文档分析策略与观察策略、访谈策略等其他案例研究方法的交叉、复合运用，使多种方法相得益彰、形成合力，使案例研究更加便宜、可靠和科学。

（三）对科技政策研究主题的适用性

在涉及科技政策的研究时，文档分析策略的优势和必要性就更加显露无遗了。通常，各种政策是通过官方文档等文档资料直接体现的，是通过个人文档、社会组织文档和社会传播媒介文档等其他文档资料侧面反映的。

以下为案例 B“关于高校科技成果转化平台建设中的人才流动问题”的文档列表。

（1）2014 年高校所在省、市的科技统计年鉴。

（2）2012 年 9 月 23 日，中共中央、国务院公布的《关于深化科技体制改革加快国家创新体系建设的意见》。

（3）2013 年 2 月 1 日，科技部印发的《关于加强科研机构和高等学校技术转移工作的意见》（征求意见稿）。

（4）2013 年 11 月，党的十八届三中全会出台《中共中央关于全面深化改革若干重大问题的决定》。

（5）2014 年 9 月 26 日，财政部、科技部、国家知识产权局下发的《关于开展深化中央级事业单位科技成果使用、处置和收益管理改革试点的通知》。

（6）2014 年 12 月 3 日，国务院印发的《关于深化中央财政科技计划（专项、基金等）管理改革的方案》。

（7）2015 年 3 月 23 日，国务院授权新华社发布的《中共中央国务院关于深化体制机制改革加快实施创新驱动发展战略的若干意见》。

（8）各研究院发展大事件。

（9）各研究院历次会议纪要。

（10）《科技成果转化法》（1996 年）历次修改稿及修改说明、征求意见稿。

对科技政策的研究最终还是要落实到政策上，因此对于一些政策的解读，对于文件和档案的依赖程度不言而喻。在对一些科技指标进行测量时，对数据的需求同样也离不开对原始文件的分析。同时，大众传播媒介对政策的制定等有更加重要的意义，它可以从很大程度上反映民情民意，对科技政策主题的研究有重要意义。在分析一些科技政策问题时，文档分析可以提供与其他资料的互证。

以下为案例 B“关于高校科技成果转化平台建设中的人才流动问题”的文档与其他资料的互证示例。

2015 年 3 月 23 日，国务院授权新华社发布的《中共中央国务院关于深化体制机制改革加快实施创新驱动发展战略的若干意见》中指出，要“坚持人才为先。要把人才作为创新的第一资源，更加注重培养、用好、吸引各类人才，促进人才合理流动、优化配置，创新人才培养模式；更加注重强化激励机制，给予科技人员更多的利益回报和精神鼓励；更加注重发挥企业家和技术技能人才队伍创新作用，充分激发全社会的创新活力”。这是国家层面的促进人才流动的政策，是宏观的；而对中国科学技术大学先进技术研究院主要领导的访谈结果、工作环境的观察结论、实物分析结论主要是针对微观层面的促进人才流动的具体做法，侧重点不同但目标相同。

科技政策案例的研究者通过文档分析策略可以快速地了解并把握科技政策的前沿状况、主流和发展趋势，可以使案例选题和立题更具有针对性、创新性、原创性和时代性，可以对科技政策及案例进行全面的、历史的、比较的研究，可以与实证研究等其他案例研究策略相辅相成。总之，文档分析策略是十分适应科技政策案例研究的要求的，在相关研究中必不可少，具有相当的实用性。

三、文档分析的具体操作

（一）二手资料分析

1. 含义

二手资料分析或称第二手分析，指的是对已经被收集或分析过的资料进行再分析。第二手分析一般是对别的研究者或者课题组的原始数据进行分析。随着计算机网络技术的发展，资料之间的共享成为可能，人们可以花费比实地调研更少的时间和金钱利用现成的资料进行分析，这使得研究者的负担大为减小，第二手分析的应用空间越来越广阔。

根据两种不同的研究目的，第二手分析可以被分为两种类型：第一种是利用现存的资料来分析新的研究问题，也就是说利用同样的资料来分析不同的、全新的问题；第二种是利用现存的资料对别人已有的研究成果进行检验，但是使用的是不同的研究方法和技术，看得出的结论是否相同。

2. 步骤

1）选择研究主题

在选择主题时需要注意，主题的确定需要考虑操作化的工作，以使主题可以进行下去。其次，在第二手分析中，要将注意力主要集中在主题上，以此为焦点，来选择相适应的资料。在分析中，也要使主题适应资料，因为资料是现存的，是不能改变的，因此，只能在主题的选择和处理资料的方式上进行调整。

2）寻找资料

在基本确定研究主题后进一步寻找相关资料。在实际操作中，主题的选择和资料的寻找可能是同步或交叉进行的。第二手分析利用的都是现存的资料，在利用资料之前，需要了解资料的来源，以便对资料进行更好的利用。

目前，除了私人文献和内部资料等部分未公开或半公开文档外，大多数二手资料都可以在图书馆或互联网得到相关资源。寻找资料的方法主要有以下两种。一是借助检索工具查找文档资料，检索工具既可以是工具书（如图书馆馆藏目录、有关机构编制的出版文献检索工具等），又可以是计算机等其他辅助工具（如政府单位官网信息公开、知网数据库、搜索引擎等）。二是通过文档资料附有的参考文献进行追溯，通过追溯相关文档资料获得更多信息。两种方法可以同时运用，交叠进行可以更好地获取文档资料。

另外，对于一个研究者来说，寻找资料需要灵活变通。寻找潜在资料的最方便的方式应该是阅读相关的研究，可以通过查阅相关研究得到大量有关信息。在遇到需要的数据时，也可以直接联系原始数据的收集者，向他索要原始问卷和一些具体的细节。总之，寻找二手资料需要研究者灵活多样地进行搜集，不断扩宽搜寻的途径、渠道，尽量搜集更多可信度和完整度高，时效性和代表性强，全面、多样、高价值的文档资料。

3）对资料的再创造

现存的资料很多时候并不能直接用于所需要的研究中，而是需要对资料进行再加工。文档资料再创造的主要工作是浏览并筛选文档，阅览并摘录文档，对文档进行抽样、分类及编码。通过对资料的再创造可以创造出很多适合研究者需求的资料。另外，研究者也可以只选取现存资料中的样本中的一部分作为自己的研究对象。

对资料的再创造要注意以下几点。一是在利用现存资料时，必须要针对研究目的，不要把资料用于不适合的导向。二是在对文档资料进行抽样、分类和编码的过程中要选择合适的分析维度。三是对资料的再创造要秉持准确、客观的原则，尽量不带有个人主观色彩，尽量完整、清楚地表达好文档本意。对再创造的资料要进行核实和检验，力求准确无误。在整理资料时，研究者的相关评述和深入思考应当与文档资料区别开来。四是注意资料管理。既要管理好再创造的、整理好的新资料，又要做到可追溯，管理好原始文档资料，使原始内容和再创造内容清晰可辨。

4）分析资料

资料分析部分是第二手分析中工作量最大的部分。文档的分析可以分为定性分析和定量分析两大类。文档资料的定性分析侧重于个案研究和资料内容的深层解释，借助文字来描述文档创作者的动机和文档的效果。文档资料的定量分析侧重于对外在的、明显的内容进行客观、系统、定量的分析，一般不触及更深层的内在含义和解释，如回归分析、频数分析、相关性检验等。

3. 第二手分析的优缺点

第二手分析的优缺点非常鲜明，从字面意思也不难看出，由于资料是现成的，它就可以避免再次进行输入的工作，可以使研究者把精力集中在分析的过程中。此外，正是由于可以利用现成的资料，研究者不需要去不同的地区、群体调研搜集资料，超越时空的限制，可以便捷地进行比较分析。最后，第二手分析可以将同类文档进行充分的编制、整合，对资料内容进行深入的分析、挖掘。

但是第二手分析的信度难以保证，研究中用到的资料不一定是准确的，这是因为研究者收集的数据资料不一定与现有的数据资料相符，原始文档在形成过程中可能已经掺杂了前人对事件的观点或者出现其他各种偏差。另外，所需文档的获得难度也较大，研究者需要的资料又可能遍寻不到，这是因为资料内容不一定是研究者所擅长和需要的，而且第二手分析中接触到的大量文档资料缺乏标准化形式。

（二）现存统计资料分析

1. 概念

现存统计资料不仅可以为研究提供历史背景性的信息，还可以直接用作研究数据的来源之一。现存统计资料分析与第二手分析都是利用其他人事先已经收集好的资料进行研究，但不同的是，第二手分析用的资料是原始数据，现存统计资料分析利用的资料是以频数、百分比等标准化数据形式存在的。现存统计资料分析的数据来源很广泛，如官方统计资料、咨询公司和调查机构提供的付费数据库、开放的网络数据库、研究报告、图书馆收录的数据信息等。

2. 主要步骤

（1）搜寻资料。在现存统计资料分析的过程中，首先要选择适合研究主题的资料。现存统计资料数量很大，但通常适合研究主题的数据只是其中一部分，研究者需要对资料进行大范围的筛选。

（2）处理资料。接下来对选择的资料进行处理。即便搜寻到的资料与研究主题相关，但是往往资料内容对案例研究并非完全适用，研究者需要对资料进行进一步的内容分解和甄别，精确摘录出资料的核心部分和真正所需要的信息。

（3）说明资料来源。最后，要说明资料的来源。这一方面体现了研究者对资料出处的尊重，另一方面也为读者日后想要了解原始资料提供了途径。最重要的是，说明资料来源在一定程度上确保了研究的信度和效度，提高了研究的说服力和科学性。

（三）内容分析

1. 概念

内容分析指的是对各种信息形式的明显内容进行客观的、系统的和定量的描述。

“各种信息形式”指的是反映信息内容的各种传播媒介，如音频、视频、图片、报刊、报告等。“明显内容”的意义是，只对资料的外在的和表面的内容进行分析，如文字、颜色等，而不涉及内容的深层解释。“客观”和“系统”说明内容分析是一种规范的方法，意味着研究者在开展具体的研究之前制订一定的计划，并设定一定的规则和步骤来进行分析。“定量”意味着内容分析主要的对象是某一项目的频数或者比例等，因此内容分析是定量研究和定性研究的统一。

2. 主要方法

内容分析策略具体有计词分析、概念组分析、语义强度分析等几种类型。

1）计词分析

计词分析是最常用的方法之一，也是内容分析中最简单的方法。其主要做法是找出与研究主题相关的关键词，然后统计其出现的频率、频次和百分比等，并进行比较，得出结论。计词分析的对象是某些重要的关键词。表 6-3 是一个示例的计词频次表。

表 6-3 部分政策文件中部分关键词的频次

关键词	频次/次	关键词	频次/次
科技计划	68	国际科技合作	58
科研机构	110	科技奖励	42
科研经费	65	科学技术普及	16
科技人才	102	科技金融	30
科技成果	122	科研基地	132
农村科技	15	科技中介	28

在记录了各个关键词出现的频次后就可以进一步进行分析了。既可以基于每个关键词出现次数进行分析，也可以是多个相近关键词的总量进行分析。后者更接近于下文要介绍的概念组分析。

2）概念组分析

为了避免计词分析过度简单的缺点，概念组分析将与研究主题相关的关键词按照特点分成小组，每个小组代表研究假设中的一个新的变量，按照这个新的变量进行分析，得出结论。表 6-4 是概念组分析的一个实例。

表 6-4 “十三五”国家战略性新兴产业概念组分析表

关键词	频次/次
节能环保产业	55
新一代信息技术	63
生物产业	72
高端装备制造	66
新能源产业	58
新材料产业	52
新能源汽车	49
总计	415

由于分析的变量是概念组而非关键词，在进行分析时通常主要关注概念组频次的总量。

3）语义强度分析

相比于计词分析和概念组分析，语义强度分析不只注重数量上的差异，更从质（强度）的方面对研究主题进行探究。这种方法要对关键词给出词汇的强度权重，来区分词汇的强弱程度和肯定、否定的意义。以下是一个实例，如表 6-5 所示。

表 6-5 语义强度表

关键词	强度（权重）
未利用	1
利用差	2
利用较差	3
利用得当	4
利用良好	5
合理利用	6
充分利用	7

3. 步骤

进行内容分析的程序和进行调查研究的程序有很多相似之处，同样需要选取样本，同样需要利用某些技巧来分析，最后同样需要对收集到的资料进行分析来得到结果。在研究主题确定后，内容分析具体分为以下几个环节。

1）抽样

同其他资料收集策略类似，内容分析虽然对象不是直接的人，但是同样需要对研究对象——文档信息进行抽样。通过抽取有代表性的样本，来达到推广到全部研究对象的目的。很多抽样方法都可以在内容分析中使用，如分层抽样、随机抽样和整群抽样等。需要注意的是，抽样所得的样本仍然不一定会切合研究主题，因此研究者要及时对抽样所得的样本进行检查和确认，使之契合主题要求。

2）编录

编录是内容分析法的核心，指的是分类并依照设置类目对信息进行归纳和记录。编录需要进行两项主要工作，一是要选择编录单位，二是要制定编录单。

选择编录单位也就是选择具体的观察和点算单位，要注意把它与分析单位加以区别。例如，调查某项科技政策在不同地区的实施情况，经济发达地区是否会比落后地区推出更多的配套政策，在这项研究中，其编码单位是政策，但其分析单位却是各不同地区。在选择编录单位时，研究者要遵循两项原则：一是在进行编录时，每一条信息或者材料都必须归于一种类型，也就是分类必须是互斥的；二是编录信息必须是穷尽的，也就是说分类时必须考虑到每一种情况。一旦选定了编录单位，研究这就要为它们制定和赋予数值。

除了选择编录单位，还要制定编录单，编录单是帮助研究者进行观察和记录的工具，便于对信息进行记录和整理。编录单的形成和结构将主要依赖于编录单位的选择。对文档的编类可以利用计算机方法，提高编类速度和效率。以下是编录单的一个实例，如表 6-6 所示。

表 6-6　某科技政策案例研究编录单

政策文件名称： 政策内容概要：	文件编号：
1. 政策发布机构 （1）国务院办公厅； （2）国家发展和改革委员会； （3）国家知识产权局； （4）其他国家部委 2. 发布时间 （1）2014 年； （2）2015 年； （3）2016 年 3. 涉及范围 （1）仅涉及国内； （2）不针对地涉及国际； （3）提及国外具体国家（注明）	4. 文件篇幅 （1）5 000 字以下； （2）5 000～10 000 字； （3）10 000～20 000 字； （4）20 000 字以上 5. 内容主题 （1）知识产权创造； （2）知识产权运用； （3）知识产权保护； （4）知识产权管理； （5）其他； ……

3）测量

测量即对编码单进行分析，既可以是量化的统计分析，也可以是质性的描述分析。前者的具体方法有回归分析、频数分析、相关性检验等多种方法，后者的具体方法主要是文字描述法，归纳和总结编码单内的主要内容，得出分析和论证的结论。在测量后要及时进行效度和信度的检验及确认，确保研究的科学性、有效性。

4. 内容分析的优缺点

内容分析的最大优点在于省时省力，比起调查的方法，内容分析不需要借助太多外部的仪器设备等，也不需要太多的人力投入，只要获得足够的文档资料就可以进行内容分析。内容分析的第二个优点是成本比较小。在内容分析时如果出现错误，只需要重新进行编录，弥补错误相对访谈、调查等其他方法更为容易。内容分析的第三个优点也是非介入性研究的优点，既不会需要花太多精力在研究对象上，更不会打扰分析对象，可以最大限度地维持分析对象的原貌。

内容分析同样具有缺点。最大的缺点在于效度问题，编录结果很多时候不能反映研究者所希望的变量；内容分析只能对记录下的信息进行分析，对一些未被记录的信息则无能为力。

第二节 扎根理论

一、扎根理论概述

（一）扎根理论的概念

科学研究的重要目的在于做出理论性贡献，包括建立理论、对理论进行检验或者发展已有的理论。同时，任何有意义的行为背后都有一定的理论支撑。科技政策案例研究是一种有目的的活动，既需要构建理论也需要理论的支持。因此，在定性研究中，当资料获取到一定程度时就需要我们关注扎根理论这种综合性的研究范式了。

扎根理论是定性研究中一种自下而上地从数据资料中进行归纳分析，进而引导出抽象性理论的方法。与之相反，如果研究者先提出一个理论或假设，然后以之去解释案例，那么这就是演绎法而不是扎根理论。扎根理论研究策略是质性研究诸多策略的一种，它与语义分析、人类学与民族志研究、现象学研究等其他研究方式明显的不同是，扎根理论研究是为了生成理论，理论根植于研究资料，而其他研究方式仅是在解释或描述研究对象或现象。

（二）扎根理论的发展背景

扎根理论方法是在质性研究备受质疑的时代出现的。20 世纪 60 年代，实证主义观点对科学研究的客观性、普遍性、可重复性以及不同假设、理论的可证伪性的重视，使量化研究者在社会学研究中占据了主导地位，而基于质性资料的研究则被看作是印象式的、轶闻式的、有偏见的和非系统的——即使有部分量化研究者表达了对质性研究的支持，在研究中使用了访谈、观察的资料，但也是仅仅将其看作是量化研究的先导性探索方式。质性研究的合法性并没有得到广泛承认。

在这种时代背景下，美国学者巴尼·格拉斯（Barney Glaser）和安塞尔姆·施特劳斯（Anselm Strauss）在《扎根理论的发现》（*The Discovery of Grounded Theory*）一书中率先提出了一种系统的方法论策略[102]。这种方法论的核心要求研究者在研究开始时不预设假设，在没有思维限制的条件下搜集资料，从原始资料中发现、归纳值得关注的概念及其之间的联系，然后上升为系统的理论。与基于演绎法的实证量化研究不同，这种被称作“扎根理论”的方法是一种基于归纳法的、自下而上的研究范式，其最终目的是构建理论。

扎根理论的出现说明系统的质性研究拥有自己的逻辑并能产生理论，这为质性研究提供了方法论支持，架起了理论与资料之间的桥梁。正是由于这种方法所提炼出的理论完全来自数据、资料本身，不受到研究者预先设置的影响，因此依靠扎根理论建构方法所提炼出的理论往往被认为更有依据、更有说服力。现在，扎根理论方法既可以被研究者拿来处理一些量化的数据，也可以在质性资料处理中发挥作用。

（三）扎根理论的特点

与其他研究策略相比，扎根理论研究策略具有几个鲜明的特点。结合这些特点对研究方法进行评估，我们可以迅速地发现案例研究运用的策略是否是扎根理论。另外，研究者在运用扎根理论进行操作时，也需得秉持和关注以下几个特点。

1. 从经验资料生成理论

扎根理论填补了理论与资料之间的鸿沟，其首要特点就是“扎根”（grounded），即理论根植资料和事实之中，通过对经验资料（empirical data）的不断深入分析与思考逐渐生成（generate）理论，而非描述或解释研究对象，更没有脱离现实的先验性的理论假设。经验资料是生成扎根理论的土壤和源头，研究者通过扎根理论提出的任何理论都可以被其他研究者追溯到原始资料，极大地增强了质性研究的说服力和科学性。这也是扎根理论与其他研究策略相比最为明显的优越之处。

2. 连续比较直至理论饱和

在实际操作时，扎根理论研究策略主要采取连续比较（constant comparative）的思路和方法，即研究者对收集到的资料进行连续的比较、分析和归纳，不断产生更加抽象的概念和理论。资料的收集和分析贯穿整个研究过程，直到理论饱和才停止搜集数据。

3. 重视理论抽样

理论抽样（theoretical sampling）是扎根理论研究中独有的抽样形式，是形成其搜寻的类属或者概念的属性的过程。理论抽样不是随机抽样和配额抽样，而是有目的地根据理论生成的需要选择研究对象，即通过抽样来澄清类属并发现类属间的差异，通过抽样来发现、发展和检验研究者的理论，通过抽样来使研究者超越实质领域。经由不断地前进和积累，研究内容和资料范围越来越聚焦于某一明确的问题和理论。与扎根理论的逻辑一致，理论抽样也是生成性的。

4. 借助备忘录

人的记忆力和思绪总是有限的，因此在扎根理论持续收集资料和分析资料的过程中，研究者需要经常进行一个关键性的中间步骤——备忘录撰写（memo-writing）。研究者通过连续不断地撰写备忘录可以使研究者深入问题分析中去，可以记录并推动概念和类属的发展，可以简化案例研究的分析过程，便于理论抽样和对重要问题的进一步追踪。备忘录的应用彰显了质性研究的独特光彩。

5. 强调研究者的敏感性

理论敏感性（theoretical sensitivity）是研究者个体所需的一种特质。扎根理论研究家科宾（Juliet Corbin）列举了这样一个小故事来说明敏感性的价值：沉浸于资料分析中的她在厨房准备午餐时突然有了一个洞见，于是立刻回到计算机前写下了一则备忘录。分析者对资料做越多的分析工作，越可能有"啊哈"顿悟体验或突然洞见到资料的可能意义。只有具备足够的理论敏感性，研究者才能做出高质量的扎根理论研究成果。缺乏理论敏感性的扎根理论研究通常是低水平的。

（四）对理论的理解

1. 实证主义和解释主义对理论的不同理解

扎根理论研究旨在生成和发展理论，那么什么可以在扎根理论中被称为"理论"呢？卡麦兹指出，"理论"一词在扎根理论中是难以捉摸的，很多讨论理论的扎根理论家也难以说清楚。不同的扎根理论家对理论的理解也是不一样的，有的对理论的定义十分严苛，有的则十分包容和灵活。总的来看，对理论的理解主要有实证主义（positivism）和解释主义（interpretive）两类倾向。

在实证主义里，理论十分讲究简洁而直白，要具有一般性和普遍性，要能够说明原因，要能够解释和预测。在解释主义里，理论强调对研究现象进行充满想象力的理解（understanding）而非生硬的阐明（explanation）。解释主义主张现实是生成的和多元化的，事实与价值的联系密不可分，真理是临时的，社会生活是过程的。扎根理论中的理论不仅具有实证主义的特点，而且具有解释主义的特点。格拉斯对理论的理解就包含有较强的实证主义倾向，而施特劳斯和科宾对理论的理解兼具了实证主义和解释主义的思考。很多理论批评家的批评和学术争议都是由学者的立场不同导致的，他们对理论或处于实证主义式的理解中，或处于解释主义式的理解中。

2. 建构主义扎根理论与客观主义扎根理论

由于不同学者对理论的理解有所不同，这就导致了扎根理论研究出现了建构主义（constructivism）和客观主义（objective）的分界。自扎根理论诞生以来，就有建构主义的扎根理论和客观主义的扎根理论之分，建构主义扎根理论是解释主义传统的一部分，而客观主义扎根理论来自实证主义传统，如何判断一个具体的研究是建构主义还是客观主义，需要看它的关键特征所遵照的是哪个传统。

建构主义方法优先考虑的是研究过程的本身，把数据和分析看作是来自研究对象共享的经验和关系。建构主义研究的是对象怎样，有时是为什么，建构具体环境中的意义和行动。[103]建构主义的这些特点意味着建构主义需要从被研究者的经验、位置、环境、关系入手。建构主义对导致各种差异和区别的条件非常重视。在建构主义理论家看来，任何的分析都是处在一定情境中的，分析不能同时间、地点、文化和环境割裂开来，因此，建构主义理论家在研究先人的研究成果时努力发现他们是怎样对研究产生影响的。

客观主义与之不同，从关注点来说，客观主义关注的是数据本身，而不是数据产生的过程。在研究过程中，研究者扮演的是与研究对象保持距离的冷静而中立的观察者角色，作为外部人员来观察和分析研究对象。因此，客观主义研究者常常忽略社会环境和研究者的影响。客观主义扎根理论家认为，理解数据的概念来自数据本身，意义本来就是存在于数据中的，只是由于扎根理论家发现了它，因此，客观主义扎根理论家更像是研究过程的承载者而不是产生者。

（五）对概念的理解

对于构建理论命题来说，概念就是主要的建筑之物。尤其在社会科学研究中，概念是各种理论的核心部分[104]。概念不仅是对特定事物或现象的一种表达或说明，好的概念还应当描绘出特定事物或现象中非常重要的特性。在扎根理论建构中，通过资料、数据和编码提炼概念是一个重要的步骤，而这一步骤往往缺乏实际操作程序，整个提炼过程类似于“黑箱”，需要依靠研究者的知识积累和灵感。但是，研究者也可以通过掌握构成概念的结构，来搭建自己的概念。

加里·戈茨（Gary Goertz）在《概念界定：关于测量、个案和理论的讨论》中认为，社会科学中大部分概念都是多维度、多层次的，研究者在构建概念时可以针对不同层次分别搭建。他将概念的构成分为三个层次：基本层次（basic level）、第二层次（secondary level）和指标/数据层次（indicator/data level）。基本层次是研究者在陈述理论命题时所使用的概念，如民主、福利国家等。第二层次的概念是基本层次概念的组成部分，当基本层次概念是由多个第二层次概念构成时，便形成了多个维度，例如，Arat关于“民主”的概念是由参与、竞争、强制性这三个第二层次概念构成的。指标/数据层次是在第二层次之下的位于操作层面的概念，研究者通过这一层次的概念进行数据收集，例如，“参与”在这一层次由行政选举、立法选举、立法有效性、提名竞选等概念构成。这些位于指标/数据层次的概念实际上就是用于编码并形成量化测量的变量。基本层次与第二层次实际上就是关于概念的理论，而指标/数据层次则是连接度量与数据收集的桥梁。

对于概念结构中的维度，加里·戈茨提出了构建多维度的两种结构原则：充分必要条件的结构和“家族相似性”（family resemblance）的结构。充分必要条件的结构在逻辑上体现为交集——“AND”，即构成上一层次概念的每一个元素都是此概念的充分必要条件，必须同时满足。例如，在Arat关于“民主”的概念中，民主必须同时满足参与、竞争、强制性这三个特点。“家族相似性”结构只包含了充分条件但没有包含必要条件，在逻辑上体现为并集——“OR”，下一层次的概念只需要满足上一层概念的要求即可。例如，对于“参与”的构成，即是由并集结构的行政选举、立法选举、立法有效性、提名竞选等概念构成的。

在进行理论建构时，研究者应当把握所构建概念的层次和维度，从而更清晰地展现理论的构成。

二、扎根理论在案例研究中的应用

对于扎根理论建构法与案例研究的关系，在学界并没有形成定论。许多号称使用了案例方法的研究在进行方法论的陈述时会声称使用了扎根理论建构法，认为扎根理论建构法是案例法提炼理论的工具；另一些学者（如Eisenhardt）认为案例研究与扎根理论法是完全不同的方法，案例研究中的理论构建并非必须使用扎根理论法的范式才能进行。我们认为，扎根理论建构法能够帮助研究者从浩瀚的资料海洋中寻找航行的方向，能够为理论建构提供支撑和帮助。因此，这里对扎根理论建构方法进行简要的介绍，如果读者对这种方法感兴趣可以参见更多专题性介绍这种方法的书籍。

（一）扎根理论的建构原则

研究者该遵循什么样的原则来运用该方法呢？虽然扎根理论建构法被称为“方法”，但是其更大程度上是种研究原则和实践。这些原则和实践帮助研究者搜集和分析质性数据资料，并从这些数据资料中建构理论。尤其是在案例研究中，扎根理论建构方法并没有一套可以依据的严格步骤，只是要求研究者在研究时秉承以下原则和实践。

（1）数据搜集和数据分析同时进行。

（2）从数据中而不是从预想的逻辑演绎的假设中建构分析代码和类属。

（3）使用不断比较的方法，包括在分析的每个阶段进行比较。

（4）在每一个数据搜集和分析的步骤都推进理论发展。

（5）通过记备忘录来完善类属，详细说明它们的属性，定义类属之间的关系，发现它们之间的缝隙。

（6）为了理论建构的目的进行抽样，而不是为了人口的代表性进行抽样（即理论抽样）。

（7）在形成了独立的分析之后再进行文献评述。

这些原则有助于研究者控制研究过程，增强研究的分析力度，同时使质性研究不仅仅局限于描述性的研究，而是进入解释性理论框架的领域。这些原则不是公式性的准则，而是一种原则和启发性的工具。如果把扎根理论比喻成建筑，那么，在分析中，数据是我们进行理论建筑的原料，我们对这些原料的加工整合就是建构概念的过程。

可以看出，扎根理论建构法与案例研究在很多原则方面都是类似的，包括数据搜集与分析的同时进行、写备忘录、理论抽样等。另外，在扎根理论建构中也会涉及对资料的代码和编码。扎根理论方法能够把其他方法补充到质性数据分析中来，而不是站在这些方法的对立面。总之，扎根理论方法是一种从质性资料中提升、总结理论的方法，在量化资料较少、前人研究不足的情况下，扎根理论建构方法能够指导研究者从自己手中的资料提炼出具有说服力的理论。

（二）扎根理论建构的是中层理论

我们在前文已经提到，使用扎根理论构建法的主要目的是从资料数据中建构一种理论，因此，数据的支撑在扎根理论的过程中十分重要，这一过程的主要特点在于从经验事实中抽象出新的概念和思想。在扎根理论建构中，格拉斯提倡建立有用的中层理论（middle-range theory）[102]。

中层理论是相对于宏大理论（grand theory）和微观理论（trivial theory）而言的。中层理论是由美国社会学家罗伯特•默顿（Robert K. Merton）提出的一种社会学理论范式，它主要是为解决在这之前社会学理论在宏观与微观方面极端化发展的困境。扎根理论的首要任务是建立实质理论，即中层理论，而非宏大的、超脱现实的理论，也非微观的、经验主义的理论。宏大理论往往试图通过一个理论解决社会现象中的大部分内容，有时会涉及世界的起源、本质及运作规律等。而微观理论通常表现为常识性的认知，仅适用于非常有限的情境之下，如关于学习英语的经验、锻炼身体的心得等。根据中层理论，社会学理论的发展首先应该建立在具体化的实证研究结论基础上，即让理论扎根于实证数据。相对于宏大理论，中层理论强调了理论的实证基础；相对于微观理论，中层理论在一定程度上扩展了理论的适用范围，使其能够解释更广泛、更有价值的现象。

（三）扎根理论研究的相关程序

格拉斯和施特劳斯的《扎根理论的发现》[102]、科宾（Corbin J. M.）和施特劳斯的《质性研究的基础：形成扎根理论的研究与方法》（*Basics of Qualitative Research: Techniques and Procedures for Developing Grounded Theory*）的多个版本，以及卡麦兹（K. Charmaz）的《建构扎根理论：质性研究实践指南》（*Construction Grounded Theory: Practical Guide Through Qualitative Analysis*）等扎根理论研究著作都提出了各自的研究程序[105]。可以看出，扎根理论研究虽然非常程序化，但并非是线性的，也没有一成不变的模式可以套用。即便如此，扎根理论多种研究程序的宗旨却是一致的，即基于经验资料生成理论。我们仍然可以从多样化的程序中提炼出几个关键步骤进行理解。

对于以理论建构为目的的案例研究，从收集到的数据和处理后的资料中提升理论是研究的重点。

1. 搜集资料

作为一种质性研究的范式，扎根理论离不开质性研究资料。资料搜集的方式多种多样，如民族志、访谈法、调查法及文本分析等都可以成为搜集资料的工具。尽管在扎根理论案例研究中搜集资料与分析资料是不断重复且交叉进行的，但是一个扎根理论研究仍然要从搜集资料开始。

2. 进行编码

对资料的逐级编码是扎根理论中最重要的一环，包括一级编码（开放式编码）、二级编码（主轴式编码）、三级编码（选择式编码）三个级别的编码。三级编码过程是一个漏斗式聚焦的过程、类比性升级的过程和归纳式抽象的过程。

一级编码是经过细致的剖析和理解原始资料对其中的现象标签化命名和范畴式编码的过程，是对原始资料的初步处理，是扎根理论研究进行的基础。通过一级编码可以基本代替原始资料的内容，但是这时的未定型的理论通常都是浅显分散、粗糙简陋的，当然也是思路开阔、语言灵活的。二级编码将分散的资料以新的理解方式重新链接起来，目的是发现和构建主要概念范畴和次要概念范畴之间的联系。三级编码是范围更小地将核心概念范畴与其他范畴系统联系起来并验证其间的关系，填漏补缺的过程。扎根理论的编码技术是程序化和理论化的，为了更好地掌握编码技术，我们建议研究者在进行扎根理论研究前进一步阅读相关的学术著作。

3. 撰写备忘录

记录关于编码内容的笔记（即备忘录）是数据搜集和撰写草稿之间的关键性中间步骤，备忘录有助于研究者的研究。关于撰写备忘录的意义前文已经提及，这里不再赘述。

撰写备忘录需要注意以下几点：第一，备忘录是自然成文的，而非机械模式化的；第二，备忘录是为了研究而撰写的，而非盲目堆砌的；第三，备忘录既可以是流畅而灵动的，也可以是短小或粗糙的；第四，备忘录是自由探究，只要有想法和类属就可以记录；第五，多个有研究价值的备忘录之间是有关联和内在逻辑的；第六，备忘录可以是私人性的，可不予公开和共享。

4. 理论抽样

理论抽样就是反复搜寻更多的相关资料来发展自己研究中生成的理论。通过理论抽样，研究者可以不断完善和加工构成自己理论的类属，直到类属没有新的属性出现。理论抽样不是处理初始研究问题的抽样：初始抽样是研究的起点，而理论抽样是引导着理论的进一步加工和完善。理论抽样不是人口统计学这种普遍化的随机抽样：基于量化研究逻辑的传统统计学上的随机抽样希望从数据中得出推论，而扎根理论希望生成的理论能够适应资料或数据，并将理论不断发展和完善。

当饱和出现时，就可以停止进行资料的搜集和分析了。理论饱和指的是当搜集新鲜数据也不能再形成新的理论，不能再解释核心理论类属新的属性时的状态。因此，理论饱和是所有扎根理论研究追求的目标。但是饱和与否通常是研究者判定的，而非被证明的，因此存在未饱和时候就停止连续比较的风险。

5. 撰写草稿

扎根理论的写作不是为了推进分析而写作，更不是为了读者而写作。由于实证主义的深刻影响，扎根理论的研究成果很可能与学位论文和调研报告所要求的格式存在冲突，研究者在撰写草稿时要注意调节扎根理论与传统研究形式之间的紧张关系。

三、对扎根理论的评价

（一）扎根理论的评定标准

根据格拉斯的标准来判断，扎根理论研究的标准主要包括四个方面：适用性（fit）、可行性（workability）、相关性（relevance）、可修改调整性（modifiability）。适用性衡量的是概念能否充分表达数据的概念，能否通过比较而不断修正。可行性是指概念及其所涉及的相关假设能否充分解释研究对象在某一个实质领域中的主要关注得到持续解决。相关性衡量的是研究者是否针对的是研究的主要顾虑或关注，而非自己的假设问题。可修改调整性衡量的是现有理论对新数据的反应潜力。

卡麦兹的标准有所不同，在他的理解中，扎根理论研究的标准同样也是包括四个方面，主要是可信性（credibility）、原创性（originality）、共鸣（resonance）、有用性（usefulness）[105]。可信性衡量的是数据来源和数据搜集的可信性以及研究证据是否足够。原创性衡量的是数据的新鲜程度和理论是否挑战、扩展、完善了现有的观点、概念和实践。共鸣衡量的是研究的理论是否有意义，是否为有同样研究背景的人提供了关于他们生活和世界的更深刻的见解。有用性衡量的是分析是否提供了人们可以在日常生活中使用的解释，分析是否激发了其他实质领域进一步的研究，研究知识是否有贡献，是否有助于创造一个更好的世界。

总结的两个衡量标准都强调了研究的意义和对相关领域的贡献。对于扎根理论方法来说，除了要考虑这些评价标准以外，还需要考虑美学问题，修辞技巧和美学原则同样重要。写作本来就是直觉性、创造性和解释性的工作，如果没有良好的修辞描述技巧，再好的理论也无法影响到他人。如果一个扎根理论经过严密的论证和反思之后对一个实质性的领域有意义的内容进行了概念化和解释，那么该理论就是有价值的。如果再同时能够注重修辞技巧和美学因素，那么这个理论就会拥有更多的支持者。

（二）扎根理论的局限性

之前的内容讨论了扎根理论建构方法的原则和实践。然而，在科研实践工作中，尤其是在很多号称使用了扎根理论方法的案例研究中，扎根理论方法却经常被研究人员误用。这些误用不仅造成了对扎根理论方法的误解，也会在很大程度上降低研究质量，使得研究结果无法被同行认可。针对这一问题，Roy Suddaby 于 2006 年在 *Academy of Management Journal* 上发表文章，专题探讨了学术研究中对于扎根理论方法的错误使用，并纠正了对扎根理论方法的六个误解。

1. 使用扎根理论方法不代表不需要事前阅读文献

对扎根理论方法的一个普遍误解是要求研究者在进入研究时不去接触前人以往的研究。虽然扎根理论方法“要求研究者在研究开始时不预设假设，在没有思维限制的条件下搜集资料”，但这一要求并不意味着研究者可以不做充分的文献调研和综述。事前的文献、资料调研是研究者开展研究工作的前提，可以使研究者“站在巨人的肩膀上”对相关领域的理论进行进一步发展。尤其是对于学术研究型的案例文章，缺少文献综述和理论调研会在很大程度上降低论文的研究质量，成为被期刊编辑拒稿的重要原因。在这里，扎根理论方法强调的并非是摒弃前人的研究成果，而是提醒研究者不要过多依据他人的结果、结论而把自己的研究转化为假设检验性质的研究。扎根理论方法是一种自下而上的归纳性质的理论构建方法，与自上而下的演绎性质的假设检验方法有着本质性的区别。研究者无论使用哪种方法，都应当遵循该研究的方法路径。

2. 扎根理论方法不是对数据资料的展示

许多著名期刊的审稿人都遇见过这样的案例研究文章：研究问题有趣，行文优良，研究方法规范，但是最终所得出的结论却是无新意、常识性的知识，使得文章的质量大打折扣。造成这一问题很可能的一个原因是研究者使用了不完整或未充分加工的数据和资料。许多案例研究者经常会犯以下三种错误。

第一种错误是使用过于原始的数据。案例研究和扎根理论方法都强调了对原始数据的收集，许多研究者在收集资料时倾向于将所有的信息全部采集，越详细越好。但是这些过于繁杂、细节的数据时常会遮蔽研究者的视线，使得更加重要的信息无法凸显出来，进而造成研究结论的普通化。扎根理论方法注重的是数据对理论的支撑性，研究者需要从资料中提炼出那些能够对结论产生支持作用的数据，而对于没有理论建构价值的资料则应当及时抛弃。

第二种错误是未能将数据提升高度。如果研究者没能将重要的原始数据进行提炼，则很难得出具有创造性的结论。扎根理论方法的另一个关键是通过数据和分析的不断交替比较，提升数据的高度，形成构念和概念。

第三种错误是未能坚持数据收集与分析的同步性，过早地结束了数据收集。与其他量化研究不同，案例研究和扎根理论方法都没有明确的数据收集和数据分析界线。一个可供参考的标准是“理论饱和”，即研究者应当持续进行资料收集，直到没有更多新的证据可以支持理论，过早地结束数据收集可能导致所获得的资料无法完全支撑理论。

3. 扎根理论方法不是假设检验，也不是内容分析或字数统计

在实际使用中，部分学者会用扎根理论方法去对自己的假设进行检验，然而

实际上扎根理论方法并不适用于这种情形。扎根理论最适用于没有具体假设的研究，或是有假设但是假设太过抽象以至于无法用逻辑推理进行演绎性质的研究，即格拉斯和施特劳斯所强调的这种情境：研究者发现了很有趣的但是没有现成解释的问题，并试图从数据中发展解释性理论。扎根理论方法尽管不适用于检验假设，但是在使用过程中也一直在进行着检验，即通过不断地比较检验观察结果与构念之间的匹配性，从而确保理论的质量。扎根理论方法是一套从数据、资料中构建理论的过程，内容分析、字数统计仅仅是其中的一小部分、一个具体工具。

4. 扎根理论方法不是一个公式性的操作流程

一些研究者认为扎根理论方法是一套机械性的操作流程，与量化研究相似，研究者只要按照这些步骤一步一步地做下去就能得到结果。还有些研究者把扎根理论方法对于质性资料的分析当作一个直接通过软件包就可以处理的过程，尤其是其中的编码环节，只要依靠计算机程序就可以进行分析。但扎根理论方法本质上是一个解释性过程，并不是逻辑演绎过程。扎根理论方法需要研究者充分发挥想象力和创造力，从原始数据中提炼出理论，而如果用一些严格的程序来规范这个过程，则会限制研究者的想象力和创造力，也就违背了扎根理论方法的初衷。对于创造性和程序性，扎根理论方法的两位创始人之间也产生了分歧。格拉斯更加倾向于保持开放的心态从资料中寻求创造性想法，而施特劳斯则更倾向于在分析数据时顺应一些程序和规范，让采用这个方法的研究者能够更快地上手。尽管如此，施特劳斯也强调了在遵循程序和规范时必须要发挥研究者的主观想象力和创造力。其实，理论的建构也正是来源于研究者与数据之间的不断碰撞，进而擦出火花。

5. 扎根理论方法并不是完美的

扎根理论方法在实践中和理论中存在一些差距，在实践中有许多研究者对这一方法进行不断地改进。因此，研究者在使用扎根理论方法时并不能一劳永逸，而是要发挥自己的创造性思维在实践中探索更多的模式。

6. 扎根理论方法并不简单

正如之前所述，扎根理论方法本身并不复杂，只是一套研究中的原则和实践，但是这并不意味着扎根理论方法非常简单，人人都可以轻松地使用它。正是由于扎根理论方法仅仅是一些原则和实践，反而给研究者增加了很高的难度。在从资料中提炼构念和理论时，很大程度上依靠的是研究者的知识积累、阅历、灵感和想象力，有些研究者甚至称这一过程为“下意识的”。因此，虽然有研究者使用扎根理论方法做出了非常精彩的研究，但是并不意味着这个方法容易使用。研究者在运用扎根理论方法时一定要注重事前对自身、团队能力的培养。

第三节　计算机辅助工具

一、计算机辅助工具简介

（一）计算机辅助工具的发展

质性研究的基础是大量数据和资料，随着社会问题越来越复杂，研究者触探到的领域越来越深，资料收集的难度也越来越高。任何项目，无论规模的大小，研究者在资料收集过程中都会产生大量的访谈、问卷、观察笔记等资料，当然也会存在一些照片等资料。访谈资料可能存在针对不同人群、不同类型的资料，问卷更是类型多样，实物存在照片、文件、档案等类型。这些资料可能存在文件夹中、抽屉中、箱子里，在分析使用中，不可能每次使用时都从这些地方翻阅出来，这就需要进行良好的项目管理。同时，资料可能包括大量的访谈记录、问卷调查、文件笔记、文献资料，其形式也可能是多种多样的，包括文字、声音、图片、影像资料等。要从大量的形式多样的资料中得到想要的信息是非常不容易的，所以对资料的处理显得至关重要。总之，传统的质性研究囿于繁复的技术细节和机械工作而加大了案例研究的难度，传统的资料收集和分析的效率已经尤为低下了。

科技的发展使研究者收集资料和分析资料的方式有了极大的扩展。利用计算机技术可以帮助研究人员从更多、更远的地方收集所需的资料，帮助研究人员发现和分析研究问题。灵活运用计算机可以帮助研究者节省大量的时间，提高研究的效率。利用计算机技术更加有效的管理质性资料，可以避免无组织的混乱、时间的浪费。

20 世纪 80 年代，已经开始有科学研究者尝试应用辅助工具了，例如，借助录音设备和光盘进行资料收集，借助文字处理器编辑和打印文档，甚至借助早期数据库程序对资料进行分类和存储。但是大多数研究者仍然觉得计算机等辅助工具的应用十分困难，因此直到 20 世纪 90 年代，在大量的定性研究中借助计算机辅助工具的仍然寥寥无几。但是随着计算机技术和互联网的飞速发展，也随着相关研究方法的推广，但在短短的 20 多年内，这种状况就得到了根本的逆转。现在，计算机辅助工具不仅已经在质性研究中普及，甚至已经成为必不可少的了。

（二）质性研究软件的功能及分类

如今，很多人都已经认可计算机在质性资料分析中的作用，关于这方面的著作也有很多。一个好的分析软件，可以帮助研究者节省大量的时间。那么，计算机在研究中可以做哪些具体的事情？例如：①利用项目管理软件对研究项目进行规划和管理；②在资料收集阶段写札记手稿；③为所有的资料建档编辑管理；④对文字段落进行编码；⑤检索搜寻资料；⑥制作图表或将文字声音等可视化；⑦整理备忘和备份资料；⑧对资料内容进行分析；⑨进行理论建构；⑩撰写研究报告……

质性分析程序软件根据功能的不同可以被大致分为以下几类（表 6-7）。

表 6-7　质性分析软件程序分类表

程序分类	主要功能
文字处理程序	编辑文本
文字检索程序	搜寻
文字数据库管理程序	排列组合文字
编码与检索的程序	切割文字、排列组合
建立理论的程序	连接代码、测试代码
建立概念网络的程序	形成网络图

（1）文字处理程序。我们最熟悉的文字处理程序就是 Word 了。这类工具是为编辑设计的，研究者可以利用它完成笔记、文件、访谈的摘录和誊写，也可以利用它写备忘录，为后面的编码工作提供基础，还可以用它来撰写研究报告。类似于 Word 的软件还有 WPS、AbiWord 等，智能手机中的便签 APP 也属于这

类程序。

（2）文字检索程序。这类程序主要用来搜寻包含某些单词、词组或研究者有兴趣的各式组合示例所在的位置，有时也可用来做一些基本的分析，如形成索引，显示关键词，插入标记等。这类程序有 FindStr、Text Collector、SONAR Professional 等。

（3）文字数据库管理程序。这类程序主要是管理和存储文字数据，使其更加系统化，具有更加合理的排列组合，使搜寻和检索的方便性大大提高。这类程序有 Access、MySQL、Sybase、FileMaker Pro 等，为知笔记、印象笔记 APP 也属于这类程序。

（4）编码与检索的程序。帮助研究者把文字切割成文段或者是文块，并贴上代码，再将同一代码的所有文块全部找出来并展示。这类工具至少有某些检索功能，便于研究者在文本中检索编码和词组。有很多这类工具还具有备忘录功能。这类程序有 QualPro、HyperQual 等。

（5）建立理论的程序。这类程序是以编码和检索功能为基础的，但是有了更高的功能，其主要功能是把写好的代码连接起来，形成更高级别的类别。还可以形成命题或主张，这些命题或主张意味着一种概念上的结构，有些程序还可以测试命题，确认命题是否可用。这类程序有 AnSWR、ATLAS.ti 等。

（6）建立概念网络的程序。帮助研究者形成一种网络图，这种网络图连接的节点是一些变量之间的关系。有的程序侧重于形成网络图，而有的程序侧重于认知或语义网络的分析，还有的程序兼具了两种倾向。这类程序有 Inspiration、Visio、MECA、SemNET 等。

除了以上这些基本的软件类型之外，还有许多具有特殊功能的程序，如具备编码、资料联结、编辑图表等功能的软件，在此不一一介绍。另外，我们虽然可以对计算机辅助程序软件进行简略的分类，但需要注意的是，某个程序可能很难被归为某一类，即便被归为某一类，这个程序往往存在与其他类别程序功能的重叠。

二、Microsoft Office 对案例研究的帮助

（一）Microsoft Office 的辅助功能介绍

Microsoft Office 是微软（Microsoft）公司开发的一套基于 Windows 系统的办

公软件，是日常生活中最常见和最实用的办公软件之一。由于微软公司为所有的软件提供了一个统一的界面，因此一旦掌握了一种软件，学习其他的软件时也就能很快地掌握。在对质性资料编码的过程中，这些基本的办公软件是我们简化资料、展示资料的好帮手。本节主要介绍 Word、Excel、Access 和 Outlook。Word 是文字处理软件，Excel 是电子表格制作软件，Access 是数据库软件，Outlook 是邮件、日程表任务处理软件。作为界面统一、同一公司开发的办公软件，其可以全方位地实现实时协作。

Word 这一文字处理程序是 Microsoft Office 办公软件的核心程序，研究者借助它可以轻松地实现多种语言文本的编辑和美化，还可以绘制和插入图表，搜索关键词，插入备忘录，导入、导出多种类型文件等。在撰写报告阶段，Word 可以帮助研究者按照要求设置匹配的格式，添加附录和目录，编写图例表和数据表。研究者不需要到处翻阅查找资料，就可以快速地通过各级编码归纳要点，快速完成报告的撰写。作为长期以来最流行的办公软件之一，随着 Word 版本的不断更新，其功能也越来越翔实。

通过 Excel，研究者可以在表格中布设大量数据，Excel 还有自动识别模式的功能，无须公式或宏就可以轻松地完成。它还能够比较数据，用可视化的方式展示数据结构，智能化地选择并讲述可以研究相关的数据。Excel 提供了大量公式函数进行选择，使用 Excel 可以执行计算，分析信息并管理电子表格或网页中的数据信息列表与数据资料图表制作，可以实现许多方便的功能。

Access 是更为强大的数据库软件，当资料量非常大时，Excel 就很难满足研究者的需求，此时，Access 所具有的强大的数据库功能则可以很好地帮助研究者完成收集、存储、分析数据的工作。研究人员可以通过多种方式在 Access 中进行资料管理：分析查询功能可以让研究者通过特定的域名和相关条件在表格里分类和过滤记录；问卷和设计表视图可以对 Access 数据进行检查、过滤、排序、查找和替换。如果研究涉及大量的数据，那么 Access 就是一个相对更好的工具。

研究者可以借助 Outlook 上清晰统一的电子邮件、日历、联系人和文件视图，与他人保持联系，并提升工作效率。在一个研究项目中，研究者往往不是孤立的一个人，很多时候是一个团队，每个参与人员性格不同、专业不同、擅长的领域不同。在研究过程中，可以利用 Outlook 来管理团队，通过其邮件功能整合团队的人脉资源，这是一种高效、便捷的管理手段。Outlook 也可以为文档研究、访谈法和扎根理论研究等案例研究收集资料，通过 Outlook，研究者可以获得数字图书馆、数据商等资料来源方的文献传递，实现数据资料共享，还更有机会与案例对象直接进行访谈和对话。

（二）Microsoft Office 应用举例：质性资料的编码

由于质性研究获得资料的途径非常多样化，所以在不知不觉中可能就积累了大量的、无序的资料，要想整合处理这些资料其实是非常不容易的。质性资料编码就是对这些质性资料进行分析。编码就是研究者对搜集到的资料赋予一个标签，这个标签是有意义的，它的形式可以是字词或者组句，但无论是哪种编码，都需要采用描述性的术语来表述。它的用途是帮助研究者依据研究规划与假设迅速地组织、检索到需要的信息。

我们可以利用 Word 实现对资料的编码，这一步主要的目的是减少质性资料的数量，将研究的要点通过计算机标注出来，使研究步骤得到简化。研究者首先利用 Word 完成对资料的誊写和转制，包括格式的转制以及音频、视频的转制，这一步主要是把各种形式的质性资料变成规范的形式，便于后期研究的查找。利用 Word 完成规范的格式，每一段文本所引发的思考都可以通过 Word 标注出来，并对文档添加目录和索引。一套完整的编码包括编码表、目录和备忘录。编码表是在对文档进行编码时形成的所有编码的排序，它可以使文档看起来整洁、有序。目录是文档中所有的评论和备忘录。备忘录是在编码时随时出现的想法和评论一样，可以帮助研究者迅速回忆起整理资料时的想法。索引就是所有的关键词和短语，可以使研究者快速发现资料的重点。

关于编写代码的种类，前人根据编码步骤和编码类型有不同的划分。克里斯多夫·哈恩将编码分为一级编码、二级编码、三级编码、四级编码四个等级，每个等级的编码的作用与目的各不相同。一级编码是针对大量原始资料的编码，研究者在这一步需要对数量庞大的资料进行一次粗略的整合，舍弃大量无关的资料，找出管理的焦点；二级编码是对一级编码的检验与凝练，主要是检验一级编码，并进一步缩小质性资料的范围；三级编码则是二级编码的提升，一般三级编码的成果是可以计入研究报告中的；四级编码是一个构建理论的过程。Matthew B. Miles、Michael Huberman 将代码种类分为三种。第一种是描述性代码，第二种是诠释性代码，第三种是主题和模式代码。描述性代码往往是一个描述性的词组；

诠释性代码则更高阶一些，对于资料的理解更为透彻；主题和模式代码则拥有更高的推理性和解释性。表 6-8 展示的是如何利用计算机编码对多样的文献资料进行管理。

表 6-8　质性研究资料编码过程示例

过程	步骤
数据采集	访谈誊录、深度访谈、目标描述、其他
一级编码	规范的 Word 文件；Word 文档被规范化为表格形式，先进的 Word 特性极大地提高了编码过程
二级编码和编写目录	Excel 和 Access；二级编码过程当 Word 拷贝初级编码到 Excel 和 Access 时开始
三级编码 和中心主题编码	逐步系统地处理每一个数据；简单的“点击”标签即可对数据进行多种方式操作替换；重新定义数据极大降低了从数据中获得结论的困难程度

Excel 是我们熟知的数据处理软件，相对于 Access 而言，Excel 的操作更容易上手，它比较适合处理中小型的项目。它管理数据的功能十分强大，研究者不需要阅读大量的计算机文件就可以完成对数据的处理，在利用 Word 完成一部分编码之后是远远不够的，还需要通过 Excel 把之前的编码整理顺畅。在之前编码的基础上，研究者可以利用 Excel 完成寻找数据、查找替换、自动过滤并分类等工作。把数据分类精简到一个 Excel 工作表中，使资料整洁、有序。

以下为案例 B“关于高校科技成果转化平台建设中的人才流动问题”的 Excel 分析文本的运用实例。

在上述案例研究过程中，研究者提取了地方省市政策（如“南京科技九条”“武汉黄金十条”“济南科技十一条”“重庆十五条”“鄂十条新政”“京校十条”“汉科技十条”“浙江成果六条”“京科九条”“合科九条”“成都十条”“川十条”等）中关于人才流动的规定，以求对人才流动机制有更好的把握。为更好地进行政策内容分析，研究者对上述地方政策进行量化处理。首先，以一个政策作为一个分析单元，提取出与技术转移、科技成果转化相关的政策关键词：①为全面反映每个政策的相关内容，不对每个政策文本的关键词数量进行限定；②不先设定政策分析类目，以免关键词的概括受到内容上的局限；③为了保证关键词的有效性，在不影响政策正确解读的基础上，将同义词和近义词进行合并，如“自主处置权”归并至“处置权管理改革”项下。然后，利用 Excel 对关键词及其频次进行统计，并分别统计每两个关键词同时在一篇政策文件中出现的次数，共得到地方政策关键词 46 个，生成地方政策 46×46 共词矩阵。在 Excel 完成对矩阵的建立之后，还不能结束研究。还需要其他软件配合分析。研究者采用 Ucinet 6.0 内部集成的 NetDraw 可视化软件展示，具体操作手法不属于本章讨论的内容，因此不再赘述，在得到地方科技成果转化政策的共词矩阵社会网络图（图 6-1）之后，可以直观地看出科技成果转化政策的联系。图 6-1 中的每一个节点表示目前国家和地方科技成果转化政策的政策重点，节点之间的连线表示两个政策节点之间的联系，线条的粗细代表了它们之间关系的强弱。

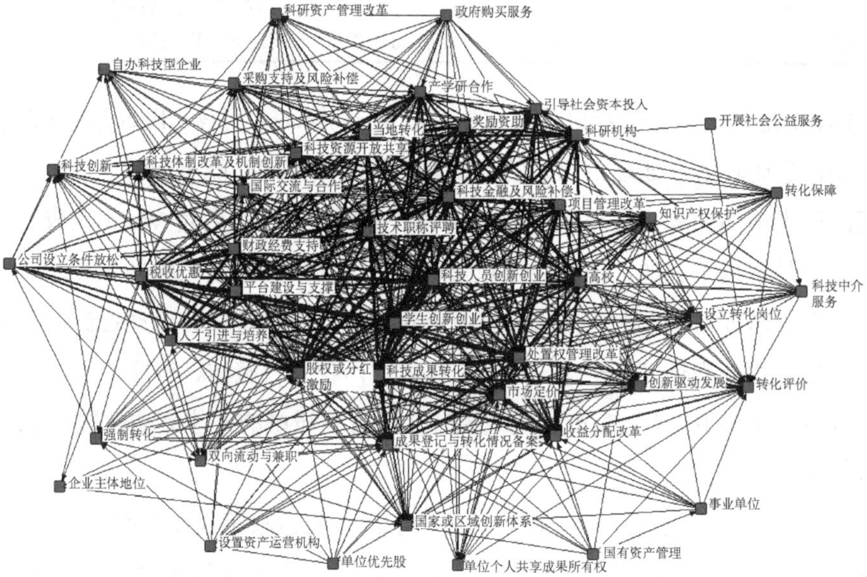

图 6-1　地方科技成果转化政策的共词矩阵社会网络图

三、计算机辅助工具的选择

（一）多样化的计算机辅助工具

我们熟悉的办公软件可以在一定程度上帮助我们完成上面提到的很多工作，但是如果需要更加完备的功能，还有许多专门的计算机软件可供选择。

用于文档资料高效管理的软件有 EndNote、Biblioscape 等；用于处理文本数据的软件工具则有 AnSWR CDC EZ-Text、TAMS、Weft QDA、Concordance/

LexisNexis、Leximancer、Inspiration、Story Space（处理超文本）等；用于处理影音数据的软件工具有 Audacity、Express、Scribe、f4 PC transcription software、Transcriber、Transana、VirtualDub、(主要分析声音文件)、Qualitative Media Analysis 等；用于处理多媒体资料的软件工具有 NVivo、Ethnograph、MAXQDA、InfoRapid、XSight、AQUAD、ATLAS.ti、CTANKS、CIS AID、HyperRESEARCH、QDA Miner、QUALIFIERS、Qualms、Observer、f4 PC transcription software 等；用于数据转换和收集的软件工具有 Audiotranskription、HyperTRANSCRIBE、Dragon Dictate Software（声音识别）、Snag-it（图片捕捉）、Transcriber（一个分割、标注、改编演讲的工具）、Solid Converter（Word 与 PDF 之间的相互转换）等。有些分析工具功能比较单一，但也有诸如 NVivo、MAXQDA 等全面的分析工具。

必须认识到的是，没有一种软件是可以解决所有问题的，有的软件擅长处理文本，有的擅长处理声音，有的擅长处理图像，需要根据不同的需要来进行选择。在选择软件的时候研究者还会受到自身计算机水平的限制，最好的解决办法是寻求外界帮助，可以向计算机水平比较好的人进行求助，毕竟花在每个研究项目上的时间是一定的，在某一步骤花费的时间太多，必然导致花在其他步骤上的时间减少。如果在项目研究过程中还要花费大量的时间熟悉全部的质性分析软件，可能会导致研究的时间远远超出预期。

（二）选择合适的计算机软件辅助案例研究

在案例研究中，如何使用计算机方法辅助研究者更好地完成研究呢？如何处理大量的访谈、观察、文档、实物资料呢？首先需要明确的是软件的基本种类和类型，常用到的功能主要包括文字检索、文字库管理、编码与检索、建立理论、建立概念网络、资料联结的功能。关于拥有这些功能的软件，我们在本节开篇已经做了介绍，由于软件的种类多种多样，如何选择合适的软件进行分析就成了关键问题。

在资料分析过程中，多数人都是选购一种软件而持续使用，有时很难兼顾所有的要点，而且不断更改程序费时且费力。因此，在决定使用某种软件之前最好考虑周全再进行选择。以下三个影响因素为研究者选择合适的计算机软件提供了建议和思考。

1. 研究者的计算机应用水平

在进行软件选择之前，需要明确研究者的计算机水平如何，有学者为计算机使用者的水平做出了分级，我们在此做出以下归纳。

（1）一级水平：了解操作系统，熟练输入输出，修改文章；

（2）二级水平：精通某几种程序，对新的程序有探索能力；

（3）三级水平：可轻松修改程序。

在使用程序时，团队协作是非常重要的，如果一个一级水平的研究者希望通过手册和教学程序来独立学会某项程序，这是非常困难的，常言道“三人行，必有我师”，团队之间的互动和帮助可以为新手使用计算机程序时节省大量时间。

2. 研究计划和资料库的类型

除了明确自身计算机水平之外，还有一项需要明确的问题是：研究计划和资料库究竟是哪种类型的。如果研究的资料来源非常广泛，包括访谈和观察等的各式资料，那么在选择软件时就需要看重该软件是否擅长资料联结，是否可以帮助研究者快速地了解资料的出处。在案例研究中，无论是跨案例研究还是多案例研究，需要根据研究目的和案例内容对案例进行分类，在进行这类研究时就需要关注计算机软件是否能够跨多个案例进行结构分析。在进行问卷访谈时，如果问卷访谈是标准化的，那么这些资料则易于利用计算机统计修改。资料可能呈现多种形式，如问卷、照片、观察、文档、视频和音频文件等。如果案例研究中出现多种类型资料并存的形式，那么在选择计算机程序时就要注意该程序是否具备良好的联结功能。此外，资料的大小也是需要考虑的问题，每种计算机程序的容量不一致，研究者需要知道自己的资料大小，以便选择大小合适的程序。

3. 研究分析的类型

研究预期是要做哪种类型的分析，对这个问题的回答也影响到程序的选择。如果研究者希望在某一个方向做深入研究，那么选择的程序需要能够快速地搜寻和检索资料，如果研究者只是为了验证某个假设，那么对于程序检索功能的要求就不是那么高了，这时的程序需要拥有检测理论的功能。如果研究中的编码不是预先规划好的，而是在研究中不断发展的，那么此时对软件的需求就是可以在显示器上进行编码的程序。如果受制于时间和精力，研究者不能对资料进行反复的分析，那么此时就需要一款富有弹性、可以产生工作日志的软件。如果研究者希望在页面上看到的资料是组织好的，那么以图表矩阵形式展示的程序才是首选。

四、借助计算机来收集和分析质性资料

（一）借助计算机来收集质性资料

在今天，借助计算机及互联网来收集质性资料已经成了多数质性研究的主要方式，甚至已经成了必不可少的方式。例如，业界经常利用“问卷星”这一应用程序进行大样本的问卷调查。在移动网络兴起的时代，资料的收集甚至仅通过智能手机上的微信、邮箱终端和浏览器等 APP 来进行。借助计算机和互联网来搜集资料不仅更加方便快捷，而且更加广泛和全面，研究者即时搜集的资料甚至可以是来自另一个半球的。作为中介的计算机还为研究者及对象提供了便捷途径，例如，有的对象可能由于身体不便或者不情愿进行面对面访谈，计算机作为媒介很好地避免了一些麻烦。在资料收集阶段，一些计算机软件还可以转变资料的形式。例如，科大讯飞开发的语音录入软件，可以多语言地支持访谈等资料在收集过程中语音的即时成文。计算机对资料的搜集也打破了传统的文本搜索的刻板印象，借助计算机不仅可以直接在互联网上搜索文本信息，许多搜索引擎还支持直接搜索图片、视频等其他类型的资料。

需要研究者注意的是，借助计算机来搜寻资料虽然方便，但是不能为了便捷而忽视其可能存在的问题。研究者在借助计算机搜集资料的时候应当经常反思这样的问题：借助计算机搜集到的资料与传统方法（如面对面访谈）相比是否焦点一致，内容是否翔实？是否可能因为计算机这一辅助工具的存在而对资料的客观性、全明性和真实性造成了影响？如何在搜集和实用网络信息资料的时候不触犯法律（如侵犯他人的隐私权、著作权）？类似的问题还有很多。

在资料的简化阶段，充分利用好计算机存档是非常重要的，要避免资料的无序性，首先要做的就是创建文件夹并对文件进行分门别类，好的开端可以大大减少后续工作的复杂性。质性资料的来之不易要求我们必须重视对资料的备份工作，光盘、U 盘、移动硬盘等外界存储设备，都是备份工作的好帮手，日

益发展的云计算更是为资料的备份工作提供了广阔的存储空间，甚至不必再担心存储设备的丢失而导致遗失重要资料的事故，只需一个账号就可以轻松完成资料的备份。

（二）借助计算机来分析质性资料

早在20世纪80年代，便有研究者陆续开始使用专业质性研究计算机辅助工具进行研究分析，相较于常见的Microsoft Office（包括Word、Excel、Access等）。虽然这类专门做分析的软件较少，但为满足各种不同的研究需求，也发展出数十种。整体来看，每个软件的侧重点又各有不同，大多数质性分析工具都具有良好的操控性，人机交互效率都很高，多数的质性分析软件都具有查询、注释、备忘录、附件等功能。但是每个质性分析软件根据处理问题的不同、语言支持的不同，又各有侧重点。以语言处理能力为例，目前市面上的一些质性分析软件还不能处理中文，有些软件，如ATALAS.ti、MAXQDA则可以支持中文处理。大多数质性分析工具的基本分析原型是扎根理论方法。通过整理资料、对资料进行编码分类，经过不断比较形成理论概念，从而获得对研究对象的理解。

目前最常使用的，也是拥有中文使用手册的质性分析软件有NVivo（Nudist）、ATALAS.ti、MAXQDA等。这些软件都是基于编码的研究工具，均具备了多数质性分析软件的常见功能，如编码与搜索、建立理论、建立索引、建立逻辑关系、建立概念网络等。

1. NVivo在质性资料分析中的应用

NVivo是澳大利亚乐卓博大学（La Trobe University）计算机科学系Tom Richards教授从1981年开始发展的一套辅助质性研究软件，原名为Nudist（Non-numerical Unstructured Data by Techniques of Indexing Searching and Theorizing，非数值、无结构性资料的索引、搜寻和理论化技术）。Nudist可以说是最早出现的一套整合性计算机辅助质性研究软件（Computer-assisted Qualitative Data Analysis Software，CAQDAS），涵盖了多数质性分析软件常见功能，如编码、搜寻、建立索引、建立规则、建立模式或理论、网络构图等。当初Richards教授开发这套工具，原本只是为了协助身为社会科学家的妻子Lyn Richards能够较有效率地处理质性研究资料，后来，这套工具颇受好评，便广泛流传开来，得到了质性研究学者的认同。

根据 QSR 官方网站 2003 年的统计，NVivo 各版本累计销售超过 30 万套，使用的研究者遍及 90 多个国家/地区。不过，相较于其他办公室软件或分析工具（如 SPSS），NVivo 仍属于开发较慢的软件，平均 3～4 年才会推出新版本。

在人体工学、变量图表统计、编码、稳定性等方面，NVivo 都是十分优秀的。NVivo 的旧版本不提供下拉菜单结构模式，而是使用“项目便签”的标签，但是最新版本则改进了这一问题，出现了支持 Windows 的菜单样式。在质性资料分析中，大部分的研究都是面对大量的文字研究，从这一点出发，质性分析软件需要支持丰富的文本格式。NVivo 不仅可以支持纯文本，也可以处理文本中嵌入的表格和图像。在处理视频和音频的问题上，NVivo 同样可以驾驭，目前的版本可以对画面和视频进行编辑。从查询功能来说，NVivo 是唯一允许模糊查询的程序。在处理图表时，它可以将变量或编码形成图标式的可视化模型。NVivo 还为共同出现的编码和字符串分析提供了可视化的分层结构矩阵。而 NVivo 试用版的功能不受限制，但最多只能编辑 100 条编码信息。一旦一个项目超过几百个文件时，大多数的查询和编码功能都变得不可用，处理的文件若在这个数目以下软件的使用体验则很好。

2. ATLAS.ti 在质性资料分析中的应用

ATLAS.ti 由德国的柏林科技大学（Technical University of Berlin）Thomas Muhr 等设计，商业版的程序于 1993 年完成，并交由 Scientific Software Development 公司出版。十几年来，ATLAS.ti 已成为专业定性数据分析软件的市场主导者。ATLAS.ti 被应用于世界各地的各大主要科研机构。凡是需要对文本和多媒体数据进行专业分析的地方，ATLAS.ti 的位置都无法取代。

ATLAS.ti 是一套相对完善的质性资料分析软件。它逐字稿编码的功能十分强大且容易使用，不仅如此，还可对多媒体（non-text documents）编码（如图片、声音、影片），只要利用鼠标拖曳便能完成联结编码和结合的动作。它具有灵活的文件处理能力和强大的搜索及检索功能，能够同时处理多个项目。ATLAS.ti 在人体工学、变量图表统计、编码、稳定性等方面的表现都是相当优秀的。ATLAS.ti 采用非标准的下拉菜单式，配有浮动窗口，在文字处理方面 ATLAS.ti 可以实际处理任何语言，使用所有现有的字体，包括中文、日文、阿拉伯语、希伯来语，以及其他更多。但无论资料为何种语言，它的程序界面都是英语。可对中文的 Word 文件直接编码，除此之外，ATLAS.ti 在处理繁体中文没有任何问题，ATLAS.ti 可对 Word 内的对象（如 Excel、影像）加以处理，它可以通过可视化的网络概念图编辑器迅速建立网络概念，透过超级链接将各对象关联起来。支持多人开发，能够整合不同项目，可以整合、转移或分享文件数据。

3. MAXQDA 在质性资料分析中的应用

MAXQDA 在 1989 年就发表了其第一版权，是一个独特的质性数据分析和知识管理软件程序。MAXQDA 并不限于特定类型的研究，而是可以用于各种不同的方法，如内容分析法、扎根理论及混合方法。

MAXQDA 允许用户有系统地组织、评估和分析文本及多媒体数据。MAXQDA 允许用户编码、分类、可视化及共享其系统评估和诠释中从文本到访谈再到多媒体的各种信息。结合简单性和复杂性，MAXQDA 实现了程序操作的高效、直观和人性化，同时实现广泛的功能应用。利用 MAXQDA，研究者可以轻松导入资料文件（Word、PDF、视频、音频、访谈、表格或者 RIS 文件等）并进行编码。MAXQDA 的界面结构清晰，用户可视化自己所有的数据资料、管理文件、创建备忘录、统计性表格和图表、可视性辅助工具等。MAXQDA 提供了丰富的功能和高度发达的可视化工具，并与 Microsoft Office 和 Internet 应用程序融合得浑然一体。从几年前开始 MAXQDA 就能够处理全世界所有语言的数据。在多种不同语言下的功能应用，是 MAXQDA 区分于其他文本分析工具的独到之处之一。因为它是为数不多的真正使用 Unicode 编码的质性分析程序，用户不仅可以用任意语言读取数据，还可以用该语言运行词汇搜索、类别定义等功能。

4. 对其他程序软件的简介

AnSWR 是由美国疾病控制与预防中心开发的辅助工具，目前仅支持 Windows 2000 和 Windows XP 的基于文字的质性分析。AnSWR 是免费的，研究者可以利用它管理海量复杂的质性数据并进行编码及分析，但是该软件已经过时了。

Ethnograph 是由 Qualis Research Associates 于 1985 年开发的进行文本资料分析的软件。它可以录入多语言文本，数据可以是访谈、问卷、调查、备忘录等多种类型。借助该软件，研究者还可以检索、标记、分析和管理项目关注的段落和章节。

HyperRESEARCH 是操作较为简单且实用的质性研究分析软件。通过该程序，研究者可以对资料轻松编码，对文本、图片和影音等多种类型资料进行整合分析。当然，它也有资料搜寻功能。

其他功能多样的程序软件还有很多，这里不再赘述。读者可以自己去发现和挖掘，寻找适合自己案例研究的程序。

五、对计算机辅助工具的评价

计算机辅助工具的优势有很多，这里主要说明软件对质性研究的几个关键作用。首先，研究者借助质性研究分析软件可以更清晰地界定概念。管理这些范畴、概念，以及概念和原始资料之间的联系、概念和概念之间的联系是计算机程序的长处，帮助研究者避免概念遗漏和混淆。其次，研究者借助质性研究分析软件可以更轻易地挖掘出庞杂繁复的质性资料中的隐含模式。程序中发达的检索功能可以帮助研究者发现质性资料中的潜在模式。最后，质性研究分析软件可以清晰展现概念之间的关系。质性分析研究软件对概念网络的图示功能可以把编码之间的关系以图形等可视化方式表现出来，从而让研究者直观地掌握项目的理论模型。

当然，质性分析软件在应用的过程中也存在一些问题，这里列举一些以供思考。首先，质性软件还不够人工智能化，经常忽视了作为人的研究者的感受，也容易使质性资料失去联系和语境，使研究者对研究内容产生误解、遗漏和偏差。其次，计算机辅助软件容易让研究者产生依赖、懒散和盲从，忽视了自我思考，让人的思维大打折扣。最后，计算机辅助软件可能对内容资料和概念关系进行僵化、固化的分析，导致软件分析引导着研究进展，而非研究者的研究思路推动着研究前进，质性研究越来越程序化和模式化。

第七章 案例研究的评价

第一节　科技政策案例研究的规范性评价

如前文所述，案例研究在使用过程中具有不透明性，读者往往只能看到研究者的分析结果和结论，并不清楚案例研究过程中究竟发生了什么。不同研究者在使用案例方法时的步骤和策略也不尽相同。案例研究的这一特点在一定意义上限制了这种方法的推广，为了能够让案例研究方法得到更广泛的应用，让研究者尤其是初学者能够尽快掌握这种方法，众多研究者对于案例研究步骤的规范化做出了努力，其中具有代表性的是 Yin 和 Eisenhardt。

Yin 提出了进行案例研究的 5 个步骤，包括案例研究方案的设计、收集案例研究资料的准备、收集案例研究资料、案例研究的证据分析、撰写案例研究报告[8]。Yin 对案例研究所划分的 5 个步骤，在本质上与其他研究方法的步骤划分是相似的。几乎任何研究方法都可以将其划分为方案设计、收集资料的准备、收集资料、证据（数据）分析、撰写研究报告等步骤。但是 Yin 对案例研究的界定为初次接触这种方法的研究者提供了一个很好的学习框架，有助于研究者依据学习其他研究方法的思路来学习案例研究这种方法。Eisenhardt 在总结前人研究的基础上（包括 Yin）提出了一套案例研究的框架，包括 8 个步骤：启动、案例选择、研究工具和程序设计、进入现场、数据分析、形成假设、文献对比、结束研究[9]。值得注意的是，Eisenhardt 所提出的研究步骤侧重于使用案例研究构建理论的研究，而 Yin 的步骤对于构建理论研究和理论假设研究没有进行区分。因此，Eisenhardt 的界定更侧重于研究对理论的贡献，在多个步骤中强调了对理论的发展。

为了强化科技政策研究者对案例研究方法的掌握，我们结合前人对案例研究方法的发展和改进，将案例研究方法体系划分为“6 个步骤+6 种辅助工具”。其中 6 个步骤包括研究启动、案例选择、资料收集、资料处理、提炼结论、研究报告。6 种辅助工具包括访谈、观察、实物分析、文档分析、扎根理论、计算机辅助工具。6 种辅助工具分别是案例研究中经常使用的工具。Yin 和 Eisenhardt 在体系中也对部分辅助工具有所介绍，在某些步骤中有所涉及。然而在实际科研工作中，这些辅助工具具有较高的使用频率，例如，很大比例的案例研究都使用了访谈、观察工具，而一些经典的案例研究也曾使用过扎根理论方法。这些工具有其自身的要求和规则，研究者需要对这些辅助工具有一定的认识才能在研究中合理地使用。因此，在这里我们将较为典型的 6 种辅助工具单列，期望通过对这些辅助工具的介绍能够使研究者更加准确地把握案例研究步骤。

本书前几章的内容集中论述了案例研究的内涵以及“6 个步骤+6 种辅助工具”，提倡通过对研究步骤、工具的规范化来提升案例研究的质量。本节将对国内主要学术期刊中已经发表的科技政策案例研究论文进行分析，探讨这些成果在步骤和工具方面的规范性。

通过对《中国科技论坛》《科技管理研究》《科学学与科学技术管理》《科技进步与对策》《科学学研究》《中国软科学》《科学管理研究》《研究与发展管理》《科研管理》《管理世界》等在科技政策领域具有一定影响力的中文期刊的文章进行分析，笔者共收集到使用案例研究进行科技政策方向研究的文献 103 篇。按照发现问题的路径、案例选择、案例分析和辅助工具的使用四个方面进行分析。

表 7-1 案例研究评价研究

研究步骤	具体步骤	文献数量/篇
发现问题的路径	现象驱动	81
	方法驱动	0
	文献驱动	22
案例选择	单案例	66
	多案例	37
	整体性案例	90
	嵌入性案例	13
	描述性案例	45
	探索性案例	32
	解释性案例	25

续表

研究步骤	具体步骤	文献数量/篇
案例分析	构建代码、编码	13
	描述性案例内分析策略	66
	解释性案例内分析策略	19
	描述性跨案例分析策略	19
	解释性跨案例分析策略	0
辅助工具的使用	访谈	15
	观察	4
	实物分析	2
	文档分析	102
	扎根理论	42
	计算机辅助工具	53

一、发现问题的路径

关于发现问题的途径，陈晓萍等将发现问题的路径归纳为4种：现象驱动型、方法驱动型、灵感驱动型、文献驱动型[21]。现象驱动型与灵感驱动型有一定的相似性，可以将现象驱动型和灵感驱动型统一为现象驱动型。

现象驱动型的主要研究如下。梁立明和李小宁对英国萨塞克斯大学科技政策研究所（SPRU）的科研选题进行了案例研究[106]。该选题的动因在于了解国际著名科技创新与科技政策研究机构的工作，对其研究思路和研究方法的研究有助于丰富国内科技研究与科技政策的研究方法，同样地，也可以提升国家的创新系统研究水平。徐丽梅基于台湾、深圳、无锡的案例研究，总结出吸引海外人才回国创业的成功经验[107]。在就业形势严峻的社会大背景下，国务院在2008年10月和2009年2月分别转发和颁布了《关于促进以创业带动就业工作的指导意见》《国务院关于做好当前经济形势下就业工作的通知》两份文件，强调自主创业，通过创业带动就业。在国际金融危机的影响下，吸引海外人才回国创业，成为很多地方战胜金融危机、促进就业和发展经济的战略选择。在这种情形下，借鉴台湾、深圳、无锡等拥有先进经验地区的做法具有重要意义。郭磊和蔡虹采用案例研究的方法探讨陕西能源化工产业技术创新管理过程中的政策网络治理[108]。研究发现政策网络在地方产业技术创新管理中有其独特的优势。该研究的驱动因素主要在于在技术创新成为产业主要推动力的大背景下，跨行业跨学科的多元主体网络合作式变得越来越重要，透过复杂的产业技术政策对这种多元主体网络进行研究具有深远的理论和实践意义。苏敬勤和刘静采用探索性案例研究方法对中国北车集团大连机车车辆有限公司和谐 N3 型机车创新过程做了深入分析，并构建了一个基于政策驱动的机车车辆企业自主创新模式的整合框架[109]。该研究的驱动因素是在中国机车车辆工业与发达国家相比还存在差距，机车车辆业的先进技术几乎全部被发达国家掌握。为不再被发达国家的技术压制，系统规划自主创新发展战略成为实现中国铁路装备现代化的关键。朱艳鑫和刘文俭通过研究第一家成功登陆创业板的公司特锐德的案例，总结出支撑科技型中小企业快速成长的主要因素[110]。科技型中小企业面临成立时间较短、规模较小、管理经验落后、投资风险大的短板，总结中小企业发展规律，探寻适合其成长的发展战略，对促进高新技术中小企业快速、健康发展是非常必要的。

在对使用案例研究文章进行梳理时我们发现了一个现象：关于方法驱动型的研究问题少之又少，而多数研究问题属于现象驱动型。在 103 篇文章中现象驱动型问题达到了 81 篇，占比为三种路径之首，这是因为现象驱动是发现研究问题最普遍的路径。不难看出，许多对于与科技政策相关的主题研究是来自人们对日常生活、工作中一些矛盾、争端、焦点问题和信念的好奇。在科技政策领域中，好奇是发现问题的最原始路径。

关于文献驱动型的研究也有很多。其中穆荣平在大量文献研究的基础上，运用产品生命周期理论和比较优势理论，结合上海大众汽车有限公司案例，分析并指出国际技术转移的关键影响因素[111]。戴智华在研究中发现研究医工学科交叉的文献较少，特别是针对医工学科交叉进行实证研究的文献就更少。而实施学科交叉、综合集成的研发战略，已成为高校冲击世界一流大学的共识。对 2007～2010 年上海交通大学资助的 210 项医工学科交叉基金项目，以及医工学科交叉典型案例的研究，可以帮助人们解决建立医工交叉学科高校的难题[112]。姚飞和王大海发现国内文献对创业者个体层面的深度研究相对较少，因此，他们根据角色认同理论，探索性地构建了科研人员向创业者角色转型的路径模型，并采取其他资料获取手段对两个典型创业者的案例进行了剖析，最后探讨了创业者的初始条件对创业转型的影响[113]。徐婕和周宁在研究中发现少有文献从公众权利的角度，关注财政性科技项目中的公共利益保障问题。他们通过案例研究美国在受公共资助的大型科研项目上保障公众利益的政策和行动，为促进政府相关部门在科技管理上更好尊重公众利益和权利提供借鉴及政策参考[114]。陈霞和李真真发现，与国外同行相比，我国目前对产学合作中的利益冲突问题关注较少。然而，利益冲突是制约产学合作良好关系形成的深层原因和阻碍产学合作有效推进的重要因素，因此，重视和开展产学合作中的利益冲突研究具有重要的现实意义[115]。

通过对现有文献的回顾，我们发现许多研究发现问题的路径是通过阅读文献时出现的，研究者在阅读文献回顾已有理论时如果发现现有理论有欠缺或者是现有理论并不能解释新出现的问题时，往往会发现值得研究的课题。然而，除了现象驱动型和文献驱动型两种发现问题的路径外，我们发现国内关于科技政策案例研究中由方法驱动的研究几乎为零，由方法驱动的研究问题主要涉及两种形式。一种是对研究方法本身的兴趣所引申出来的研究问题，另一种是由研究方法驱动而形成研究问题的方式。国内科技政策案例研究缺少方法驱动型的研究问题说明国内学者对于新方法使用的敏感度不够，多采用传统普遍的研究方法进行科技政策的案例研究。

二、案例选择

案例选择是案例研究的第二个步骤。获得研究问题之后下一个步骤就是案例选择，即让研究者通过对案例构架在三个维度进行选择，从而完成一个基本案例研究设计。在进行方案设计时，首先需要明确究竟是采用一个案例还是采用多个案例来说明要研究的问题。通过对 103 篇文献的梳理，我们发现有 66 篇文献是采用的单案例研究方法，有 37 篇是采用的多案例研究方法。穆荣平通过上海大众汽车有限公司的案例对国际技术转移影响因素进行了分析[111]。米加宁等通过美国的案例研究了作为公共政策的技术转移政策[116]。丁明磊和孙福全通过同济大学上海地面交通工具风洞中心建设与发展的单案例分析，为国内产业技术创新服务平台的建设提供了有益的战略思路与措施借鉴[117]。梁琦和刘萱对美国国家航空航天局（NASA）空间科学办公室教育与科普项目进行案例研究，探讨了科研项目嵌入面向公众科学传播活动的政策与实现路径[118]。

采用多案例研究的文献相对于单案例研究较少。其中，高雪莲和翟启江基于张江、新竹与筑波的案例对产业集群竞争优势形成的理论基础和形成的基本要素条件进行了梳理和总结[119]。徐丽梅基于台湾、深圳、无锡的案例研究对引进海外创业人才的经验进行了梳理[107]。文丰和翟青通过对朗科“优盘的案例”、海尔的触摸式按键洗衣机、中国高铁、苏联的奥布宁斯克核电站 4 个案例进行分析，构建出 4 个不同的基于技术链视角的集成创新模式[120]。齐旭高和吕波选取 4 家高科技制造企业为研究对象，运用多案例研究，深入剖析案例企业产品创新视角下的自主创新路径[121]。孔凡萍等以山东多家企业为案例，对其进行深入分析，归纳总结出企业科技成果转化的理论框架体系，并分析了 4 种不同的企业创新创业模式[122]。

事实上，单案例研究与多案例研究并无优劣之分，不是说多个案例就比单个案例的研究来得丰富，单案例框架和多案例框架各有优缺点，在研究时需要根据研究问题本身的性质和研究条件来选择研究框架。

另外一种研究框架的划分是整体性案例研究和嵌入性案例研究。在 103 篇文献中，有 90 篇采用的整体性案例研究，采用嵌入性案例研究的文献仅有 13 篇。采用整体性案例研究框架的有：穆荣平对德国大众汽车集团向中国转移技术的背景、转移过程和结果的研究[111]；梁立明和李小宁对英国萨塞克斯大学科技政策研究所科研选题的案例研究[106]；吴绍波等对我国 TD-SCDMA 创新的案例分析[123]。

采用嵌入性案例研究的主要如下。涂俊和吴贵生对巴西国家创新系统“失落的十年”进行了研究，在研究中，他们把巴西国家创新系统的主体分为政府、教育、研究机构、企业 4 个独立的活动主体，并分别进行探讨[124]。孙耀吾等在基于 GSM 案例的研究中，把在 GSM 标准发展过程中，飞利浦、摩托罗拉和诺基亚等公司作为不同战略引导下的不同个体进行比较分析[125]。范群林等采用嵌入性案例研究方法，选择中国东方汽轮机有限公司（简称东汽），对其内外部协同创新网络在国家创新系统作用下的形成机理进行了研究，并把其创新网络分为东汽与大学的关系、东汽与政府的关系、政府与大学的关系三种子网络进行分析[126]。

同样地，整体性案例和嵌入性案例研究都有其优点和缺点，从对文献的梳理中可以发现，现阶段的研究中关于嵌入性案例的研究还比较少。科技政策的参与主体往往不是唯一的，高校、科研院所、学者、政府、公众都越来越多地参与到科技政策的决策和管理中来，因此，在科技政策案例研究中，最好更多地采用嵌入性案例研究设计，这是因为嵌入性研究框架中的次级分析单位能够帮助研究者拓展研究范围并对案例进行更深入的分析，嵌入性设计还可以使用不同研究层次创造证据三角形，使研究结果更加严谨。

第三种案例研究框架的划分主要是根据案例研究的功能或者用途区分为描述性研究、探索性研究和解释性研究。在对 103 篇文献进行梳理时发现，使用这三种研究框架的文献数目相差不多，分别为 45 篇、32 篇、25 篇。采用描述性案例研究的如下。胡卫首先根据不同标准划分了公共技术采购的类型和间接公共技术采购的过程，并运用北欧地区对热泵技术采购的案例分析了公共技术采购的运作原理，最后讨论了公共技术采购在技术创新中所起到的积极作用[127]。辜胜阻等指出“大学—产业”互动关系与区域创新文化紧密相关，并以斯坦福大学与硅谷的互动为案例剖析了“大学—产业”互动与创新文化培育的国际经验[128]。张永安和李晨光探讨了创新科技政策（ITP）的特点和意义，并且对创新科技政策三阶段周期进行了归纳，总结了各阶段政策目标和支持措施。结合以色列创新科技政策实施案例进行了论证并得出了启示[129]。

采用探索性案例研究有：闫宏等对英国移动通信行业的此类合作研究网络（Mobile VCE）进行了案例研究，论述了 Mobile VCE 的创建过程与管理模式[80]；郭磊和蔡虹采用案例研究探讨陕西能源化工产业技术创新管理过程中的政策网络治理[108]；江诗松等通过一个国有企业（上海汽车集团股份有限公司）和民营企业（浙江吉利控股集团）将近 30 年的纵向比较案例研究，揭示了国有企业和民营企业在创新能力发展路径中的差异及其影响机制[130]。

采用解释性案例研究有：蒋玉涛等以华为技术有限公司和中兴通讯股份有限公司两家通讯企业的知识产权纠纷为典型案例，分析这两个竞争性战略联盟冲突激化的原因，探讨政府的介入和协调等问题，并提出政府应对的两类措施[131]；付剑峰等通过对杭州银行科技支行的案例研究，分析出支撑科技银行三大因素[132]。

对案例模式的分类是案例研究的关键性步骤，三种案例模式并不是完全孤立的，有些研究可能会涉及两种及以上的模式。选择哪种模式的案例模式，主要取决于研究的主题和研究的性质。

三、案例分析

选择好案例研究框架及案例对象后，研究者将要进入资料收集阶段。资料管理的水平和效率决定了资料初步处理的实际效果。原始资料（包括札记草稿、口述录音带、访谈录音等）往往是粗糙、宽泛的，甚至包含一些难以理解的内容；由于一项案例研究可能包括多个研究者，不同研究者在笔记中使用的符号、专有名词等很可能具有不同的意义；研究者在实地调研中可能会产生一些想法并记录在笔记中，但是在事后回顾时很可能会产生更进一步的想法。因此，原始资料需要首先进行初步处理，形成规范的语言、条目后，才能更好地服务于案例研究，同其他研究方法一样，也需要收集证据。

案例研究的证据主要来源于以下五种：文件资料证据、档案资料证据、访谈证据、观察法的证据（其中包括直接观察的证据和参与性观察的证据）和实物的证据。资料收集完成之后还要进行代码编码的处理，我们在梳理文献的过程中发现大部分使用案例研究的文献都没有这一步，案例研究步骤不够规范。其中，盛亚、沈宏韬在探讨现有知识产权政策体系和我国企业需求之间关系时，运用开放性译码、主轴译码、关联选择性译码对资料进行处理分析[133]。陈剑平、盛亚采取多案例研究思路并结合扎根理论编码方法，理论抽样并分析了具有代表性的企业样本，探索构建了基于创新利益相关者视角下创新政策对创新投入激励机理的框架模型[134]。

在对文献的梳理过程中，只有极少数的文献运用了比较规范的代码编码的处理，多数案例还是停留在摆资料、讲道理的阶段。

四、辅助工具的使用

其实，案例研究中对于如何将来自不同渠道、对象的不同形式的资料整合起来，依据相互关系将资料关联，是资料管理的核心内容。建立一个质性资料数据库是个解决办法。我们在获取资料、分析资料时都要采用不同的策略，只有这样才能避免无序，提高分析的效率。我们提出了六种辅助工具帮助研究者进行研究，这六种工具分别是访谈、观察、实物分析、文档分析、扎根理论建构、计算机辅助工具。在梳理文献中，我们发现案例研究中使用最多的是文档分析，达到了102篇，接来是计算机辅助工具 53 篇，有 42 篇文献使用了扎根理论建构方法，15篇文献使用了访谈法，4 篇文献使用了观察法（包括直接观察和间接观察），仅有2 篇文献使用了实物分析法。

其中，使用超过三种方法的文献有：姚飞、王大海对科研人员向创业者转型路径的研究，用到了搜集二手资料、深度访谈、直接观察、参与性观察和实物证据[113]。盛亚、沈宏韬在对我国企业自主创新的知识产权政策需求与影响机制研究中，不仅使用了扎根理论编码研究，还运用了访谈调研、参与观察记录、内部报纸画册及各种政策文件等证据[133]。江诗松等在国有企业和民营企业转型经济中后发企业的创新能力追赶路径案例研究中，使用了五种辅助工具获得资料，包括公司内部人和产业专家访谈、公司实地参观、公司内部文档、公司网站、公司年报、媒体新闻以及相关出版著作[130]。黄锦华在基于全球价值链治理的多案例分析中，使用了文献、档案、访谈、观察四种资料分析方法[135]。齐旭高、吕波在对制造企业自主创新路径研究中，基于多案例研究框架，使用了现场观察、访谈、文档分析三种资料分析方法[121]。

五、小结

我们对在科技政策领域具有一定影响力的中文期刊如《中国科技论坛》《科技管理研究》《科学学与科学技术管理》《科技进步与对策》《科学学研究》《中国软科学》《科学管理研究》《研究与发展管理》《科研管理》《管理世界》等进行检索时，发现在 68 573 篇科技政策领域的文献中仅有 103 篇使用了案例研究。分析现有的使用案例分析方法的科技政策议题文献可以发现很多声称使用案例研究的文献，仅仅只是对案例进行了分析，并不是真正规范意义上的案例研究。尤其是在对案例资料收集的过程中，许多文献都是罗列出案例的背景和发展过程，还停留在资料的堆砌层面。在一些仅仅使用文档资料的案例中，研究者甚至没有指出这些文档资料的来源，到底是一手分析资料还是二手资料也并不明晰。在对资料的分析过程中，只有极少数文献采用规范性的案例研究步骤进行了代码的构建和编码，但是多数案例仅进行了文字分析和简单的罗列因果关系。在对辅助工具的使用上，多数研究者都能从文档分析中获取需要的信息，但如果要实现多种证据来源之间的互证还是不够的。在 103 篇文献中，仅仅有 2 篇使用了实物分析法。事实上，多数研究者忽视了实物分析的作用，实物证据在人类学研究中有广泛的使用，在案例研究中，一旦使用实物证据，实物证据就会成为整个案例研究中不可缺少的部分。

通过以上初步的分析可以看出，当前我国科技政策的案例研究在研究过程的规范性方面还有很大的改进空间。我们提出了案例研究“6 个步骤+6 种辅助工具”的研究框架，这种框架是一种简单、可行的程序，我们不会要求科技政策的研究者完全按照以上框架进行案例研究，但是如果研究者能够在很大程度上遵循这些框架，将可能会得到一个具有较高质量的案例研究成果。

第二节　案例研究在科技政策研究中的前景展望

通过对案例研究的介绍，研究者会发现，虽然案例研究的实施难度较高，对研究者的综合素质有较高的要求，但它并不是高不可攀的。研究者通过对案例步骤、案例工具的准确使用，是可以完成具有较高质量的案例研究的。

但不可否认的是，案例研究相对于其他量化研究方法，其成果被接收、发表的比例相对较低，主流学术界对于量化研究的认可程度更高。这一点从第一章中对于国内现有科技政策案例研究文献的梳理就可以看出，案例研究在科技政策的现有研究中所占比例非常低。

尽管如此，还是有许多学者愿意深入实地进行案例研究，因为相对于其他研究方法，案例研究有其独到性，主要表现在以下几方面。

（一）案例研究对研究问题能快速响应

当案例研究被作为探索性研究、描述性研究时，研究者通过对少数案例的调查能够较为迅速地获得相关问题的一手资料，尤其在针对新兴问题、突发事件时，案例研究对于典型个案的“完整”调查能够帮助研究者及时获取相关事件的资料，帮助研究者建立对相关问题的认识和理解，为研究者下一步的工作带来启发。

（二）案例研究对问题探索的深入性

案例研究要求研究者扎根到实地中，倡导研究者深入案例中去，许多著名的案例研究学者曾经花费几年的时间生活在研究对象的环境中。调查法的研究者通常会在若干时间点对研究对象进行调查，而案例研究的研究者通常会一直扎根于研究对象周围。相对于调查法，案例研究对于过程的关注使得研究者往往能够得到更多的信息，并从中发现被埋没、被忽视的情境。在目前学术界对二手资料过分依赖的氛围下，案例研究对于研究者深入实地的要求使得案例研究成果往往能够得到具有较高价值的结论。

（三）案例研究的结果拥有较高质量

案例研究结论的高质量主要来源于两个方面：一是案例研究提倡采用一手资料，让研究者扎根于实地获得对事物的了解；二是案例研究对于证据推论的较高要求。案例研究要求研究者在得出某一结论时，应当使用不同类型、不同来源的证据进行交叉印证，通过这种方式得到的结论往往具有较高的质量，这种论证方式在其他研究方法中一般没有要求。当然，案例研究的高质量是建立于对案例研究过程严格遵守的条件下的，如果研究者在研究过程中过于随意，则会大大降低其研究质量。

（四）案例研究更有利于公众的理解和接受

当科技政策研究的目的是为政府部门、公众提供咨询时，案例研究的成果往往更有利于公众对于问题的理解和接受。案例研究通过对若干个案较为详细的叙述和描写，使得不具有研究背景、知识储备的公众能够建立对问题的初步印象，更有利于研究者结论的可接受性。

需要强调的是，研究者在使用案例研究时，应当对研究科技政策的目的进行定位。科技政策研究根据研究目的的不同也可划分为不同的类型，科技政策的学术研究和科技政策的应用研究是两种较为典型的研究目的。

在公共政策研究中，以研究基本问题原理为目标的学术研究与以为政府部门提供咨询报告为目标的应用研究本身就存在较大差距。在政策科学研究中，政策分析所面对的通常是具体的政策问题，其研究的主要目的在于为政策制定部门提供可行的解决方案，与以提出“中观理论”为目的的典型政策科学学术研究范式有所不同。科技政策本身属于公共政策的一个子类，科技政策的研究也会因为其目的的不同而划分为学术研究和应用研究。科技政策的学术研究和应用研究最大的不同表现为所面对的对象的不同，研究者应当根据研究自身的情况，找准定位，只有这样，才能更好地获得满意的案例研究。

科技政策学术研究的特点集中表现为以下几方面。

（1）科技政策的学术研究关心的是具有理论价值和意义的问题。科学研究的目的是探索和发现事物发展的规律，科技政策的学术研究所关注的也是科学技术发展的一般性问题。科学的进展和科学革命的规律、新技术发展的生命周期、成果转化中各个因素的因果关系等问题是科技政策学术研究中的典型问题。如何促进科学、技术、创新的快速发展是科技政策研究的终极目标之一。陈光、方新将科技政策的研究主题划分为科技评价研究、科技投入研究和技术创新研究[7]。科技政策的学术研究结果需要具有理论上的价值和意义，需要帮助人类进一步理解科学技术创新发展的进程和规律，其研究结果具有较强的普适性。

（2）科技政策的学术研究对于研究方法的规范性有较高要求。与所有类型的学术研究一样，科技政策的学术研究所要面对的是具有相同专业背景的人员，因此对于研究范式、研究方法的规范性有较高的要求。科技政策的学术研究无论是基于归纳法的理论构建型研究，还是基于演绎法的理论假设型研究，都需要遵守相应的学术规范。从提出问题和假设到资料收集、数据处理、提炼结论等阶段都有较高的规范性要求。一份学术研究在公开发表之前会得到期刊编辑、审稿人的多番审阅，而审阅的重点也往往关注于研究成果的规范性。

（3）科技政策的学术研究具有价值中立性。科技政策的学术研究虽然既包括实证性研究也包括规范性研究，但规范性研究本身是有价值倾向的。与应用性研究相比，科技政策的学术研究具有更高的价值中立性。研究者可以根据研究中的发现，不断扩展研究范围，逐渐地发现事物发展存在的问题，并依据自身的背景和知识，选择感兴趣的问题进行研究。科技政策的研究者在进行研究时拥有较高的自由度，不会轻易受到外界其他因素的影响。

科技政策应用研究的特点集中表现为以下几方面。

（1）科技政策的应用研究关心的是需要解决的实践问题。除了具有一般意义的科学技术发展问题，科技政策研究中还存在大量的不具有学术意义但又急需解决的问题。例如，某高新区的人才引进政策的制定问题、某大学的专利成果转化分成问题等都是比较典型的实践问题。对于这类问题的解决对科技政策理论的发展并没有太大的意义，例如，人才引进的问题本身就是一个非常具体的问题，不同高新区地理位置、资源环境、社会文化发展情况不尽相同，所需要的人才类型也不尽相同，从中发掘具有普适性的规律并不现实。对于这类问题，最重要的是解决当前所面对的情况，研究者的研究目的是给特定的管理部门提供可供选择的行动方案，是以智库的形式为公共管理部门提供咨询。

（2）科技政策的应用研究对于研究方法的规范性要求不高。正如之前所论述的，对于科技政策的应用研究来说，最重要的是提供问题的解决方案，而对于方案是如何得出、方案的理论推导等问题并不是应用研究所关注的重点。甚至在一些应用研究中，一些方案、方法本身就是经验性的、缺少科学论证的。应用研究更侧重于方案的实施和结果，对于研究范式和研究方法的规范性并不像学术研究要求的那样严格。因此，科技政策的应用研究允许使用一些具有创新性，但是在严谨性方面有所缺失的新兴工具和方法。

（3）科技政策的应用研究是具有价值倾向的。科技政策的应用研究中很大比例的研究是由政府部门或其他部门委托进行的，例如，国家软科学研究、科学技术部和国家知识产权局的一些委托性研究都属于这种类型。因此，科技政策的应用研究很多是以为政府部门解决问题为目的的，其研究立场和角度往往很难摆脱政府部门的影响，所以研究结果有时会倾向于政府部门或其他委托方的利益。因此，相对于应用研究来说，科技政策的学术研究更加中立。

研究者在进行具体案例研究时，应当界定清楚其研究目的。对于以学术研究为目的的科技政策研究，需要严格遵守案例研究的具体步骤和工具的使用，其成果的呈现也应当以规范的学术文献为形式；而对于以为政府提供咨询报告的应用研究，案例研究的呈现应当以解决实际问题为目标，而对于研究过程、研究细节的介绍可以更加简略，注重介绍案例研究的结论和结果。

第八章
科技政策案例研究实例
——高校科技成果转化模式探索研究

创新成为国家发展的重要驱动力，科技成果转化也随之成为科技与经济结合的关键，推动科技成果向生产力转化具有重要的意义。但是国内各创新主体科技成果转化的意识不强，成果转化的效率也不高，部分科研主体并没有建立合理、系统的科技成果转化机制。本章针对高校科技成果转化的现状和需求，选择中国科学技术大学先研院为代表对科技成果转化模式进行探索性研究，并对科技成果转化流程中各阶段进行深入分析。

随着全球科技的快速发展以及研发周期的不断缩短，科技创新成为社会经济发展的重要支撑科技，科技成果转化与社会实际的联系越来越密切，同时也成为科技管理工作的核心问题及不同创新主体创新能力的体现。美国早在 1980 年便出台了著名的《拜杜法案》（*Bayh-Dole Act*），允许科研人员个人拥有政府资助研究所形成的专利权，以促进大学科、科研院所成果的商业性转化[136]。加拿大也出台了包括专利归属在内的各种政策措施，旨在最大限度地开发公共资助研究活动的经济社会价值。在澳大利亚，联邦政府配置了大量资源用于支持科技成果商业性转化（research commercialization）和“大学-产业合作”（university-business partnerships）[137]，大多数科研机构也热衷于提升自身商业性转化的能力，旨在加强同产业部门的联系，以增加来源于非政府资助的研究经费。我国也十分重视科技成果转化工作，2015 年出台的《促进科技成果转化法》，以及国务院出台的涉及科技成果转化的相关文件都为科技成果转化提供政策支持，同时我国高校也在学习国外模式的基础上，积极探索适合本国国情的科技成果转化模式，进一步推动我国科技成果转化的绩效[138]。为此，本章对高校科技成果转化平台的创新模式进行了探索性研究，分析了科技成果转化的运作机理，为促进科技管理工作的开展，以及客观总结我国科技成果转化实践现状提供了支撑。

第一节　高校科技成果转化概况

一、高校科技成果转化现状

全国知识产权综合发展指数稳步上升，至 2015 年已达到 187.35。其中，知识产权创造、运用、保护和环境指数平稳增长，水平稳步提升。这其中，高校和科研院所是我国科技成果的重要完成单位，其所申请的知识产权比例也逐年提升[139]。但是，与欧美等发达国家和地区相比，我国整体科技成果转化工作还有待进一步加强，许多高校和科研院所拥有的专利并没有全部转化为生产力。

二、现有高校科技成果转化模式及优缺点

按实施方式的不同，高校科技成果转化模式可以大致分为直接实施、合作实施和成果转让实施。直接实施，即成果所有人自行创办企业，或者高校自办产业把成果转化为实际生产力。合作实施，即成果所有人将科技成果与企业共同实施转化，如技术作价入股、利润分成等。成果转让实施，即成果所有人通过将成果所有权或使用权出让的形式，让企业实施，包括传统的“委托项目”“技术转让”等[140]。

以上基本实施方式，大部分是在高校相关管理部门提供必要支持的情况下，由高校科技成果所有人进行的相对独立的、自发的、直接面对社会的科技成果转化，属于第一代科技成果转化模式。该模式存在较多问题[141]。首先，科技成果与企业需求脱钩的矛盾长期存在。大学科研工作与企业技术创新在目标、路径、组织方式、评价标准及环境要求等方面存在着很大的差别，因此高校的成果很难直接转化成适应市场需求的新产品和新技术。其次，成果转化的机制不畅。高校

传统体系是为了适应学术研究和人才培养而设计制定的，对于科技成果转化、产学研合作等社会服务方面的需求，现有体系在机构设置、管理制度、激励机制等方面匹配性不足[142]。因此，在高校科技成果转化实际过程中，普遍遇到了一些障碍，如与市场衔接、市场推广等。

链接市场是实现科技成果商品化和产业化的中间过程。一般而言，高校很少直接接触到市场，而企业又和高校有着不同的任务导向和活动方式，造成了双方合作上的差异。这种差异导致了我国高校科技成果转化过程中典型的缺失环节，也是整个高校科技产业链上的缺失环节[143]。

为了解决传统模式下科技成果转化过程中遇到的困难，从 20 世纪 80 年代开始，我国政府和高校积极进行了多种组织形式的创新，在高校中建立了诸如工程（技术）中心、技术转移中心、大学科技园等形式的综合性科技成果转化平台。一些高校还探索了与企业建立联合研究所、协同研究中心等校企合作的模式[144]。部分研究者把通过这类创新型平台进行技术转移的模式与原有科技成果转化模式并列，一般称之为科技园模式。实际上，这些创新型模式是在原有科技成果转化工作的基础上，对科技成果转化过程所需的各种硬件及软件条件进行的针对性配套、改善和创新，为高校科技成果转化及产业化、人才创新创业提供的新平台、桥梁和通道[145]。总体来说，高校科技成果通过这类新的综合性科技成果转化平台进行转化和产业化的模式可以称为第二代高校科技成果转化模式。

经过 20 多年的探索和实践，各类创新平台在开展科学研究、高新技术产业化、培养工程技术人才等方面发挥了实际的作用，塑造了良好的高校创业环境，在促进企业与大学之间科技合作、服务区域经济发展、促进产学研合作等方面取得了不小的成就。但是，这些创新平台仍然存在一些问题有待改善，如管理部门多、指导思想和目标不一致；创新平台的功能定位不够准确；行政化痕迹重，权益分配不清，运行机制、管理机制普遍不顺；没有解决大多数高校科技成果自身不适合产业化这个根本性的“硬伤”；等等。

在现代社会快节奏背景下，以企业为代表的技术需求方面临的市场环境、技术环境复杂多变，对创新产品的性能、服务、升级等要求越来越高。从技术成果获得到最终转变为生产力，整个实施过程中需要满足各方面的多个条件，“转移链”环环相扣、缺一不可。要解决高校科技成果转化中“中试空白”等问题[146]，除应提升转化效率外，还需要进行更多系统性、综合性的探索和创新。

第二节　研究方法和研究对象

一、研究方法

本章主要采用案例研究的方法对科技成果转化进行分析，主要基于以下原因。

（1）国内科技成果转化还处于探索阶段，以高校科技成果转化平台等为代表的科技成果转化模式是国内科技成果转化实践的探索性尝试，属于较新兴的事物，因此很难使用传统的统计分析方法。此外，科技成果转化平台还具有极端案例的代表性，符合案例研究方式的适用范畴，使用案例研究中的工具可以更好地挖掘新兴事物的最新信息，为研究提供第一手的资料[14]。

（2）科技成果转化问题涉及转化主体之间的互动，是一个关注于过程的研究。案例研究具有动态性，能够更好地跟踪、描述和把握事件的发展过程，更适用于研究过程导向性的问题。

（3）科技成果转化是一个高度复杂的问题，从科技成果转化这一概念提出至今仍然没有研究清楚其中的机理，且这一过程涉及主体较多，从微观的个体行为到宏观的科技政策都有所涉及。而案例研究适用于探索具有高度复杂性的问题，案例研究具有内嵌式和内在透视的特点，更能深入问题本质进行研究。

在案例研究中，本章采用了访谈、观察、实物分析、文档分析等方法，从多种资料、多种角度对同一问题进行了研究，构建了较为完善的证据三角形。

二、研究对象

本章选择中国科学技术大学先进技术研究院（以下简称先研院）为研究对象，主要原因如下。

（1）先研院是最早成立的专业化高校科技成果转化平台，也是为数不多的已经投入运营的专业化平台，是一个具有强烈个性的研究对象，符合案例研究的适用范围。

（2）先研院主要的职责就是负责科技成果的转化活动，将科研成果和市场相结合。先研院依托中国科学技术大学的科研基础，拥有数量较多、质量较高的基础科学研究成果，其科技成果转化行为具有典型性。

（3）先研院成立时间较短（2012 年成立），其运作模式不同于以往传统的孵化器、科技园等，有其自身的特点，同时由于享有一定的政策支持，更倾向于采用新的政策，在科技成果转化中具有一定的先行先试权，拥有良好的外部条件。

在进行调研和深入研究之前，科研人员先对调研对象进行了了解，先通过网络、电话等搜集了部分资料，根据对调研对象的初步了解整理出明晰的纲要，主要用于在进行调查活动之前大致了解了需要调查的现场，以及对于重点事情进行详细的追踪，并在调研之后将所获得的资料依据内容补充到大纲当中，如图 8-1 所示。

A：准备工作：案例与资料

1、高新科技成果转化活动的背景
   a、社会背景
   b、科研因素
   c、文化背景
2、高校科技成果转化平台建设的背景
   a、学校简介
   b、机构设置
   c、管理模式
3、科技成果转化的措施
4、执行与结果反馈
   a、执行方式选择
   b、执行进度跟进
   c、结果反馈与评估
5、归因分析
   a、影响因素归纳
   b、风险分析
   c、技术分析
   d、市场分析

图 8-1　个案纲要（调研前部分）示意图

第三节 中国科学技术大学先进技术研究院建设情况

一、中国科学技术大学先进技术研究院现状

先研院是由安徽省、中国科学院、合肥市、中国科学技术大学按照“省院合作、市校共建”的建设原则设立的。不同于以往企业性质的孵化器和大学科技园，其是自负盈亏的事业单位，主要任务是开展高技术研发与应用和高端应用人才培养为主的实体机构，是中国科学技术大学创建世界一流研究型大学的重要组成部分，是中国科学技术大学主体教学和科研体系的外延。其主要目的是在发挥中国科学技术大学基础学科研究的基础上，逐步提高中国科学技术大学做产品研发的水平，将技术和市场结合起来，负责将中国科学技术大学及校外有市场潜力的技术引进到院里，为其提供良好的环境和优惠的创业条件，比如，提供注册地址、免一年的房租等，最终引导技术研发成熟并推广到市场。

先研院总规划 2000 亩[①]，总投资 32 亿元，目前处于建设一期，占地 700 多亩。院部管理人员 32 个，科研人员约 400 人（不包括企业人员），研究生约 400 人。目前正处于院部机构调整阶段，总共有 4 个部门。①技术开发部，承担先研院技术开发发展规划、管理、服务职能，依托学校、中国科学院和省属院校等上游科技资源，以建立创新平台为抓手，重点组织技术成果的二次开发和中试转化工作。结合省、市重点发展产业和市场需求，为企业、行业提供产业化技术。②企业发展部，负责企业发展规划和年度工作计划；企业的培育、发展、运营及对外投资管理等相关工作；知识产权的申请、保护、运营及相关工作。③负责先研院研究生的宣传吸引、实习培养和教育培养等组织工作；创新创业教育和国际教育培训等工作创客中心的建设、运营管理工作。④服务管理部，主要负责人、财、物的综合管理；负责日常行政管理和宣传工作；负责后勤与安全保障工作。先研院依托院部加平台的业务模式，拓展了科技成果转化的途径，提升了科技成果转化的优势。

---

① 1 亩≈666.7 平方米。

二、资料收集与处理

为了深入了解先研院的运作机制和模式，研究人员在 2015 年 6 月到 2016 年 6 月，先后多次进入先研院对有关人员进行访谈，并对先研院的相关环境进行考察，访谈的对象包括工程师、技术人员、管理人员等 10 人左右。在访谈现场一般至少两人以上，由一人负责提问，另一人负责记录和观察，等到访谈结束之后不再在先研院做过多的停留，以保障研究人员的客观性和独立性。之后，研究人员将访谈资料进行整理和筛选，并利用 NVivo 质性资料分析软件进行管理，按照“项目筛选”“运作平台”“合作伙伴”等编码并建立格式，录入 NVivo 数据库。根据资料收集的增加，不断更新资料编码的内容，同时增设二级代码和三级代码，如“科研人员”“收益分配”“引入项目”等，并进一步建立代码之间的节点与联系。同时根据代码和节点之间的联系，不断推敲变量之间的因果联系。同时，研究人员去政府网站或者相关合作单位收集文件资料与先研院有关的档案等，为研究做了充分的准备。

第四节　案例分析框架

由于科技成果转化活动在社会上引起了广泛的关注，众多学者对科技成果转化活动的必要性以及意义进行了研究，已成为公共研究领域的热点问题。但是关于科技成果转化机制和模式的研究大多流于理论构建以及国外模式的介绍，而关于国内科技成果转化实践模式的研究则比较少。本章在之前研究的基础上关注“国内高校科技成果转化模式有无探索性创新”“国内高校科技成果转化机制”“科技成果转化市场推广模式”等问题，为当前科技成果转化活动遇到的问题提供新的研究方向和思路，因此本章的研究属于现象驱动型。本章主要针对先研院科技成果转化的流程，将先研院的科技成果转化机制分为立项机制、运作机制以及市场推广机制等进行研究，并从多个方面分析先研院科技成果转化的模式与经验（图 8-2）。

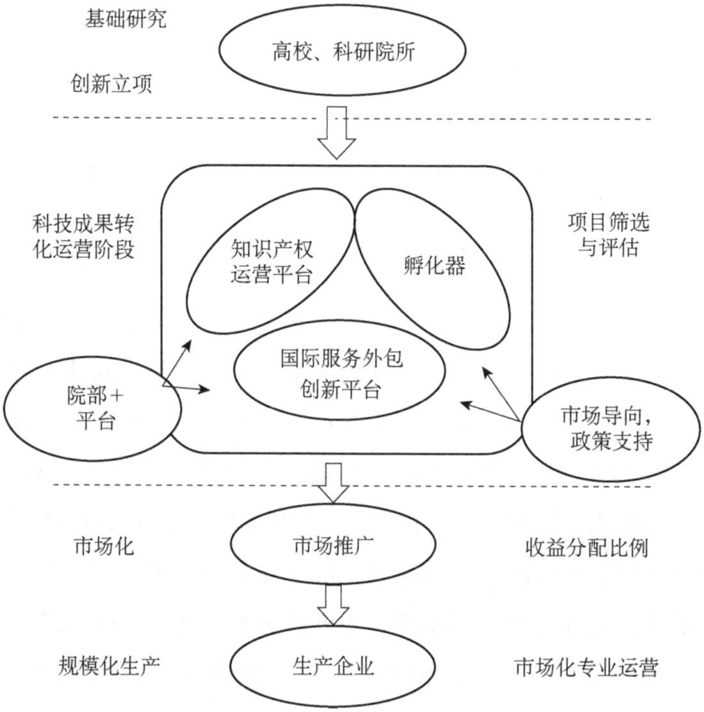

图 8-2　先研院科技成果转化机制流程图

一、科技成果立项机制

科技成果立项机制，也即科技成果的创新定位，打造科技与地方产业的无缝对接。科技成果转化的前期要确定科技成果转化的方向，以及筛选有前景的项目进行转化，这项机制又包括两个方面，即组织战略层面的双领导协商机制，以及项目层次的专家库研讨机制。

（一）双领导协商机制

前文所述，先研院由四方共建完成，为了便于协调和沟通，在组织领导结构上采用双领导制，院部各级领导一般由政府各级负责人和中国科学院、中国科学技术大学院校相关责任人共同担任，在涉及先研院发展战略及创新定位、立项方面保持对话、协商，一般决策由多方协商共同决定。先研院团队工作人员相对保持中立。以上资料由研究人员现场访谈得出，之后通过对其他单位人员访问进行考证，并通过一些文件、资料印证了访谈的内容，故研究人员认为该内容真实、可靠。科研人员整理了访谈人员名单（表 8-1），以及一些相关的文件（表 8-2）印证了该说法。

表 8-1　角色排序表：对先研院管理模式的反应

所属平台	访谈对象	职位	与管理层联系程度	态度
微电子与光电子共性技术平台	A	副总工程师	密切	积极
	B	工程师	一般	一般
	C	工程师	一般	一般
先研院院部	D	负责人 1	密切	积极
	E	负责任 2	一般	一般
国际研发服务外包创新平台	F	负责人	一般	一般
政府科技管理部门	G	负责人	密切	积极

表 8-2　相关文件证据来源

证据类型	证据来源
文件	先研院内部管理办法、管理手册等，先研院附属平台规章、规定等文件
资料	管理部门网站发表的规章、相关政府部门网站新闻
观察	重大活动双方共同举办，且管理层人员均有出席，一些文件由双方管理人员共同签署

（二）专家库研讨机制

在项目层面上，先研院会对成果转化的项目进行筛选，一般的流程是召集专家以会议的形式讨论项目转化及推广的可行性，并根据先研院自身优势，选择符合先研院及中国科学技术大学特色的项目，在筛选的过程中，和项目团队进行良性的互动，增加对于项目的认知，以筛选出符合先研院孵化范围内的优质项目。研究人员在对国际技术转移平台的相关人员访谈中也印证了先研院在建设专家库的说法，并详细说明了引入专家的流程。此外，研究人员发现关于先研院孵化项目的选择上主要偏向于材料、光伏农业技术等实体产品，对于互联网产品的孵化则比较少。访谈的工作人员认为，“先研院主要孵化的项目还是要依托中国科学技术大学的优势学科，优先从中国科学技术大学拥有的专利项目中筛选，此外先研院认为互联网产品已经很成熟，并且竞争激烈，虽然孵化周期比较短，但是投入也很巨大，因而先研院还是将项目立足于中国科学技术大学的学科背景及自身的优势领域”。研究人员对于先研院内入驻的企业进行观察，发现这些企业很少涉及互联网产品的运作，几乎以材料、机械、计算机等内容为主，从侧面印证了先研院建设专家库，并进行项目筛选的机制。研究人员以光伏农业等孵化项目为例证，探索了专家库进行评估的因素和机制，并将评估内容与推广市场的受众进行对比，以验证专家库在评估指标上是否专业、科学。在此次收集资料的过程中，研究人员主要运用了访谈、观察和事物证据的方法，从多个方面印证了这一机制的运作模式及真实性，并构建了角色排序表和检验表（表 8-3），研究人员对于访谈的对象采用化名处理。

表 8-3　专家库对孵化项目态度检验表

孵化项目立项因素分析	专家态度	相关技术受众态度
技术	技术创新是否成熟，能否实现完成样品，功能是否符合	该技术是否能够引起受众的兴趣，是否认可该项创新
理解	专家对于技术的理解是否到位，是否全面评估技术的意义	是否理解该技术创新的意义
前景	该技术是否产生良好的产业前景，带来预期收益	对象群体是否期待该技术可以被产业化
时间周期	该产品时间周期评估，与技术投入风险相关	是否认可技术产业化的周期
资金投入	产业化是否需要相关大量的资本投入	是否认可高资本的投入和产出模式
与院部关联性	是否可以依靠院部的学科和技术优势	和院部的优势结合是否成为项目孵化的筛选指标

通过将专家库对于项目指标打分、评估与相关受众群体的反应进行对比，能够及时了解到受众的需要，即可以发现市场的需求，一方面可以评估专家库建议的专业性和公平性，另一方面又可以及时发现社会关注点，以了解项目孵化的创新性和灵活性，对于先研院项目评估专家库的建设可以进行相对全面的评价。

二、成果转化运作机制

经济学家熊彼特指出，创新包括技术创新和制度创新，国家或企业获得持续发展，必须同时进行技术创新和制度创新。单有技术创新，则会出现“闭锁”效应。在自主创新过程中，人们往往对技术创新给予高度关注，而忽视制度创新的重要性。目前，我国科技成果转化面临的问题之一就是转化机制没有深入研究，大都停留在理论的探讨上面，因此构建科技成果转化机制，打开科技成果转化过程黑箱，成了研究国内高校科技成果转化机制的重要内容。先研院关于科技成果转化的运作机制科研分为两个部分：一部分是院部直接主导并建设的，如涉及知识产权的知识产权运营平台；一部分是院部间接管理的，如由院部入股的国际研发服务外包创新平台。由这两种方式可以看出，先研院的科技成果转化活动是“院部＋平台”的服务模式，在管理上又实行“事业单位，企业化运作”的管理方法。

（一）知识产权运营平台

知识产权运营平台是先研院重点打造的一个在建平台，起因是先研院承担了一项火炬计划，计划时间为 2016 年 1～12 月，为期一年，主要分为三个阶段。①搭建一个交易平台——“面向区域的知识产权交易平台”，上承接学校的科研，下联系企业的投融资，主要的转化方式有三种：许可（收费）、转让（卖出）、作价投资（衍生企业）。主要依据是知识产权是一种财产，可以带来收益。初期先用专利成果投资，将科研成果转化成项目，通过项目吸引企业参与、聚集，最终的目的是可以形成一个产业。理想目标是建立一个“科大成果—先研院平台—投融资”体系。②国际化建设，平台与法国主权专利基金（FB）合作，通过国家背景和渠道成立合作办公室，引进人才和国外的经验，最终将项目落地。此外，学习国际化的做法和规则，对抗“专利流氓”，保护合理的知识产权权益。③深入专利申请，成立技术专业办公室（TTO），打造技术背景、法律背景、商业背景为一体的综合性平台，并专门处理专利价值评估、转化等问题。关于火炬计划最终的成果主要包括两个方面：①要有物理场所，构建线上、线下平台；②在平台运作的基础上完成几项项目交易。知识产权运营平台的建设很好地弥补了之前国内高校不懂的知识产权市场化运作的问题，提供了专利转化为成品之后与市场衔接的渠道。通过知识产权运营平台，可以成立企业或者引入资本，将前景较好的产品孵化推向市场，获取良好的产业前景和市场收益。

研究人员对此平台重点孵化的光伏农业项目进行了长期的接触和观察，看到了先研院光伏农业项目研发的彩色探测器、LED 交流驱动和薄膜技术，该技术为光伏农业技术中的核心。彩色探测器能够调控红蓝光的配方。LED 交流驱动是和直流驱动相对立的技术，它可以提高能源的利用效率，最高可提高 20%。薄膜技术为团队的核心专利，主要用途是能够将光中的红蓝光过滤，将红波反射。蓝光用于植物生长，红波用于发电。为了降低成本而采用了塑料薄膜技术，解决了目前光伏发电和植物生长之间的矛盾。科研人员也通过专利搜索网站检测到了光伏农业项目审批的十多项专利名称，并将成品与获取的专利进行对比。在技术过关之后，光伏农业项目目前发展到成品实验阶段，2016 年，光伏农业项目组建设了一个占地 36 平方米的试验田，进行小范围的农业种植和发电工作。科研人员对试验田进行了实地检验，获取了一手资料。此外，在知识产权运营平台推广光伏农业项目阶段，先研院的定位是将光伏农业项目组建公司进行推广，这与访谈项目组成员所得到的资料相一致，同时观察光伏农业项目组参加创业比赛所写的企划案及获奖证书等都印证了这一行为。科研人员根据调研的资料及成果转化的过程制定了光伏农业转化的关键事件图及时间线（表 8-4），通过梳理时间和时间的节点，整理出先研院微电子和光电子平台转化光伏农业专利技术的时间线，并结合实物资料验证事件的真伪，以确保搜集的资料真实有效。

表 8-4 关键事件图和时间线

时间	关键事件
2011 年 11 月～2012 年 10 月	光伏农业多项核心专利申请成功入驻先研院微电子与光电子平台
2012 年 12 月	理论检验，准备开始样机设计
2013 年 12 月	团队参加创业大赛，吸引社会关注，获得大赛金奖
2014 年 1 月～2015 年 4 月	探索成果转化合作方式，包括创业和收益方式
2015 年 5 月	组建样机，准备试验田
2016 年 3 月	组建公司，试验田完成，实践论证通过

此外，研究人员根据调研的资料整理出关键的事件，并用关键词代表，根据事件发生的流程及因果关系绘制出事件发展的脉络图（图 8-3）。研究人员主要针对光伏农业专利技术在市场化推广过程中所涉及的流程或步骤，并试图分析每个流程或者步骤之间的影响，并用“→”表示不同的流程或步骤之间有着直接的影响，“⇢”表示两者之间可能会有间接的影响，“+”表示影响是明显的，并且呈正相关。比如，在光伏农业技术推广的过程中，样品展示对试验田工程有着直接的影响，只有样品成功做出，才有可能进一步实验、推广，因此，科研人员认为样品展示对试验田工程还有积极的影响。此外，科研人员认为技术成熟程度对试验田工程有积极的直接影响。科研人员认为，在项目团队参加创业大赛到组建公司这一阶段的因果关系应该是不确定的，因为虽然项目团队一直在进行市场化探

索并参加了创业大赛以获得更多的关注和资助，但是在之后半年多的时间，项目团队并没有决定以组建公司的形式进行推广，而是在入股和组建公司等方案之间选择，在试验田项目完成之后，综合考虑技术的成熟度和产业前景，团队决定以公司的形式参与竞争，因此科研人员认为参加创业大赛和组建公司之间没有直接的因果联系。

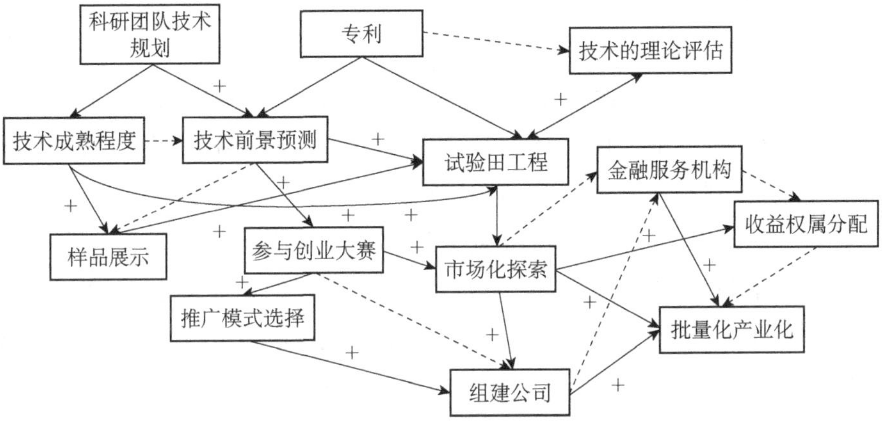

图 8-3　光伏农业专利市场推广脉络图

（二）国际研发服务外包创新平台

国际研发服务外包创新平台是隶属于先研院但独立运营的企业性质的服务平台，先研院持有股份，保留随时进入的权利，主要对平台有监督的职能。平台以市场化的方式进行运作，国际研发服务外包创新平台主要是为创业企业提供服务，帮助这些企业获取资金及财务上的支持。该平台由高新区、先研院、商务厅三方共建，主要的职能有三个。①研发合作，主要的目标是在一些不同的领域内找到一些项目，充当科技中介的作用。②提供创业服务，为一些科技型企业提供一条龙的服务，研发人员过来只做自己的事情就好，一些文件、规范等由平台来提供，平台会与一些律师事务所进行长期的合作，为这些企业提供免费的服务。③投资。创业企业一般缺业务，缺资金，平台会寻找一些独立的投资人，以及有合作的基金等提供资金支持，同时也会进行业务合作，拓宽企业的业务渠道。“这些工作都是集中在创业阶段，真正成长还是要靠企业自身的市场定位和业务拓展”，平台的主管 E 佐证了一些说法：“平台对于企业发展初期的工作比较完善，后面的工作比较少。”平台的主要功能是研发业务合作，当实验室技术处于技术原始阶段，平台的作用就是与初创企业、团队对接，通过合作将其技术转化为产品，并推入资本市场，通过业务合作代替技术合作。引用主管 D 的说法：“平台目前还没有确定相对应的合作模式，期待的是能够投资入股或者专利许可。”

平台虽然是企业，但是与知识产权运营平台不同的是，平台本身并没有拥有专利等知识产权，因而主要是为创业团队提供服务，孵化成功之后吸引企业投资，以入股的方式获取收益。科研人员对于先研院其他平台的访谈中也印证了这一机制和模式。在对国际研发服务外包创新平台的调研中，科研人员了解到平台已成功孵化出众多创业企业，有些企业已经进入批量生产的规模。科研人员选取了一家化学材料公司进行进一步验证，该公司的专利是大分子化学材料，与传统的小分子化学产品不同，该材料更环保，对人体的伤害也更小。在成功吸引投资之后，该公司的销售额已达百万元之多。研究人员对该公司的负责人进行了联系，并从先研院相关的管理人员中得到了相似的资料，由此可得知该种模式已经比较成熟并得到了院部的认可。研究人员通过访谈多名院部及平台的工作人员，对该平台采用市场化管理模式的影响因素进行总结和评分，构建解释性结果矩阵表，如表 8-5 所示，并进一步分析其原因。

表 8-5 解释性结果矩阵表：对于成果转化平台市场化行为态度分析

采访对象	与平台关系	对市场化行为态度评分	协助措施	初步原因分析
先研院 D 管理层	上级管理单位	5	以入股的方式管理平台，不干涉平台日常工作与决策	先研院作为政府主导建立的事业单位，机构设置庞大，不能完全采用行政化的管理方式，以入股的方式，既增加了管理的灵活性，也能够提高绩效
平台 F 管理人员	平台管理人员	5	联络合作企业处理法务、财务等事宜，吸引投资，商讨合作方式	作为平台的管理人员，不能总是依靠政府的政策资助，只有通过市场化模式，才能实现盈利，提高绩效。同时作为重要的科技成果转化前沿平台，创新科技成果转化方法是重要的内容
平台 H 职员	平台职员	4	数据处理，协助创业团队与资本对接	作为试点改革的前沿单位，院部的员工很大程度上没有编制，员工薪酬与绩效挂钩，这也使得员工以平台为跳板，寻找更好的发展机会，所以需要更灵活的机制

续表

采访对象	与平台关系	对市场化行为态度评分	协助措施	初步原因分析
平台 I 职员	协作单位	3	联络专家入驻，提供技术支持	人才引进工程投资巨大，一般由相关政府部门主导，而一些国外技术团队成本过于昂贵，因而不能实现完全的市场运作，而这导致了绩效问题。因此相关部门也逐渐向市场化模式靠拢

注：评分为 1～5 分，1 为不支持，5 为非常支持

（三）市场化推广机制

等到样品成熟之后，科技成果转化活动就进入与市场衔接的环节，这其中比较重要的就是产品的绩效、知识产权权益分配及如何进行市场推广等问题。由于先研院成立时间比较短，其主要孵化的产品又集中在材料、计算机等周期比较长的领域，包括知识产权运营平台在内的等多个院部平台尚未将科技成果推向市场，因而其绩效收益在本章中不做讨论。本部分着重探讨两个问题，一是科技成果转化收益分配比例的问题，另一个是科技成果市场化推广机制的分析。在 2015 年出台的《促进科技成果转化法》，以及国务院关于科技成果转化“国五条”出台之后，科研人员享有科技成果转化收益最低为 50%，而先研院在文件出台之前就已经将科研人员成果转化收益比例提高到 50%，并在院部内部出台文件明确规定。研究人员也找到了先研院内部资料原版文件加以确认。在调研的过程中，先研院的管理人员认为知识产权收益比例已经不是阻碍成果转化的因素，而是专业化的市场推广机制，这也是本章研究的另一个问题。国内对于将孵化企业推广到市场的机制研究并不多，大多集中在产业园、协同创新等模式，理论效果大于实践。先研院推广科技成果主要依赖于知识产权运营平台，平台通过与国外相关的机构合作，在国内外设立合作办公室，学习国外的经验和做法，并引入相关的知识产权专业化人才，进一步推动科技成果市场化的进程。由于调研时期先研院知识产权运营平台还在建设中，科研人员只找到了一些规划性文件，以及在对高层管理人员的访谈中印证了该平台的建设工作，对于平台具体的运作，科研人员将在今后的研究中继续深入，旨在打开科技成果转化机制的黑箱，保障科技成果转化运作的连贯性。基于现有的资料和访谈所获得的信息，科研人员构建出先研院科技成果市场推广机制的模型（图 8-4），该模型首先总结出了先研院科技成果转

化的驱动因素，之后通过组建公司、入股等方式引入市场化机制，在协商收益和权属的基础上，与各中介组织协调合作，共同将新产品推广到市场，最终形成新的产业链。在这过程中，既实现了开放合作的创新范式，又找到了将科研成果推广到市场的路径，将科研成果与社会发展相结合，转变经济发展方式，最终实现创新驱动发展。

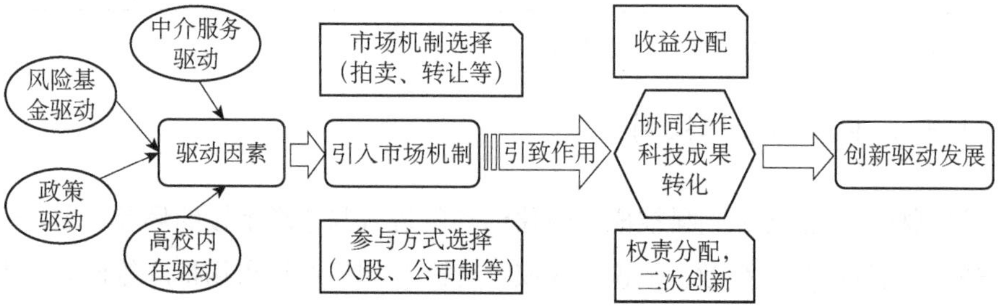

图 8-4　先研院市场推广机制

第五节　结论及建议

为进一步推动创新驱动发展战略，寻找国家经济转型新的增长点，使研究更切合实际，同时更好地服务社会经济发展，国内高校和科研院所积极探索了科技成果转化的模式。作为高校科技成果转化模式创新的代表，中国科学技术大学先研院发挥自身优势，在多方参与的环境下进行了积极的探索和有益的尝试，并取得了显著的成绩。

在高等院校科技成果转化和技术成果转移领域，中国科学技术大学先研院在国内经验积累的基础上，积极学习国外先进模式和做法，探索出适合本地实际的科技成果转化机制，针对传统高校科技成果转化体系不完善以及流于形式等问题，通过创新定位、运行机制及市场推广机制等环节，打造相对完整的科技成果转化服务及产业链，可以视为我国高校科技成果转化模式的“2.0 版本”。中国科学技术大学先研院依托中国科学技术大学的教育资源及自身的优势，更加重视市场机制的作用，并成功孵化出一批相对成熟的企业；通过国际交流与合作，先研院将会引进和培养出科技成果转化市场推广相关的专业性人才，提高科技成果转移转化的效率和水平，促进地方区域产业升级发展。在国家新时期改革和经济建设的背景下，以先研院为代表的科技成果转化平台会发挥更大的作用，引领地方产业的创新和升级，也为我国创新体系建设做出更多的贡献。

除此之外，先研院也面临一些问题，比如，先研院作为新兴的科技成果转化模式代表，拥有先行先试的政策优势，更容易获得政策的支持，但是在新的促进科技成果转化的法律法规出台之后，先研院在政策上并没有较大突破，和其他地区相比甚至有些落后，在某种程度上降低了科技成果转化的吸引力。此外，先研院机构庞大，除了院部之外还涉及多个种类的平台的管理工作，由于不同的平台业务不同，平台的性质也各不相同。一些平台通过引入市场机制而获得了较好的绩效，而另一些平台则还依赖于政府的政策支持，业务没有完全打开，先研院在未来的工作中应进一步引入市场机制，全面提升竞争实力。

为了验证以上结论，本章将先研院和武汉及上海地区的高校科技成果转化模式、政策进行对比，武汉和上海地区的高校、科研院所主要的科技成果转化方式是成立公司性质的孵化器，比如，华中科技大学启明星空创客空间、复旦大学技术转移中心、上海交通大学先进产业技术研究院都是基于协同创新为基础的大学科技园，并没有突破传统的科技成果转化模式，和这些孵化器相比，先研院的机构性质及科技成果转化的机制都不同于传统的模式，因此可以将先研院模式视为科技成果转化的一次创新。此外，关于科研人员的科技成果收益分配比例问题，上海地区规定的比例是75%，武汉地区制定的标准是90%～95%，和这些地区相比，先研院的比例并不算高，因而也可以间接说明先研院政策创新性和突破性不够大。为了进一步完善先研院科技成果转化机制，提高科技成果转化的绩效，进一步提升地方的创新实力，本章提出了以下建议。

（1）加大政策创新力度，完善利益分配机制。先研院可以在现有政策合理的框架和范围之内，进一步创新政策内容，加大政策支持的力度，提升科技工作者的创新创业热情。在涉及知识产权的项目中，可以对试点对知识产权的所有权进行改革，通过赠予、奖励的方式，将知识产权的所有权下放到科研人员手中[147]。同时进一步完善科研人员参与科技成果转化收益的方式和收益内容，明确奖酬计算标准，保障科研人员的合法收益权益[148]。

（2）加强国际合作，注重专业人才培养。在充分利用自身优势的基础上，先研院要积极与国外知识产权运营机构合作，引进专业的知识产权运营人才，建设与国际接轨的知识产权转化机制[149]。同时，先研院应积极担负起学术培养的任务，和中国科学技术大学、合作企业等单位进行协同合作，加强对于科技成果转化中的紧缺人才培养，这些高素质的科研人才将是科技成果转化的关键因素，同时也有助于提升科技成果转化的水平和实力。

（3）积极引入市场机制，促进科研导向市场化。科技创新要和社会需求紧密联系起来，并通过市场机制转化为生产力，脱离市场化的成果是缺乏实际意义的[145]。因此，先研院应该进一步在院部和控股平台中引入市场机制，通过市场筛选出优质的转化项目，减少院部对于政府支持的依赖，以市场导向为主，政府调控为辅，减少政府有关部门的干预，提升孵化项目在市场中的竞争力，将科研成果与市场相衔接。

参考文献

[1] Lane J，Fealing K H，Marburger J H，et al. The Science of Science Policy：A Handbook. Stanford：Stanford University Press，2011.

[2] 苏竣. 公共科技政策导论. 北京：科学出版社，2014.

[3] 陈劲. 科学、技术与创新政策. 北京：科学出版社，2013.

[4] Lundvall B-A，Borrás S. Science，Technology and Innovation Policy. In：Fagerberg J，Mowery D C，Nelson R R. The Oxford Handbook of Innovation. New York：Oxford University Press，2004：599-631.

[5] 陈振明. 寻求政策科学发展的新突破——中国公共政策学研究三十年的回顾与展望. 中国行政管理，2012，(4)：12-15.

[6] 娄成武. 当前我国科技政策研究的若干问题. 东北大学学报（社会科学版），2002，(3)：190-192.

[7] 陈光，方新. 关于科技政策学方法论研究. 科学学研究，2014，(3)：321-326.

[8] 罗伯特·殷. 案例研究：设计与方法. 周海涛主译，李永贤，张蘅参译. 重庆：重庆大学出版社，2004.

[9] Eisenhardt K. Building theories from case study research. Academy of Management Review，1989，14（4）：532-550.

[10] Gephart R P. Qualitative research and the *Academy of Management Journal*. Academy of Management Journal，2004，47（4）：454-462.

[11] Suddaby R. From the editors：What grounded theory is not. Academy of Management Journal，2006，49（4）：633-642.

[12] Weick K E. The generative properties of richness. Academy of Management Journal，2007，50（1）：14.

[13] Siggelkow N. Persuasion with case studies. Academy of Management Journal，2007，50（1）：

20-24.
[14] Eisenhardt K M，Graebner M E. Theory building from cases：Opportunities and challenges. Academy of Management Journal，2007，50（1）：25-32.
[15] 方新. 科技政策研究的问题与方法. 创新科技，2014，（13）：16-18.
[16] 赵跃丽. 概述古代中医医案的发展源流. 南京中医药大学学报（社会科学版），2007，（3）：156-157.
[17] 黄曙光. 军事档案与军事通信战例研究. 军事历史研究，2010，（S1）：191-194.
[18] 周道鸾. 中国案例制度的历史发展. 法律适用，2004，（5）：2-8.
[19] Langdell C C. Selection of Cases on the Law of Contracts：With References and Citations. Prepared for Use as a Text-book in Harvard Law School，1870.
[20] 苏敬勤，孙源远. 商业案例、教学案例和案例研究的关系. 管理案例研究与评论，2010，（3）：255-259.
[21] 陈晓萍，徐淑英，樊景立. 组织与管理研究的实证方法. 北京：北京大学出版社，2008.
[22] 毛基业，张霞. 案例研究方法的规范性及现状评估——中国企业管理案例论坛（2007）综述.管理世界，2008，（4）：115-121.
[23] 王金红. 案例研究法及其相关学术规范. 同济大学学报（社会科学版），2007，（3）：87-95.
[24] Allison G T. Essence of decision: Explaining the Cuban missile crisis. Boston：Little, Brown and Company. 1971.
[25] Whyte W F. Street corner society：The social structure of an Italian slum. Annals of the American Academy of Political & Socialence，1943，59（2）：318-319.
[26] Liebow E. Tally's Corner：A Study of Negro Streetcorner Men. Boston：Little，Brown and Company，1967.
[27] Gerring J. What is a case study and what is it good for？American Political Science Review，2004，98（2）：341-354.
[28] Glaser B G，Strauss A L，Strutzel E. The discovery of grounded theory：Strategies for qualitative research. Nursing Research，1968，17（4）：364.
[29] Miles M B. Qualitative data as an attractive nuisance：The problem of analysis. Administrative Science Quarterly，1979，24（4）：590-601.
[30] Yin R K. The case study crisis：Some answers. Administrative Science Quarterly，1981，26（1）：58-65.
[31] Dyer W G，Wilkins A L. Better stories，not better constructs，to generate better theory：A rejoinder to Eisenhardt. Academy of Management Review，1991，16（3）：613-619.
[32] Eisenhardt K M. Better stories and better constructs—The case for rigor and comparative logic. Academy of Management Review，1991，16（3）：620-627.
[33] 叶康涛. 案例研究：从个案分析到理论创建——中国第一届管理案例学术研讨会综述. 管理世界，2006，（2）：139-143.

[34] 张丽华，刘松博. 案例研究：从跨案例的分析到拓展现有理论的解释力——中国第二届管理案例学术研讨会综述. 管理世界，2006，(12)：142-145.

[35] 潘绵臻，毛基业. 再探案例研究的规范性问题——中国企业管理案例论坛（2008）综述与范文分析. 管理世界，2009，(2)：92-100.

[36] 毛基业，李晓燕. 理论在案例研究中的作用——中国企业管理案例论坛（2009）综述与范文分析. 管理世界，2010，(2)：106-113.

[37] 黄江明，李亮，王伟. 案例研究：从好的故事到好的理论——中国企业管理案例与理论构建研究论坛（2010）综述. 管理世界，2011，(2)：118-126.

[38] 张霞，毛基业. 国内企业管理案例研究的进展回顾与改进步骤——中国企业管理案例与理论构建研究论坛（2011）综述. 管理世界，2012，(2)：105-111.

[39] 苏芳，黄江明. 质性研究设计与写作的若干策略——“中国企业管理案例与质性研究论坛（2012）”会议综述. 管理世界，2013，(2)：136-140.

[40] 毛基业，李高勇. 案例研究的“术”与“道”的反思——中国企业管理案例与质性研究论坛（2013）综述. 管理世界，2014，(2)：111-117.

[41] 张建民，何宾. 案例研究概推性的理论逻辑与评价体系——基于公共管理案例研究样本论文的实证分析. 公共管理学报，2011，(2)：1-20.

[42] 刘庆贤，肖洪钧. 案例研究方法严谨性测度研究. 管理评论，2010，22（5）：112-120.

[43] Shaw C R. Case study method. Publications of the American Sociological Society，1927，21：149-57.

[44] Bernard L L. The development of methods in sociology. The Monist，1928，38（2）：292-320.

[45] Nisbet J S，et al. A case study of the Thunderstorm Research International Project storm of July 11，1978：1. Analysis of the data base. Journal of Geophysical Research：Atmospheres 95，D5（1990）：5417-5433.

[46] Lim C，Howard S A. Establishing school-based，collaborative teams to coordinate resources：A case study. Children & Schools，1997，9（4）：266-278.

[47] 约翰·格宁，朱世平. 案例研究及其效用. 经济社会体制比较，2007，(6)：93-99.

[48] 张梦中，马克·霍哲. 案例研究方法论. 中国行政管理，2002，(1)：43-46.

[49] 风笑天. 社会学研究方法：走向规范化与本土化所面临的任务. 华中师范大学学报（人文社会科学版），2006，44（6)：44-48.

[50] 风笑天，田凯. 近十年我国社会学实地研究评析. 社会学研究，1998，(2)：109-110.

[51] 李春成. 略论公共管理案例研究. 中国行政管理，2012，(9)：121-124.

[52] 李平，曹仰锋. 案例研究方法：理论与范例——凯瑟琳·艾森哈特论文集. 北京：北京大学出版社，2012.

[53] Brooks H. The scientific adviser. Scientists and National Policy-making，1964，9：72-96.

[54] Salomon J J. Science policy studies and the development of science policy. Science，Technology

and Society，1977：43-70.

[55] 盛建新，成良斌. 当前中国科技政策研究的现状分析.中国科技论坛，2002，(2)：35-39.

[56] 赵筱媛，苏竣. 基于政策工具的公共科技政策分析框架研究. 科学学研究，2007，25（1）：52-56.

[57] Lijphart A. Comparative politics and the comparative method. American Political Science Review，1971，65（3）：682-693.

[58] Collier D，Mahon J E. Conceptual "stretching" revisited：Adapting categories in comparative analysis. American Political Science Review，1993，87（4）：845-855.

[59] 杜宝贵. 论比较科技政策的"研究范式". 华中科技大学学报（社会科学版），2011，(2)：58-62.

[60] Jones L P，Sakong I. Government，Business and Entrepreneurship in Economic Development：The Case of Korea. Cambridge：Harvard University Press，1980.

[61] Lemola T. Convergence of national science and technology policies：The case of Finland. Research Policy，2002，31（8）：1481-1490.

[62] 李春景，杜祖基，曾国屏. 知识密集型服务业与香港产业结构高级化问题. 科学学研究，2006，(5)：715-721.

[63] Beason R，Weinstein D E. Growth，economies of scale，and targeting in Japan（1955-1990）. The Review of Economics and Statistics，1996，78（2）：286-295.

[64] 彭纪生，仲为国，孙文祥. 政策测量、政策协同演变与经济绩效：基于创新政策的实证研究. 管理世界，2008，(9)：25-36.

[65] 吕明洁，陈松. 我国高技术产业政策绩效及其收敛分析. 科学学与科学技术管理，2011，32（2）：43-47.

[66] 刘丙泉，潘鹏杰，李雷鸣. 我国区域技术创新能力发展评价与差距测度. 科技进步与对策，2011，28（8）：124-128.

[67] 风笑天. 社会调查方法还是社会研究方法？——社会学方法问题探讨之一. 社会学研究，1997，(2)：23-32.

[68] 巴比. 社会研究方法基础. 邱泽奇译. 北京：华夏出版社，2002.

[69] 王大洲，关士续. 我国国有大中型企业技术创新与制度创新现状分析. 中国软科学，2000，(4)：32-37.

[70] 李晓轩，李超平，时勘. 科研组织工作满意度及其与工作绩效的关系研究. 科学学与科学技术管理，2005，26（1）：16-19.

[71] 李志，向征，杨清明. 有效发挥企业科技人员创新能力的调查研究. 中国科技论坛，2003，(3)：136-139.

[72] 李晓轩，曹效业，陈浩，等. 我国青年科技将帅人才团队建设及学术交流现状研究. 科研管理，2002，23（4）：120-127.

[73] 王海芸，宋镇. 企业高层次科技人才吸引力影响因素的实证研究. 科学学与科学技术管理，2011，32（3）：152-157.

[74] Häusler J，Hohn H W，Lütz S. Contingencies of innovative networks：A case study of successful interfirm R & D collaboration. Research Policy，1994，23（1）：47-66.

[75] Gambardella A. Competitive advantages from in-house scientific research：The US pharmaceutical industry in the 1980s. Research Policy，1992，21（5）：391-407.

[76] Intarakumnerd P，Chairatana P-A，Tangchitpiboon T. National innovation system in less successful developing countries：The case of Thailand. Research Policy，2002，31（8）：1445-1457.

[77] 李明. 欧盟区域科技政策及其对我国经济结构转型地区的启示. 科技进步与对策，2007，24（11）：197-199.

[78] 沈群红. 企业制导式技术转移模式及其作用机理——AB 集团内衣抗菌技术发展历程的个案研究.科学学与科学技术管理，2011，32（1）：159-164.

[79] 孙中峰，崔志明，浦根祥，等. 社会技术预见的特点和内涵初探——从 20 世纪 90 年代生物技术相关事件谈起. 科学学与科学技术管理，2004，25（7）：73-76.

[80] 闫宏，朱启超，匡兴华. 官产学合作研究网络的研究——以 Mobile VCE 为例. 科学学研究，2003，21（3）：274-278.

[81] 袁方，王汉生. 社会研究方法教程. 北京：北京大学出版社，1997.

[82] Johnson R B，Onwuegbuzie A J. Mixed methods research：A research paradigm whose time has come. Educational Researcher，2004，33（7）：14-26.

[83] Cosmos P，McCleerey E W. Snap-on cable clamp. Google Patents，1983.

[84] 迈尔斯，休伯曼. 质性资料的分析：方法与实践. 张芬芬译. 重庆：重庆大学出版社，2008.

[85] Levine H G. Principles of data storage and retrieval for use in qualitative evaluations. Educational Evaluation and Policy Analysis，1985，7（2）：169-186.

[86] Lofland J，Lofland L H. Analysing Social Settings. Belmont：Wadsworth Publishing Company，2006.

[87] Bogdan R，Biklen S K. Qualitative Research：An Introduction to Theory and Methods. Needham Height：Allyn & Bacon，1992.

[88] Glaser B G. Theoretical Sensitivity：Advances in the Methodology of Grounded Theory. Sociology Press，1978.

[89] Bernard H R，Harvey R B. Social Research Methods: Qualitative and quantitative approaches. Sage, 2012.

[90] Mulhauser F. Ethnography and policymaking：The case of education. Human Organization，1975，34（3）：311-315.

[91] Kaplan S，Henderson R. Inertia and incentives：Bridging organizational economics and organizational theory. Organization Science，2005，16（5）：509-521.

[92] Lakoff G，Zoltán K. The cognitive model of anger inherent in American English. Cultural Models in Language and Thought，1987：195-221.

[93] Kaplan A. The Conduct of Inquiry：Methodology for Behavirol Science. Novato：Chandler & harp Publishing Company，1964.

[94] Tversky A，Kahneman D. Belief in the law of small numbers. Psychological Bulletin，1971，76（2）：105.

[95] Sieber S D. A Synopsis and Critique of Guidelines for Qualitative Analysis Contained in Selected Textbooks.（Project Social Architecture in Education）. New York：Center for Policy Research，1976.

[96] Ely M. Doing Qualitative Research：Circles Within Circles. East Sussex：Psychology Press, 1991.

[97] Blumer H. Symbolic Interactionism：Perspective and Method. California University of California Press，1986.

[98] Denzin N K. The Research Act：A Theoretical Introduction to Sociological Methods. New Jersey：Transaction Publishers，1973.

[99] 陈向明. 质的研究方法与社会科学研究. 北京：教育科学出版社，2000.

[100] 刘素霞. 电子数据“入法”要细化三个问题. 检查日报，2012-5-25.

[101] 孙俭. 如何认识电子数据的特点和规律. 审计研究，2006，（S1）：29-33.

[102] Glaser B G，Strauss A L. The Discovery of Grounded Theory：Strategies for Qualitative Research. New Jersey：Transaction Publishers，2009.

[103] 凯西·卡麦兹. 建构扎根理论：质性研究实践指南. 重庆：重庆大学出版社.

[104] Ragin C C. Fuzzy-set Social Science. Chicago：University of Chicago Press，2000.

[105] Charmaz K. Constructing Grounded Theory. Thousand Oaks：Sage，2014.

[106] 梁立明，李小宁. SPRU 科研选题的词频分析与计量研究. 科研管理，2003，24（3）：97-108.

[107] 徐丽梅. 我国引进海外创业人才的实践与思考——基于台湾、深圳、无锡的案例研究. 科学管理研究，2010，（3）：92-96.

[108] 郭磊，蔡虹. 地方产业技术创新的政策网络治理研究——基于陕西能源化工产业的案例. 科学学与科学技术管理，2011，32（10）：98-103.

[109] 苏敬勤，刘静. 政策驱动型机车车辆业自主创新模式——基于探索性案例. 科学学与科学技术管理，2012，8：4.

[110] 朱艳鑫，刘文俭. 科技型中小企业快速成长的驱动因素——基于创业板特锐德的案例研究. 科技管理研究，2012，32（13）：126-129.

[111] 穆荣平. 国际技术转移影响因素分析.科学学研究，1997，15（4）：68-73.

[112] 戴智华. 提升高校科技创新能力的学科交叉实证研究——以医工学科交叉为例. 科技进步与对策，2011，28（21）：147-150.

[113] 姚飞，王大海. 科研人员向创业者转型路径的双案例研究. 科研管理，2011，32（12）：53-60.

[114] 徐婕，周宁. 公共财政支持的科研项目如何保障公众利益——来自美国加州干细胞研究项目的启示. 中国科技论坛，2012，（9）：148-152.

[115] 陈霞，李真真. Olivieri 事件：产学合作中的利益冲突问题研究. 科学学研究，2013，31（12）：1804-1809.

[116] 米加宁，黄丽华，徐磊. 作为公共政策的技术转移政策：美国的案例. 中国科技论坛，2001，（5）：69-72.

[117] 丁明磊，孙福全. 发展产业技术创新服务平台的战略与措施——上海地面交通工具风洞中心的启示. 中国科技论坛，2013，（7）：40-44.

[118] 梁琦，刘萱. 科研项目嵌入面向公众科学传播活动的政策与实现路径. 中国科技论坛，2013，（5）：149-154.

[119] 高雪莲，翟启江. 基于钻石模型的集群竞争优势的比较研究：张江、新竹与筑波的案例. 中国科技论坛，2009，（11）：142.

[120] 文丰，翟青. 集成创新矩阵的建构——基于技术链视角的集成创新模式研究. 科技管理研究，2011，31（14）：6-10.

[121] 齐旭高，吕波. 产品创新视角下制造企业自主创新路径研究——基于多案例的分析. 科技进步与对策，2013，30（16）：85-90.

[122] 孔凡萍，李海波，李苗苗. 我国企业创新创业驱动要素及模式构建——基于企业科技成果转化的跨案例研究. 科技进步与对策，2014，31（23）：82-86.

[123] 吴绍波，顾新，彭双. 知识链组织合作创新的技术轨道的形成——一个有关我国 TD-SCDMA 创新的案例分析. 科学学与科学技术管理，2009，（5）：79-84.

[124] 涂俊，吴贵生. 对“华盛顿共识”的反思——巴西国家创新系统“失落的十年”及其启示. 中国软科学，2005，（2）：105-110.

[125] 孙耀吾，曾德明，贺石中. 技术标准化中的基本知识产权：作用机理与政策含义——基于 GSM 案例的研究. 科学学与科学技术管理，2007，28（3）：25-30.

[126] 范群林，邵云飞，尹守军. 企业内外部协同创新网络形成机制——基于中国东方汽轮机有限公司的案例研究. 科学学研究，2014，32（10）：1569-1579.

[127] 胡卫. 作为创新政策工具的公共技术采购. 科学学研究，2004，（1）：43-46.

[128] 辜胜阻，李俊杰，郑凌云. 推进“大学-产业”互动，重构创新文化价值体系. 中国软科学，2007，（2）：41-48.

[129] 张永安，李晨光. 创新科技政策及其三阶段周期研究. 科学学与科学技术管理，2012，33（4）：19-26.

[130] 江诗松，龚丽敏，魏江. 转型经济中后发企业的创新能力追赶路径：国有企业和民营企业的双城故事. 管理世界，2011，（12）：96-115.

[131] 蒋玉涛，黄兰芳，郑海涛. 通讯制造业竞争性战略联盟冲突的原因及政府对策研究——基于中兴、华为知识产权纠纷的案例分析. 科技管理研究，2012，32（23）：99-103.
[132] 付剑峰，郭戎，沈文京，等. 如何发展我国的科技银行？——基于杭州银行科技支行的案例研究. 中国科技论坛，2013，（4）：92-97.
[133] 盛亚，沈宏韬，我国企业自主创新的知识产权政策需求与影响机制研究——以两家企业为例. 科技管理研究，2012，32（6）：154-159.
[134] 陈剑平，盛亚. 创新政策激励机理的多案例研究——以利益相关者权利需求为中介. 科学学研究，2013，31（7）：1109-1120.
[135] 黄锦华. 后危机时代中国汽车企业的升级策略研究——基于全球价值链治理的多案例分析. 科技管理研究，2013，33（1）：134-139.
[136] Grimaldi R，Kenney M，Siegel D S，et al. 30 years after Bayh-Dole：Reassessing academic entrepreneurship. Research Policy，2011，40（8）：1045-1057.
[137] Aldridge T T，Audretsch D. The Bayh-Dole act and scientist entrepreneurship. Research policy，2011，40（8）：1058-1067.
[138] 贾佳，赵兰香，万劲波. 职务发明制度促进科技成果转化中外比较研究. 科学学与科学技术管理，2015，36（7）：3-10.
[139]张胜，郭英远. 破解国有科研事业单位科技成果转化体制机制障碍. 中国科技论坛，2014，（8）：36-41.
[140] 赵捷，张杰军，汤世国，等. 科技成果转化中的技术入股问题研究. 科学学研究，2011，29（10）：1485-1489.
[141] 胡罡，章向宏，刘薇薇，等. 地方研究院：高校科技成果转化模式新探索. 研究与发展管理，2014，26（3）：122-128.
[142] 贺德方. 对科技成果及科技成果转化若干基本概念的辨析与思考. 中国软科学，2011，（11）：1-7.
[143] 杨善林，郑丽，冯南平，等. 技术转移与科技成果转化的认识及比较. 中国科技论坛，2013，（12）：116-122.
[144] 蔡跃洲. 科技成果转化的内涵边界与统计测度. 科学学研究，2015.（1）：37-44.
[145] 王海宇，张愉. 高校技术转移中心服务地方经济发展模式研究. 科技与管理，2013，15（4）：132-134.
[146] 黄传慧，郑彦守，吴春玉. 美国科技成果转化机制研究. 湖北社会科学，2011，（10）：81-84.
[147] 杨栩，于渤. 中国科技成果转化模式的选择研究. 学习与探索，2012，（8）：106-108.
[148] 孙伟，高建，张帏，等. 产学研合作模式的制度创新：综合创新体. 科研管理，2009，30（5）：69-75.
[149] 刘周成，李瞳. 浅析高校科技成果转化的组织形式. 科技信息，2013，（5）：28-29.